Praxisleitfaden Führungskompetenz

Werner Bünnagel/Alwine Pfefferle

Praxisleitfaden Führungskompetenz

1. Auflage

Schäffer-Poeschel Verlag Stuttgart

Bibliografische Information der Deutschen Nationalbibliothek

Die Deutsche Nationalbibliothek verzeichnet diese Publikation in der Deutschen Nationalbibliografie; detaillierte bibliografische Daten sind im Internet über http://dnb.dnb.de/ abrufbar.

Print: ISBN 978-3-7910-5765-1 Bestell-Nr. 13125-0001
ePub: ISBN 978-3-7910-5766-8 Bestell-Nr. 13125-0100
ePDF: ISBN 978-3-7910-5767-5 Bestell-Nr. 13125-0150

Werner Bünnagel/Alwine Pfefferle
Praxisleitfaden Führungskompetenz
1. Auflage, Januar 2023

www.schaeffer-poeschel.de
service@schaeffer-poeschel.de

Bildnachweis (Cover): Stoffers Grafik-Design, Leipzig

Produktmanagement: Frank Baumgärtner
Lektorat: Jana Hartlaub

Schäffer-Poeschel Verlag Stuttgart
Ein Unternehmen der Haufe Group SE

Wer Dynamik will, muss führen können.
Wer Zukunft gestalten will, muss Mitarbeiter einbeziehen.
Wer Motivation freisetzen will, muss seine Mitarbeiter ernst nehmen und zugleich Vorbild sein.

Inhaltsverzeichnis

Abbildungsverzeichnis

Wer führt, gewinnt – ein kleines Manual zur Führung

Statt einer Einleitung folgt der unmittelbare Einstieg ins Thema, wobei es als Erstes zu klären gibt, was ein Handbuch zur Führung überhaupt leisten will. Dies ist keine Rechtfertigung, sondern eine Begründung. Obschon es von Handbüchern wimmelt und obgleich alle möglichen Aspekte in den Handbüchern zur Führung nahezu abgedeckt scheinen, ist dieses Manual sinnvoll. Denn Führen ist mehr als *techne*, es gehört einiges mehr dazu als Fachkompetenz, damit man als Führungskraft Akzeptanz findet und als Vorbild wahrgenommen wird. Führen will Orientierung geben, Identifikation ermöglichen und Mitarbeitern Anreize zur Motivation und Leistungsbereitschaft geben. Zuerst steht an, die Bedeutsamkeit von Führung im System der Unternehmung herauszustellen. Schließlich findet sich darin die Begründung dieses Manuals. So besteht diese Einleitung mehr aus einer Einstimmung, nämlich darauf, dass Führung sehr viel mit Persönlichkeit zu tun hat, und das geschieht ohne Umschweife, sondern mehr nach dem Motto: *in medias res*. Die beiden nachfolgenden Buchteile widmen sich dann zum einen den theoretischen Grundlagen, zum anderen dem Alltag und damit der Praxis des Führens.

Noch ein Handbuch? Und wozu überhaupt eine Handreichung zum Führen – entweder man kann's oder man kann's nicht? So oder ähnlich kann die erste Reaktion lauten, wenn Führungskräfte mit einem Manual zur Führung konfrontiert werden. Die Reaktion ist durchaus nachvollziehbar, denn zur Führung scheint im Grunde genommen bereits alles geschrieben worden zu sein. Doch ähnlich wie beim berühmten gallischen Dorf gibt es noch einen Fleck in der Landkarte der Fachliteratur zur Führung, der von den Autoren noch nicht besetzt worden ist. Es steht nämlich noch das umfassende Vorgehensmodell aus, das den Weg zum erfolgreichen wie professionellen Führen aufzeigt. Das bedeutet, dass neben den deskriptiven Ansätzen zur Führung und den eher monografisch orientierten Handbüchern ein übergreifendes Manual fehlt, das angehenden, frischgebackenen oder jungen Führungskräften eine Orientierung sowie Impulse zur Herausbildung von Führungskompetenz an die Hand gibt. Mit einem auf Pragmatismus ausgelegten und am Beispielhaften ausgerichteten Ansatz wird das in diesem Manual erreicht. Am Ende liegt ein Setzkasten vor, mit dem sich die Führungskraft[1] selbst ihr Führungsbild und ihren am Bedarf orientierten Entwicklungsplan zusammenstellen kann.

Dieses Manual spannt einen großen Bogen über das Führen im Unternehmen. Es hat als Handbüchlein die Funktion, zum einen roter Faden und zum anderen Nachschlagewerk zu sein. Dazu ist dieses Buch in zwei Teile gegliedert. Im ersten Teil gilt es, das Grundlegende der Führung näher zu beleuchten sowie herauszuarbeiten. Da jedoch ein Handbüchlein vom Beispielhaften, von Handreichungen und Orientierungspunkten lebt, ist im zweiten Teil eine Vielzahl von

1 Die Begriffe *Führungskraft*, *Mitarbeiter*, *Vorgesetzte*, *Leitende* etc. werden im Weiteren in einer generischen Form benutzt und sind trotz der grammatisch maskulinen oder femininen Form eine geschlechts*unspezifische* Bezeichnung, das heißt, dass das jeweilige grammatische Geschlecht alle Geschlechtsformen umfasst.

Führungssituationen in Beispiele gepackt. Die eingeflochtenen Beispiele veranschaulichen die Zergliederung von Führungskompetenz, sie schaffen Orientierung. Die einzelnen Themenkomplexe geben Anlass zur Reflexion, sodass über die Verarbeitung der Inhalte mannigfaltige Impulse gegeben sind, die Aneignung von Führungskompetenz in die eigenen Hände zu nehmen. Schließlich gehört selbstbestimmte, kontinuierliche individuelle Weiterentwicklung zu den Schlüsselkompetenzen der Zukunft. Führungskräfte sind daher gleichsam Vorbilder, wenn sie ihre Führung fortlaufend professionalisieren.

Es ist nicht das Ziel, das Allgemeingültige herauszuarbeiten. Denn es gleicht eher einer Sisyphusarbeit, ein Inventar allgemeingültiger Instrumente für all die verschiedenen Führungssituationen bereitzustellen. Vielmehr geht es darum, das Bewusstsein dafür zu schärfen, dass Führung ein Zusammenspiel von einzelnen Komponenten ist. Dieses Netzwerk, das kybernetische Wirken zu erfassen und zu verstehen, das ist die Basis der Führungskompetenz. Deshalb stehen die Grundlagen an erster Stelle. Sie erheben, wie erwähnt, nicht den Anspruch auf Vollständigkeit. An zentralen Inhalten der Führung sowie ausgewählten Aspekten wird eine Form der Navigation geschaffen (siehe beispielhaft Abb. 1, denn Navigationspunkte variieren je nach persönlicher Navigation).

Abb. 1: Navigation Führung

Ganz im Gegenteil zu einem Anspruch auf Vollständigkeit verdeutlichen die ausgewählten Grundlagen die Offenheit des Systems und sensibilisieren für die Dynamik dieses Systems. Das sollte allein schon dadurch deutlich werden, dass die einzelnen Aspekte zum Führen von Mitarbeitern nur Ausschnitte sind. Damit beginnt der zweite Teil – die Führungspraxis unter die Lupe nehmend. Führung erstreckt sich bis zum produktiven Handeln. Das bedeutet wiederum, dass zum Führen gleichfalls das Organisieren von Prozessen, die Erzeugung von Dynamik, die Optimierung der Wertschöpfung und die Sicherung der Qualität gehören. Aus diesem Grunde folgt in diesem Manual nach dem sach- wie mitarbeiterorientierten Führen noch ganz prozessorientiert das Kapitel zur operativen Führung. Am Ende darf in diesem zweiten Teil die psychologische Sicht nicht fehlen, im Grunde genommen gehört sie sogar an den Beginn, denn erst aus dem Verständnis für das eigene Handeln und aus dem Erkennen sowie Begreifen des Verhaltens von Mitarbeitern erwächst die Souveränität der Führungskraft. Sie ist Ausdruck des Selbstvertrauens und der Selbstsicherheit, die zu den Säulen der erfolgreichen Führung gehören. Sie verleiht zudem eine gewisse Umsicht und den Mut, Wandel vorauszudenken. Und Zukunft steht in der Zielpyramide der Unternehmensstrategie ganz oben.

Unternehmen sowie Mitarbeiter müssen an einem Strang ziehen, wenn es um die Zukunftsgestaltung geht. Klar, dass Führung eine Nahtstelle des Unternehmenserfolgs ist, denn schließlich sind es außer Maschinen die Mitarbeiter, die in der Wertschöpfungskette für das Unternehmensergebnis sorgen. Damit dieses Ergebnis zugleich Erfolg ist, dafür müssen die Führungskräfte mit deren Führungskompetenz sorgen. Das wird offensichtlich häufig vergessen oder zumindest unterschätzt, wenn man genauer hinschaut und die markanten Schwächen und deutlichen Defizite von Führungskräften in der betrieblichen Praxis schonungslos offenlegt. Dies ist keine pauschale Vorverurteilung von Führungskräften, eher eine Aufforderung, sich dieser besonderen Herausforderung in der Organisationsentwicklung zielführend anzunähern. Organisationsentwicklung ist dies, weil die Entwicklung von Führungskräften auch immer etwas mit Führungskultur, mit Prinzipien und Werten zu tun hat.

Es ist nicht allein die Personalentwicklung, die hier die Marksteine setzt, wenn es um die Entwicklung und die Heranführung von Führungskräften und insbesondere von Nachwuchskräften geht. Motivation und damit auch Identifikation werden zunehmend zu erfolgskritischen Elementen in der Unternehmensführung, und das ist auch der Moment, in dem Führungskräfte Vorbild sein müssen. Es ist nicht der pauschale und oberflächliche Abklatsch eines theoretischen *Corporate Identity*, der dabei helfen kann, sozusagen Mitarbeiter auf seine Seite zu ziehen und ihnen anreizstarke Inhalte zu offerieren. Wer mit der Dynamik Schritt halten will, braucht selbsttätige, motivierte und engagierte Mitarbeiter. Innovationskraft wie Einsatzfreude lassen sich nicht verordnen.

Eines ist dieses Manual keinesfalls: Es ist nicht die typische Sammlung von Ratschlägen zur Führung. Arbeitsrechtliches oder die standardisierte Gestaltung der Teamentwicklung oder das formale Führen von Mitarbeitergesprächen fehlt hier gänzlich. Der Blickwinkel auf die Führung ist ein ganz anderer – es ist mehr ein handlungsorientierter und kognitionspsychologischer. Das Erkennen, das Verstehen und das Anwenden auf der Basis der gelenkten Kognition, all das bestimmt die Brennweite zum Fokus. Führen ist etwas Ganzheitliches, das als solches zu praktizieren ist. Dazu muss die Führungskraft ein Gefühl zum Führen entwickeln. Dies wiederum setzt sich nicht aus den bekannten, herkömmlichen Führungsbausteinen zusammen. Dieses System mit seiner eigenen Struktur ist individuell und hat sehr viele psychologische Momente. Am Ende vermittelt dieses persönliche System des Führens die Sicherheit, die Führung ausmacht, die aber Führung vor allem professionell und erfolgreich werden lässt. So werden keine Techniken vermittelt, sondern ein Bewusstsein geschaffen. Führungsbewusstsein im Zusammenspiel mit Führungskultur ist die Quelle für die Entwicklung als Führungskraft und in gewisser Weise ein Katalysator beim Aufbau von Führungskompetenz. Zusammenhänge verstehen, vernetzt denken und Zukunft antizipieren – das sind die wahren Stärken, das ist es, was gute Führung auf Dauer ausmacht. Zur erfolgreichen Führung wird all das dann durch das Handeln, eine Form von Agilität, die nicht mit Aktionismus zu verwechseln ist. So lautet die erste Führungsmaxime:

Führen mit Persönlichkeit statt mit Techniken.

Der erste Teil, sozusagen zur Einstimmung, besteht darin, Führung zu begründen, aber hauptsächlich die unterschiedlichen Sichten darauf zu skizzieren. Darauf aufbauend lassen sich die Eckpfeiler der Führung errichten. Sie bilden schließlich den Rahmen für das persönliche Vorgehensmodell. Dessen Überbau bildet das *EVA*-Prinzip, das außer dem Erkennen und Verstehen von Führungsprinzipien über die Anwendung die Festigung und damit die Entwicklung der Führungskompetenz prägt. Obschon dieses Manual eine Art Handlungsleitfaden ist, darf das Ganze nicht als eine präskriptive Ordnung und schon gar nicht als ein chronologisch abzuarbeitendes Übungsbuch verstanden werden. Eine Führungskraft bestimmt selbst hinsichtlich ihrer persönlichen Entwicklung, welche Kompetenzen sie aus- resp. aufbauen will. Deshalb präsentieren sich all die Inhalte in diesem Handbuch als einzelne Bausteine. Sie nach dem eigenen Bedarf zusammenzustellen, bleibt Aufgabe derjenigen, die die Herausforderung als Führungskraft angenommen hat. Demgemäß ist all das ein Baukasten, aus dem man sich bedient – es ist weder eine Prüfungsvorbereitung noch eine Übungssammlung.

An dieser Stelle greift ein allgemein gültiges Prinzip, das EVA-Prinzip (nicht zu verwechseln mit dem gleichlautenden Akronym aus der Informationstechnologie), das der Entwicklung als oder zur Führungskraft zugrunde liegt: *Erkennen – Verstehen – Anwenden*. So simpel, oberflächlich oder pauschal es auch klingen mag, dieser Dreischritt wird zu einem harmonischen Dreiklang, wenn aus dem Erkennen ein Verstehen hervorgeht und auf dieser Grundlage das Gelernte angewendet wird. Das Verstehen ist dabei weitaus komplexer als dies auf den ersten Blick erscheinen mag. Verstehen ist dabei mehr als die Behauptung, etwas verstanden zu haben. Die Begrifflichkeit hat einen didaktischen Bezug und eine spezifische kognitive Dimension. Es wird damit beschrieben, dass etwas Neues, etwas Gelerntes in das individuelle kognitive System eingepasst wird, sodass dieses Gelernte im geeigneten Moment mehr oder minder bewusst zum Einsatz kommt, es sozusagen abrufbar ist.

Damit all dies nicht bloße Theorie bleibt, widmet sich der zweite Teil der Anwendung und somit der Praxis der Führung. Die einzelnen Aspekte werden auf die konkreten Anwendungsbereiche übertragen und erhalten einen Bezug zur Praxis. Das veranschaulicht eingehender der Setzkasten, der wie eine Werkzeugkiste dazu dient, sich einzelne Führungsfähigkeiten vorzunehmen, resp. zu erarbeiten. Die Praxistauglichkeit sowie den Praxisbezug vertiefen daraufhin das operative und psychologische Führen. Ein Manual ist eine Anleitung zum Tun, zum Handeln, so muss das Operative klare Konturen erhalten. Den Überblick schafft der persönliche Modulplan (hier als Setzkasten), der als individuelle Blaupause die idealisierte Führungskraft nachzeichnet. Denn am Ende soll ja die moderne Führungspersönlichkeit im Mittelpunkt stehen.

Obgleich dieses Manual als Anleitung zum Machen aufzufassen ist, entbehrt dies nicht der Aufforderung, gegebenenfalls nachzudenken oder Entscheidungen zu prüfen, bevor sie zur Umsetzung gelangen. Die Gefahren lauern dort, wo die Diskussion, die Besprechung oder die Sitzung nur dazu genutzt wird, etwas zu zerreden, weil niemand die Verantwortung übernehmen will. An diesem Punkt greift die Entscheidungsfreude, die dafür sorgt, dass die Erledigung einer Aufgabe in Bewegung bleibt. Fehler dürfen dabei nicht ausgeschlossen werden, Fehlertoleranz gegenüber anderen gehört folgerichtig zum Führungsverhalten. Es gilt immer noch, dass nur derjenige Fehler macht, der etwas macht. Deswegen haftet Fehlern nicht grundsätzlich etwas Negatives an, in erster Linie bringen sie Tun zum Ausdruck.

Merksätze als Hilfsmittel, die eigene Professionalisierung des Führens nachhaltig zu betreiben, treffen nicht immer den Geschmack derjenigen, die etwas verinnerlichen wollen. Als Impulse sind sie hier ein Angebot, bei der theoretischen Annäherung oder bei der Auseinandersetzung mit Führung die Nachhaltigkeit zu schaffen. Obgleich ein *docere delectando*, also ein unterhaltsames Belehren die Aufnahme von Lerninhalten erleichtern soll, muss jeder seine eigene Façon des Führens finden. Wer sich die Mühe macht, das eigene Lernen und die eigene Art des Lernens zu betrachten, wird schnell verstehen, welcher Weg zur kompetenten Führungskraft zu beschreiten sei. Manchmal wird dies sogar zur Gewissensfrage, denn es gibt ausreichend Grauzonen des Führens. An diesen Stellen müssen Führungskräfte für sich und nach deren Gewissen entscheiden, ob und in welchem Maße sie den Pfad der Tugend verlassen wollen. Hier wird einem derartigen Führungsstil nicht das Wort geredet, doch die Vollständigkeit macht es notwendig, zu erwähnen, dass es Verhalten, Methoden und Kniffe gibt, die sich deutlich von einem souveränen und soliden Führungsstil entfernen. Am Ende bleibt dieses Manual ein Handlungsleitfaden, der das Handeln in den Mittelpunkt stellt:

Führen ist Handeln und Handeln erzeugt Dynamik.

Erster Teil: Von Grundsätzlichem und von Grundlagen

Was bedeutet Führung? Über alle Sichten auf Führung hinweg lassen sich einige zentrale Funktionen hervorheben, insbesondere in einer Art Differenzierung zum Personalmanagement im Allgemeinen. Dabei nimmt die Verantwortung einen besonderen Rang ein. Mehr als andere verantwortet eine Führungskraft Produktionsprozesse, deren Ergebnisse und die damit zusammenhängende Qualität. Die Führung von Mitarbeitern rundet den Verantwortungsbereich ab. In direkter Beziehung dazu müssen die Organisation und die Steuerung als zentrale Funktionen gesehen werden, sei es hinsichtlich der Arbeitsprozesse oder in Bezug auf die Arbeitsbeziehungen im Team. Letzteres verlangt wiederum Arbeitstechnik und Psychologie. Selbst wenn der Anspruch gesetzt ist, eine Handreichung zu geben, die sich an den Bezügen zur Praxis und zugleich an den Anforderungen der praktischen Nutzung orientiert, so dürfen die Grundlagen nicht fehlen.

Ob es nun Eckpunkte oder theoretische Grundlagen sind, in gewissem Umfang muss auch die Theorie in einem Manual zum Zuge kommen. Auf diesem Wege wird das Theoretische auf die Nutzbarkeit und die Anwendung abgestimmt. Erst wenn die Führungskraft ihre Möglichkeiten zur Gestaltung von Führung erkennt und die Wirkungszusammenhänge versteht, ist der Ausgangspunkt für ein angemessenes und zielführendes Handeln geschaffen. Daher folgt nun Theoretisches nicht um der Theorie willen, vielmehr braucht Handeln eine vernünftige Grundlage, denn Aktionismus wird nicht für Nachhaltigkeit sorgen. Unabhängig davon, ob es sich um Führungsnachwuchs oder gestandene Führungskraft handelt, haben sie alle gemeinsam, dass sie, wenn sie erfolgreich sein wollen, ein Bewusstsein zeigen sowie die Verantwortung für die Entwicklung ihrer Führungskompetenz übernehmen müssen. Führen muss operativ sein. Während Führungskräfte in traditionellen Modellen oft nur Prozesse verwaltet und Mitarbeiter eingeteilt haben, will moderne Führung mehr. Sie ist auf das Handeln ausgerichtet, und Führungskräfte wie Mitarbeiter werden längst nicht mehr als Befehlsempfänger betrachtet.

Das Führen steht auch unter äußeren Einflüssen, die über den Einflussbereich direkter Vorgesetzter hinausreicht. *Shareholder* und *Stakeholder* (siehe Abb. 2) veranschaulichen, inwieweit äußere Einflüsse auf das Führen einwirken können. Es sind die ersten Hinweise darauf, wie vernetzt die Dinge im Unternehmen sind und wie sich daraus eine Unternehmenskybernetik ergibt. *Shareholder* und *Stakeholder* bilden ähnliche Orientierungspunkte wie Strategie, Zukunftsgestaltung und operative Planungsziele. Sie müssen nicht durchgängig ins Bewusstsein gerufen werden und ständig präsent sein, bleiben gleichwohl Bezugspunkte. Was überall wirkende Kybernetik im Unternehmen anbelangt, ist dies nur ein kleiner Ausschnitt dessen, wie viel Bewegung einzelne Wirkungsfaktoren hinterlassen. Als Bezugspunkte reichen Wirkung und Einflussmöglichkeiten von *Shareholder* und *Stakeholder* bis in den persönlichen Arbeitsbereich hinein, was im Hinblick auf Team, Mitarbeiter, Lieferanten und Kunden als unterschiedliche *Stakeholder* leicht nachvollziehbar sein sollte.

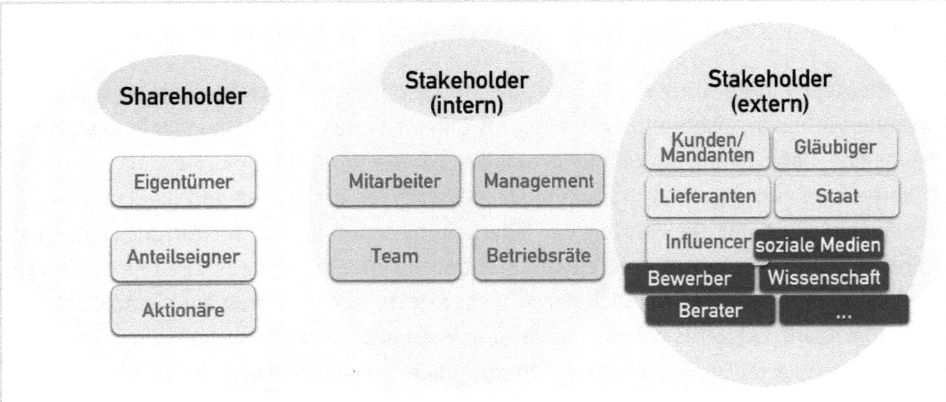

Abb. 2: Shareholder und Stakeholder

Obgleich das Bewusstsein für Führung an sich und die Entwicklung von Führungskompetenz eine hinreichende Voraussetzung für den Werdegang als Führungskraft darstellen, reicht es nicht, allein Bewusstsein zu schaffen. Sei es mit oder ohne Unterstützung, Führungskräfte müssen die Anforderungen und die eigenen Defizite erkennen und sie müssen den persönlichen Bedarf zur Professionalisierung konkretisieren. Erfolgreich wird das Ganze erst, wenn die Führungskraft aktiv ihren Werdegang (mit-)gestaltet. Selbstorganisation und das Verständnis für die schrittweise Annäherung sowie Verfeinerung sind wiederum weitere Rahmenbedingungen für eine erfolgreiche Kompetenzentwicklung. Die Kernelemente wie Wirkkomponenten guter Führung schaffen eine Sensibilisierung. Zusammen mit den beispielhaften Führungssituationen entsteht daraus ein geschärfter Blick für die persönlichen Entwicklungsmöglichkeiten.

Dabei darf all das nicht zur Selbstvergessenheit verleiten. Wie das Wort Führung bereits deutlich macht, sind dabei noch andere beteiligt. Die Entwicklungswege des Einzelnen im Team verdienen das gleiche Maß an Aufmerksamkeit. Mitarbeiterorientiert bedeutet in diesem Zusammenhang nicht, Handeln als Führungskraft ausschließlich auf die Kollegen im Team auszurichten. Es handelt sich eher um einen mitarbeiterbewussten Führungsstil, bei dem die Auswirkungen des Führungshandelns auf das Team wahrgenommen und berücksichtigt werden.

1 Warum ist Führung so wichtig? Und wozu nun ein Manual?

> Die Frage zur Bedeutsamkeit der Führung mag obsolet erscheinen, wenn Führung etwa als eine grundsätzliche wie hinreichende Organisationsfunktion betrachtet wird. Doch gerade dieser Hintergrund ist Anlass, das Systemische des Führens herauszuarbeiten. Denn durch die systemischen Anforderungen an Führung wird unmittelbar ein Konzept zum modernen Führen skizziert. Und da all dies Wichtige und Bedeutsame außer einem Konzept im günstigsten Fall noch eine Struktur erkennen lässt, entsteht als logische Folge daraus ein Handbuch, das einerseits an Stellen des Bedarfs Impulse gibt und andererseits als ein Leitfaden verstanden wird. Der Leitfaden richtet sich dabei vorzugsweise an diejenigen, die mit dem Führen noch nicht so vertraut sind oder Unsicherheit beim einen oder anderen Führungsaspekt verspüren.

In jedem Falle ist Führung mehr als ein betriebswirtschaftlicher oder juristischer Formalismus, zumal diejenigen, die führen wollen, es mit Menschen zu tun haben. Führen steht zwar nicht zwangsläufig im direkten Zusammenhang mit Menschen – davon zeugen allein all die Lokführer und Maschinenführer –, aber in der Betriebswirtschaft und erst recht in der Unternehmensführung sind die Führungskräfte stets in der Verantwortung für Personal, mal mehr, mal weniger direkt. Die Koordination von Personal ist somit eine der zentralen Funktionen der Unternehmensführung. Von Führungskräften wird neben der Personalführung zudem erwartet, dass sie die Prozesse ihrer Arbeitseinheit oder ihrer Abteilung organisieren und dass sie sicherstellen, dass die vorgegebene Qualität der Leistung ihres Teams stimmt. Kurzum, sie müssen für Erfolg sorgen. Daher muss bei der Auswahl von Führungskräften auf weitaus mehr geschaut werden als die Fachkenntnisse. Die Personalführung und ein Bündel an Kompetenzen müssen ebenso unter die Lupe genommen werden. Vornehmlich das Handeln schafft Bewegung im Unternehmen, aus diesem Grund sollten Führungskräfte imstande sein, Mitarbeiter in Schwung zu halten und Energie zur Erzeugung von Dynamik freizusetzen. Es ist die Dynamik im Unternehmen, die in Zeiten notwendigen Wandels vor allen anderen Dingen zum existenzkritischen Faktor emporsteigt.

Führung hat verschiedene Wirkungsrichtungen. Sie wirkt hinein in die Produktion, was einer Erwartung aus der Unternehmensplanung wie -steuerung heraus entspricht. Am offensichtlichsten ist der Einfluss auf die Mitarbeiter. Stimmung, Atmosphäre sowie eine positive Schau auf die Zukunft im Unternehmen sind in gleicher Weise der Führung unterworfen. Sie hat ferner eine Auswirkung auf die Wahrnehmung von außen, was sich als erheblich erweisen kann, wenn sich darüber z. B. das Vertrauen der Kunden herausbildet. Dabei stehen die Verteilungsverhältnisse der Wirkung nicht im Vordergrund, vielmehr muss das Ergebnis gesehen werden, muss verstanden werden, welchen Bedeutungshorizont Führung hat.

1.1 Systemische Aspekte der Führung

Wer führen will, muss wissen, warum es Führung im Unternehmen gibt und was von der Führung im System der Unternehmung erwartet wird. Zu den betriebswirtschaftlichen sowie theoretischen Vorgaben und Anforderungen kommen dann noch weitere spezifische Erwartungen zum Beispiel seitens der *Share-* oder *Stakeholder* oder der übergeordneten Führungsebenen hinzu. Führung steht aus diesem Grunde durchgängig in einem Systemzusammenhang. Soll das Systemische nicht überbewertet werden, so stellt sich trotz allem die Anforderung, die unterschiedlichen Beziehungsverhältnisse sowohl wahrzunehmen als auch zu managen.

Führung systemisch zu betrachten, das bedeutet vorrangig, die Beziehungsverhältnisse und die Rollenverteilung unter die Lupe zu nehmen. Die Ergebnisse dieser Annäherung können entweder deskriptiver Art sein oder Empfehlungen zur Interaktion enthalten. Für den weiteren Verlauf der Darlegungen werden hier nur Ausschnitte der systemischen Sicht genutzt, denn die Praxis der Führung kann nicht systemtheoretische Erkenntnisse oder sozialpsychologische Interaktionsmodelle vor das Handeln stellen. Die Theorie mag Einsichten ermöglichen und Anregungen geben, darf dennoch nicht das Tun verdrängen. Handeln im System und konkrete Beziehungsverhältnisse im Arbeitsumfeld geben den Ton an, solange konkrete Handreichungen erfolgen sollen. Im psychologischen Sinne hat die Wahrnehmung des Systemischen seine besondere Bedeutung in Bezug auf den Umgang miteinander, auf die Leistungsfähigkeit der Mitarbeiter und auf das Zusammenwirken im Team.

Dessen ungeachtet hat Führung gleicherweise einen Prozesscharakter. Aus diesem Blickwinkel betrachtet, ist Führung dann Prozessmanagement. Mit einem kleinen Schritt geht das Führen dann schon über ins Qualitätsmanagement, eine Funktion, die bislang in der Entwicklung von Führungskompetenz viel zu selten nach vorn gerückt wird, was im Übrigen gleicherweise für das *Change Management* zutrifft. Ein weiteres Moment der Führung sind die arbeitsrechtlichen Rahmenbedingungen, die meist nur mittelbar wahrgenommen werden oder wenn es zu spät ist. Eine moderne Führung kommt ohne all diese Aspekte nicht mehr aus. Alldem ist wiederum die Verantwortlichkeit immanent. Dies ist explizit zu erwähnen, weil erst die Übernahme von Verantwortung zeigt, dass der Führende ganz allgemein die Führungsfunktion übernommen hat.

1.2 Moderne Führung

Ob nun Führen in Bezug auf das Systemische oder allgemeinen Grundlagen zur Führung verstanden wird, ist das Spektrum fast unüberschaubar – die Vielfalt der Einzelaspekte ist überwältigend und die Übersicht droht verloren zu gehen.[2] Die wichtigsten Kriterien für das Heranziehen unterstützender Fachliteratur gehen aus dem konkreten Bedarf, aus der Praxistauglichkeit und der Anwendungssituation hervor. Nicht selten ist es ganz einfach der Zugang zum Werk, der bestimmt, wie schnell die Inhalte aufgenommen werden und zum Einsatz kommen. Doch bevor der praktische Teil mit den Grundlagen des Führens beginnt, soll Raum geschaffen werden, die Sinnhaftigkeit von Führung zu begründen. Dabei sind zwei Sichten besonders herausgestellt: zum einen der Wirkungshorizont und zum anderen der Kausalzusammenhang von Unternehmensentwicklung und Unternehmenserfolg. Mag der letzte Aspekt auch einige philosophische Erklärungen parat halten, so ist es die gelebte Asymmetrie im Verhältnis von Mitgliedern einer Organisation, die ein erfolgskritisches Moment wiedergibt, wie zu beweisen wäre (*quod esset demonstrandum*). Es fehlt der Raum, den gesamten Wirkungshorizont der Führung nachzuzeichnen. In Bezug auf die nachfolgenden Kapitel seien deshalb die Inhalte *Steuerung*, *Optimierung*, *Dynamik*, *Wandel*, *Wissen*, *Lernen*, *Qualifizierung* und *Kompetenzen* herausgestellt. Wissen ist das Kernelement der Schaffens- sowie Veränderungsprozesse. Erst durch das Wissen im Unternehmen, zum Teil zweifellos durch das Wissen der einzelnen Mitarbeiter, ist die Wertschöpfung im Unternehmen gewährleistet. Eine eher zukunftsorientierte Kompetenz von Führungskräften wird es demnach sein, Wissen im verantworteten Arbeitsbereich messbar zu machen. Das heißt, die Führungskraft muss Wege zur Quantifizierung von vermeintlich Unfassbarem finden. Am Ende ist Wissen eine der tragenden Säulen des Wandels, da Wissen zugleich Veränderung ist, die wiederum Dynamik erzeugt, die wirkende Kraft für Gestaltung der Unternehmenszukunft. Ausbauen von Wissen, Sichern von Qualität, Erzeugen von Dynamik und Antreiben von Wandel verlangen nach Führung. Wenn demzufolge Führen so wichtig ist, dann drängt sich die Klärung auf, was Führung und das Führen von Mitarbeitern ausmacht.

2 Trotzdem will ein kleiner Streifzug durch die Fachliteratur eine Einstimmung geben, siehe Georg Schreyögg, Jochen Koch (2020): Management: Grundlagen der Unternehmensführung, 8. vollst. überarb. Aufl., Wiesbaden: Springer Gabler, oder Michel E. Domsch, Erika Regnet, Lutz von Rosenstiel (Hrsg.) (2020): Führung von Mitarbeitern: Handbuch für erfolgreiches Personalmanagement, 8. aktual. u. überarb. Aufl. Stuttgart: Schäffer-Poeschel, oder Eric Lippmann, Andres Pfister, Urs Jörg (Hrsg.) (2019): Handbuch Angewandte Psychologie für Führungskräfte: Führungskompetenz und Führungswissen, 5., vollst. überarb. Aufl., Berlin/Heidelberg: Springer, oder Michel E. Domsch, Erika Regnet, Lutz von Rosenstiel (2018): Führung von Mitarbeitern: Fallstudien zum Personalmanagement, 4. überab. u. erw. Aufl., Stuttgart: Schaeffer-Pöschel, oder Jörg Felfe, Rolf van Dick (Hrsg.) (2016): Handbuch Mitarbeiterführung. Wirtschaftspsychologisches Praxiswissen für Fach- und Führungskräfte, Berlin/Heidelberg: Springer, oder Gerhard Cornelli, Lutz von Rosenstiel, Friedemann W. Nerdinger (2014): Führung durch Motivation. Mitarbeiter für die Ziele des Unternehmens gewinnen, 5., überarb. Aufl., München: Vahlen, oder Siegfried Neubauer, Stefan Rankl (2010): Auftrag Führung. Handbuch und Werkzeugkasten für neu berufene Führungskräfte, Berlin/Heidelberg: Springer, oder Henry Walter, Claudia Cornelsen (2005): Handbuch Führung: Der Werkzeugkasten für Vorgesetzte, 3. aktual. u. erw. Aufl., Frankfurt a. M./New York: Campus-Verlag. Zu besonderen Aspekten siehe Florian Becker (2015): Psychologie der Mitarbeiterführung. Wirtschaftspsychologie kompakt für Führungskräfte, Wiesbaden: Springer Fachmedien, und nicht zu vergessen, die trendbetonten Führungsmodelle, wie z. B. Julia Duwe (2016): Ambidextrie, Führung und Kommunikation. Interne Kommunikation im Innovationsmanagement ambidextrer Technologieunternehmen, Wiesbaden: Springer Fachmedien, und zur agilen Führung beispielsweise Stefan Scherber, Michael Lang (Hrsg.) (2015): Agile Führung. Vom agilen Projekt zum agilen Unternehmen, Düsseldorf: Symposion, oder Katrin Greßer, Renate Freisler (2021): Agile Arbeitswelt und die Führung im Wandel, Bonn: managerSeminare.

Was will ein Manual zum Führen von Menschen? Wie funktioniert ein Manual? In der Tradition der kleinen Handbüchlein dient dieses Arbeitsbuch dem leichten wie sicheren Führen in einer Arbeitswelt, die dem Grunde nach eher lebensfeindlich ist. Sobald ein soziales System mit Führungsstrukturen zum frei gewählten Ort wird, ist die Kompetenz zum Führen von Menschen unabdingbar. Damit das gute sowie vorbildliche Führen nicht hehres Ziel bleibt, sondern mit Leben gefüllt ist, bedarf es ein paar Leitlinien. Dies betrifft vornehmlich den Umgang mit Mitarbeitern. Arbeitsrecht, Datenschutz oder *Compliance* kann man lernen, stur und faktenorientiert. Führen muss man erfahren, verstehen und leben. Da gibt es nichts Mechanistisches und oft genug wenig Logisches, Situationen wollen da beherrscht werden, nicht selten mit Kreativität, stets jedoch mit Handeln. Die Literatursammlung zur rechtskonformen Führung ist sehr umfangreich, während psychologische, mitarbeiterzentrierte und vornehmlich dynamikorientierte Handreichungen weitaus schwieriger zu finden sind.

Es ist nicht allein das Bewusstsein, eine Führungskraft zu sein, was gute Führung ausmacht. Diejenigen, die führen, müssen sich gleichermaßen verpflichtet sehen, an ihrer Führungskompetenz zu arbeiten. Der Führende muss sich bewusst sein, dass er seine Entwicklung als Führungskraft selbst zu gestalten hat. Lernbereitschaft ist also ein ständiger Begleiter in der Führungskräfteentwicklung. Eine Exempel-Sammlung als Manual für den Führungsnachwuchs mag antiquiert im Zusammenhang mit einem Programm zur Führungskräfteentwicklung wirken. Diese historische Form der Belehrung hat ihren Charme und nichts an Nutzbarkeit eingebüßt, denn am Beispiel lernt es sich bekanntlich leichter. Auf diese Art ist das Handbüchlein trotz seiner Form ein aktueller Wegweiser. Ein Unterschied besteht darin, dass keine Beispielgeschichten erzählt werden. Die Praxis wird anhand beispielhafter Führungssituationen vorgeführt. In früheren Zeiten war das Bewusstsein für das Lernen am Exempel ausgeprägt – in jedem Falle waren die damaligen Exempel literarisch hochwertig. Heute sind es die exemplarischen Situationen, die die Führungskraft auffordern, zu erkennen und zu verstehen. Beispielsammlungen haben nicht an Wert verloren, wenn die Bereitschaft, Beispiele anzunehmen und der Wille zum Lernen vorhanden sind. Der Transfer in die eigene Wirklichkeit des Führens ist nur ein kleiner Schritt, der Wollen und Tun zusammenführt.

Führung steht an einem Wendepunkt. Mit dem Wandel von einer Produktions- hin zu einer Dienstleistungsgesellschaft hat die Bedeutung von Mitarbeitern in den Unternehmungen zugenommen. Mit der Zunahme der Unternehmensdynamik nehmen die Mitarbeiter Einfluss auf die Unternehmensentwicklung. Im Zuge dieses Bedeutungswandels erfahren u. a. Qualifizierung, Kommunikation, Leistungsbereitschaft und Mitgestaltung eine enorme Aufwertung als Stellgrößen der Weiterentwicklung. Moderne Führung beinhaltet mehr, als Verantwortung zu übernehmen oder mit Fachwissen zu glänzen. Zum Führen gehört darüber hinaus, Menschen zu leiten, für Nachhaltigkeit zu sorgen, Dynamik zu steuern und Veränderungen voranzutreiben. Selbst damit kann noch nicht alles erfasst sein, die Komplexität von Führung kann dadurch dennoch skizziert werden. Mit diesem Handbuch wird die anspruchsvolle Herausforderung des Führens eher in beispielhaften Situationen als in abstrahierten Beispielen auseinandergelegt. Währenddessen wird nicht streng zwischen dem Situativen und dem Exemplarischen unterschieden, es steht im Vordergrund, die besonderen Aspekte des Führens fassbarer sowie eindrucksvoller zu machen, damit sie am Ende in das eigene Führungsrepertoire leichter eingepasst werden können.

1.3 Handbüchlein als Begleiter

Eins vorweg: Das Beispielhafte, das hier folgt, darf nicht als ein Muster verstanden werden, das einfach nachzuahmen ist. Erkennen verlangt – wie bereits erwähnt wurde und immer wieder mit Nachdruck zu erwähnen bleibt – zusätzlich das Verstehen. Sobald im Beispiel das Wirkende und/oder der Mechanismus verstanden worden ist, wird das Musterhafte obsolet. Stereotype Nachahmung hilft keinem, geht doch die Wirkkraft des Beispielhaften verloren. Es wird im Weiteren also mehr gefordert sein als Unterhaltung durch Lesen. Mit der Rezeption geht das Verstehen einher, danach entsteht erst gar nicht das Bedürfnis, reflexionslos ein Muster zu imitieren. Dieses Manual will kein Vorbild sein, es will nicht Führung vermitteln, wie sie im Buche steht. Aus der Sammlung an Impulsen werden diejenigen, denen Führung anvertraut wurde oder werden wird, das herausziehen, was ihnen nützlich scheint. Über das Beispielhafte wird dabei fassbar, wie die Gestaltung der Führung konkret aussieht. Zu den ersten Dingen, die in einer neuen Führungsposition, in einer neuen Rolle zu übernehmen sind, gehört die Verantwortung. Es ist sogar so, dass die Verantwortlichkeit dazu antreibt, selbst Entwicklungen voranzutreiben.

Das Exemplarische kommt sowohl in den Eckpunkten der Führung als auch im Beispielhaften der Führungssituationen zum Ausdruck. Das Ganze wird im Sinne einer Handreichung durch Prinzipien, Sentenzen und Merksätzen angereichert werden. Nachdem mehrfach der Hinweis erfolgte, dass dieses Manual kein Übungsbuch ist, überrascht es sicherlich nicht, dass diese Form der Unterweisung kein Belehren ist. Wie aus einem Baukasten holt sich der Führende seine eigenen Eckpunkte, internalisiert diese und schafft damit sein eigenes Handlungsgerüst, seinen eigenen Setzkasten. Ob das Manual nun als Baukasten zum Aussuchen oder als Setzkasten zum Gestalten genutzt wird, ist weniger bedeutsam. Adäquate Hilfsmittel, Eselsbrücken oder Impulsgeber zur Hand zu haben, um die eigene Entwicklung voranzutreiben, das muss die Führungskraft motivieren, die kleinen Weisheiten und Beispiele im eigenen Führungsalltag umzusetzen. Dieses Gerüst lebt zum großen Teil von einer Redundanz, der ein didaktisches Moment innewohnt. Das Wiederholende hilft dabei, das Verstehen zu festigen und den Weg zur Anwendung zu ebnen. Den Anfang findet das Ganze in einem ersten Wegweiser durch den Prozess der Führungskräfteentwicklung (siehe Abb. 3). Der Blickwinkel ist willkürlich, das Ziel ist, einen Ausgangspunkt zu schaffen.

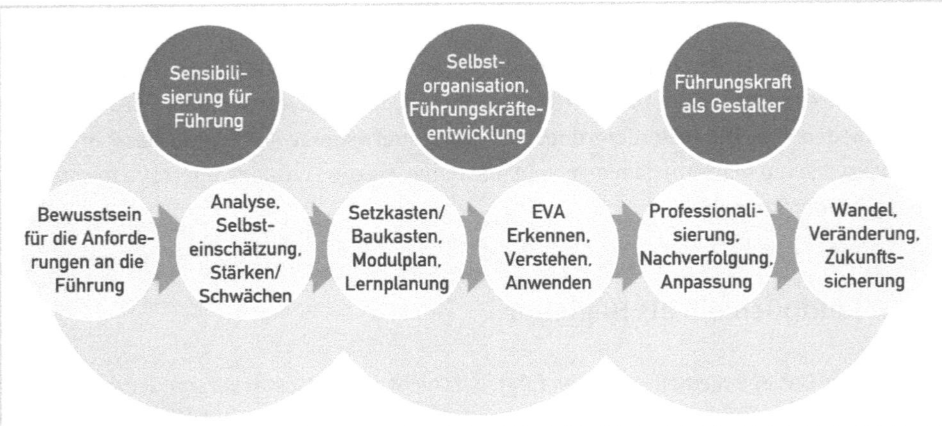

Abb. 3: Erster Wegweiser Führung

Führung ist in sich ein homogenes System, das in der Wirklichkeit einer Organisation nicht durch starre Strukturen repräsentiert sein darf. Daher scheint es nicht angemessen, Führung allein auf Führungsstärken auszurichten. Es sind nicht die einzelnen Stärken einer Führungskraft, die erfolgreiche Führung ausmachen. Akzeptanz, Respekt und Anerkennung in der Führung leben von Führungsmomenten, in denen sich die einzelnen Qualitäten zeigen. Die Führungsstärken und das, was vermeintlich Führung ausmachen soll, sind auf Wirkungsfaktoren reduziert, die erst im Zusammenwirken von mehreren Faktoren, also in der Kybernetik der Führung, zu einer Konkretisierung und somit zur Realität der Führung werden. Aus dieser Sicht ergibt es wenig Sinn, sich allein auf das Fördern und die Ausbildung von Führungsstärken zu beschränken. Es ist viel zu kurz gesprungen, allein mit der Auswahl und Deklaration von Stärken vollständig Führung und Führungskompetenz beschreiben zu wollen.

Führung ist ein Prozess, ist ein Tun, das sich aus verschiedensten Komponenten zusammensetzt. Dieses dynamische Kontinuum mag einige universelle Momente und zum Teil stabile Strukturen haben. Dennoch zeigt es sich als ein veränderliches Ganzes und deshalb gehört zur Ausbildung von Führung dieses Bewusstsein für die Dynamik des Prozesses. Ein Handbuch will aus genau diesem Grunde nicht bei der Ausbildung von einzelnen Kompetenzen helfen, es will das Bewusstsein dafür schaffen, wie die Wirkfaktoren zum Erreichen gesteckter Ziele eingesetzt und zusammengefügt werden können. Das Verständnis für Führung ist demnach der Schlüssel für die Umsetzung moderner Führung. Mitarbeiter leiten, Menschen führen, Aufgaben erfüllen, Probleme lösen und Zukunft mitgestalten – all das bedarf einer übergreifenden Fähigkeit.

Es ist eine Kunst, einzelne Bausteine zielorientiert zusammenzuführen im Wissen um die Wirkungsweise und im Wissen um die Wirkungsmöglichkeiten. Agilität der Führung erfährt dadurch eine Aufwertung, denn Führung – wirkbefreit von Aktionismus und von der Zurschaustellung von Stärke – will für Weiterentwicklung sorgen und Zukunft schaffen. Führung wird auf diesem Wege zu einem Instrument und Werkzeug des Handelns. Man muss lediglich wissen und verstehen, wofür, wann und wie welches Werkzeug oder Mittel am besten zum Einsatz kommt. Der Schraubendreher ist nicht allein zum Ziehen von Schrauben da, er kann die Schraube auch durchdrehen, wenn er zu kraftvoll und zu ungeschickt eingesetzt wird. Es reicht nicht, Stärken aufzubauen, es ist genauso angezeigt, die Wirkung von Stärken und den Umgang mit Fähigkeiten zu beherrschen. Das Komplette der Führung besteht nicht aus einer Summe von Fertigkeiten wie Fähigkeiten, es äußert sich vielmehr in der Fähigkeit, adäquate Lösungen herbeizuführen. Als Maxime muss deswegen gelten:

Die Erledigung von unendlich möglichen Aufgaben oder Herausforderungen kann nicht mit unendlich möglichen Mustern vorbereitet werden, deshalb ist Lösungskompetenz in enger Wechselwirkung zur Handlungskompetenz als eine solch zentrale Anforderung an die moderne Führungskraft gesetzt.

Wirft man dabei noch einen Blick auf das *Change Management* und den fortgesetzten Wandel, dann wird klar, wie weitreichend Handlungsorientierung ins Führen hineinwirkt. Nicht alles muss strengen Mustern folgen. Vorgaben oder Aufgaben bringen stets einen Rahmen mit, in dem gestaltet werden kann. Wer führen will, braucht Individualität, die im Weiteren die Persönlichkeit prägt. Respekt entsteht nicht gegenüber Mustern, erst Individualität schafft Autorität. Deshalb kann ein Handbuch zur Führung weder Vorschrift noch Anleitung sein, es bewährt sich an der Stelle, wo es als Orientierung und Impulsgeber fungiert. Auf diese Weise wird ein Manual zu einem Begleiter, der hilfreich zur Seite steht, sei es am Anfang des Weges als Führungskraft oder an den Wegmarken, an denen der Führende Orientierung und Handreichungen brauchen könnte. Autorität und Respekt verschaffen sich Vorgesetzte daraufhin über die Anwendung des Gelernten.

In diesem Sinne ist dieses Manual zur Führung ein Handbüchlein, das als eine Art Schnellhilfe oder so etwas wie ein Kompass zur Hand ist. Es geht also nicht um Psychotricks zum menschen(-un-)würdigen Führen, vielmehr zeichnet das fürsorgliche Führen den Handlungshorizont. Das Handbüchlein ist vor allem beispielhaft und es ist keineswegs eine Sammlung von Vorgaben. Irgendwo muss es einen Anfang und ein Ende geben. In einigen Teilen will die Reihenfolge tatsächlich Zusammenhänge insinuieren und doch steckt etwas Willkürliches darin, weil die Inhalte nicht aufeinander aufbauen und nicht zwingend miteinander verknüpft sind. Je nach Situation oder nach Ausprägung treten Führungsfunktionen in eine Relation und wirken gemeinsam. Gerade das will Führung: Wirkung zeigen. Die Energie und die Wirkkraft, die Führung durch Synergien erzeugt, das bringt das Wesentliche von Führung nach vorn, das sich im Handeln offenbart. In einer strikten Unterordnung unter die Prämisse, dass allein die selbst entwickelte Form der Führung die Souveränität der Führungskraft herstellen kann, bilden die verstreuten Impulse einige Anregungen zum Handeln und Orientierung bei der Entwicklung als Führungskraft. Also, ein Manual zur modernen Führung hilft, das Wesen von Führung zu erkennen, die Wirkung sowie das Zusammenwirken von Faktoren zu verstehen und das neugewonnene Wissen zielgerichtet einzusetzen.

Und bestimmt ist es vermessen, zu glauben, dass mit einer reflexionslosen Übernahme von Weisheiten das Kriterium Führungskompetenz erfüllt sei. Führen ist nicht allein das Beherrschen einer Technik, Führen ist genauso eine Menge Erfahrung und die Integration dieser Erfahrung in ein persönliches Führungsmodell. Ein Handbüchlein will dementsprechend Impuls, Anstoß, Aufforderung sein. Dies führt zum Erkennen sowie Nachdenken, ein erster wichtiger Schritt, damit danach durch das Anwenden die Erfahrung sich bewährt und auf diese Weise festigt. So hat jeder Merksatz seine eigene Seite, denn es ist sich davor zu hüten, eine Liste von Merksätzen mal schnell nebenbei auswendig zu lernen. Jede Sentenz braucht eine bewusste Wahrnehmung und einen spezifischen Prozess: Erkennen, Verstehen, Anwenden (*EVA*). Als Prozess betrachtet, kann dieser Ablauf durchaus Erweiterungen oder Varianten haben, da nicht Allgemeingültigkeit eingefordert wird. Einmal kann der Prozess des Aufnehmens näher betrachtet werden, ein anderes Mal können Hinweise zum Dranbleiben, zum Durchleben von Erfahrungen und zum Dekodieren von Situationen in den Mittelpunkt gestellt sowie das Anwenden zum Manifestieren verlangt werden. Das *EVA*-Prinzip wird so auch zum Kern des Führungshandelns, wenn über diesen Prozess das Handeln der Führungskraft angestoßen wird (siehe Abb. 4).

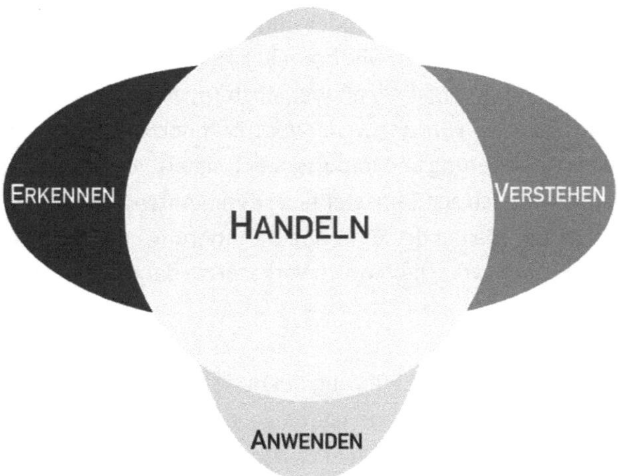

Abb. 4: EVA – Erkennen, Verstehen, Anwenden

Es ist das *EVA*-Prinzip, das die Nachhaltigkeit sichert. Oft ist das Verständnis ein nur vermeintliches Verstehen, was daran zu erkennen ist, dass das Verstandene keine Anwendung findet. Es fehlt das letzte Glied im Verständnis, das die Anwendung in Gang setzt. Manchmal reicht es, einen Impuls über eine Sentenz, einen Spruch zu erhalten. Das heißt nicht, dass solche Weisheiten etwas von einem Zaubertrank haben, es ist vielmehr so, dass hinter derartigen Sentenzen allein ganz normale Psychologie steckt. Mit dieser Psychologie wird das Wesen des (beruflichen) Seins erfasst und wiedergegeben. Die noch reichhaltig darzubietenden Weisheiten sind eher kleine als große Wahrheiten des Lebens. Sie fungieren als (Werkzeug-)Teile des Baukastens zur modernen Führung. Ganz nach Bedarf und Belieben können sie aus den verschiedenen Schubladen hervorgeholt werden und zum Einsatz kommen. Ihnen wohnt eine Wahrheit inne und ähnelt es auch Kaffeesatzleserei, wenn diesen Wahrheiten etwas Wahres angeheftet werden soll, so sind es dennoch Wahrheiten, die helfen, die eigene Wirklichkeit zu erfassen.

Die grafische Darstellung, wie Bau- und Setzkasten zusammenhängen resp. zusammenfinden, umfasst in gewisser Weise all die Wesensmerkmale dieses Manuals und verschafft eine Übersicht zur Handhabung (siehe Abb. 5). Die Initiative des Lesers, d. h. die Anwendung des Handbuchs, ergibt den eigenen Entwicklungsplan, was aus der Übersicht eine Umsetzung macht. Im Alltag des Führens werden stets Situationen auftauchen, die einen gewissen Bedarf an Weiterentwicklung erkennen lassen. Genau an diesem Punkt setzt dieses Handbuch ein. Über die Stichworte sowie die einzelnen dazugehörigen Abschnitte holen sich die Anwender Impulse, seien es Handreichungen, wie mit besonderen Situationen umzugehen ist, oder Hinweise, wie die eigene Entwicklung gestaltet werden und wohin sie führen könnte. Diese Form von Handbuch ist – so, wie für ein Manual üblich – mehr ein Nachschlagewerk, das einen konkreten Bedarf kompensiert oder ein besonderes Interesse befriedigt. Diese punktuelle Arbeit mit den unterschiedlichen Handreichungen bringt es hin und wieder mit sich, dass sich der eine oder andere Inhalt wiederholt. Solche Redundanzen sind an diesem Punkt nützliche und sogar sinnvolle Wiederholungen. Dass dies ferner eine festigende Wirkung hat, sei beiläufig erwähnt.

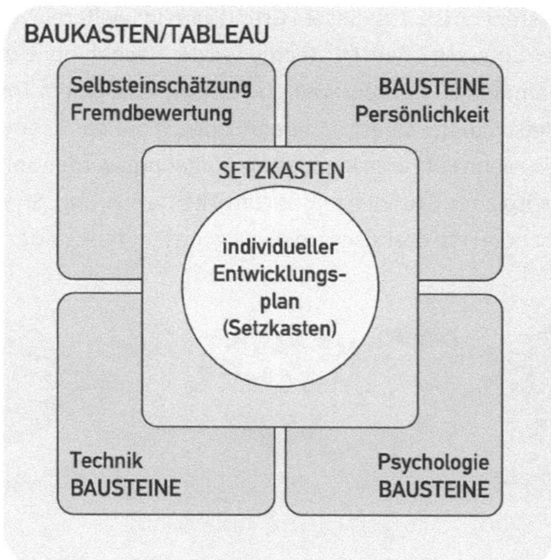

Abb. 5: Bausteine und Setzkasten

Die aus dem Baukasten ausgewählten Bausteine gelangen in den persönlichen Setzkasten, schaffen eine erste Orientierung und begründen den individuellen Entwicklungsplan. Es sind somit die Inhalte, denen sich die Führungskraft zur Weiterentwicklung bewusst zuwenden will. Die Bausteine selbst bleiben Impulse, sie sind keine Qualifizierungsinhalte. Die Qualifizierung kann durch Erfahrung, Reflexion oder gegebenenfalls eine formale Ausbildung erfolgen. In jedem Fall darf der Bezug zur Tätigkeit und zur konkreten Anforderung nicht verloren gehen.

1.4 Eigene Struktur finden

Nicht das sture Abarbeiten von Lektionen wie Lernabschnitten ist der Weg zum Erfolg als Führungskraft. Vielmehr braucht die Kompetenzentwicklung sowohl eine individuelle Gestaltung als auch eine bedarfskonforme Zusammenstellung von Inhalten. Statt sich dem Diktat einer vorgegebenen Struktur zu beugen, besteht die Herausforderung darin, den Weg der Entwicklung als Führungskraft selbstorganisierend und eigenverantwortlich zu bestimmen, das heißt, die Entwicklung selbst in die Hand zu nehmen. Das erfordert ein gewisses Maß an Fähigkeit zur Selbsteinschätzung. Erst das Bewusstsein für Stärken und Schwächen schafft die Voraussetzung dafür, sich eigene Qualifizierungsziele zu stecken. Das Ganze wird dadurch nicht strukturlos, ganz im Gegenteil dazu sorgt die Bedarfsorientierung für eine zielführende Struktur. Den Ablauf der eigenen Kompetenzentwicklung zu strukturieren, das muss dann nicht der Erfindung des Rades gleichkommen.

Das bereits weiter oben erwähnte Vorgehensmodell kann als eine Art Kompass genutzt, verändert und angepasst werden. Daraus ergibt sich ein roter Faden, der durch das Labyrinth der Vielfalt führt (siehe dazu Abb. 6). Am Ende wird *EVA* entscheidend sein, wenn aus der kognitiven Annäherung an das Wesen der Führung das Handeln hervorgeht, das sowohl Übung als auch Ausdruck des Verstehens ist. Aus diesem Grund wird im weiteren Verlauf streng zwischen Mustern und Beispielen unterschieden. Muster dienen der Nachahmung und bergen die Gefahr, ohne Reflexion übernommen zu werden, während Beispiele zu einem Transfer des Verstandenen auffordern. Das Beispielhafte selbst und der Anspruch auf das Exemplarische können nur ein Teil des Ganzen sein, wenn Führungskompetenz aufgebaut werden soll. Zur Komplettierung gehört notwendigerweise auch Grundlegendes zum Thema *Führung*. So wird aus der Wechselwirkung von Theoretischem und Praktischem das eigene Fundament des Führens gegossen.

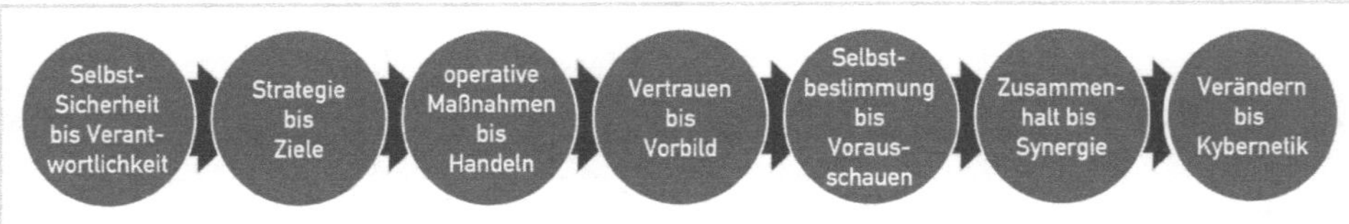

Abb. 6: Der rote Faden

Als Voraussetzung für eine erfolgreiche Entwicklung als Führungskraft reicht es nicht, Bedarf bewusst zu machen und Defizite festzuhalten. Ganz oben steht das Tun, das heißt, die aktive Umsetzung von Entwicklungsplanungen in Umsetzungsschritte. Deshalb sind die im weiteren Verlauf zusammengestellten Bausteine keine Handlungsanweisung oder Pflichtprogramm. Jeder muss für sich feststellen und prüfen, welche Defizite der Kompensation bedürfen und welche besonderen Kompetenzen der eigene Arbeitsbereich erfordert. Die Gefahr, die in jeder Führungskräfte-Entwicklung lauert, besteht darin, in der Analyse und im Festhalten zu verharren. Gewiss kann auch noch ein Mangel an Bewusstsein für eigene Schwächen dazukommen. Sich in diesem Zusammenhang Unterstützung zu holen, gilt nicht als Schwäche, sondern als

Bewusstsein für die Notwendigkeit zur individuellen Weiterentwicklung – eine Anforderung und eine Kompetenz zugleich. Denn in der Selbstorganisation liegt eine Stärke, die selbstredend für die Mitglieder im Team Vorbild wie Wegweiser ist. Auf dieser Analyse baut der Entwicklungsplan und am Ende das Tun auf. Dieses Machen wiederum ist Lernen und Lernen wird zur Verhaltensänderung. Das Seminar, der Lehrgang oder das Coaching können Hilfsmittel sein, sind aber keine Heilmittel. Der Zusammenhang zwischen Lern-/Qualifizierungs-/Entwicklungsmaßnahme und Führungskraft muss wirksam sein. Das heißt, dass die Führungskraft das Gelernte, Vermittelte, Erfahrene zur Umsetzung, zur Anwendung bringen muss. Oft genug offenbaren sich solche Instrumente als bedingt wirkungsvoll, da die Umsetzung und damit die Anwendung des Erfahrenen ausbleibt.

Aus der Modellierung mit den Kernbestandteilen des Führens und aus den individuell gesteckten Zielen zur Kompetenzentwicklung ergibt sich die erforderliche Struktur der Führungskräfteentwicklung. Dem Einstieg in die Führung gehen – wie bereits angedeutet – notwendigerweise ein paar theoretische Annäherungen voraus. Sie geben diesem Manual eine erste Struktur und geben dem Führen dadurch ein nachhaltiges Fundament. Unmittelbar im Anschluss an diese erste innere Differenzierung von Führung folgt bereits das Operative. Das bedeutet, anhand der einzelnen Eckpunkte des Führens erfolgt ein Eintauchen in den Führungsalltag. Wer nun Aufgaben und Übungen erwartet, muss enttäuscht werden. Denn dieses Manual ist eher in der Tradition einer Sammlung von Beispielhaftem. Das wiederum bedeutet, dass anhand von Beispielhaftem der Prozess vom Erkennen über das Verstehen hin zum Anwenden beschritten wird.[3]

Es ist unabdingbar für das Umsetzen, dass Führungskräfte das Wesen der Führung sowie die wesentlichen Bausteine erkennen, dass sie verstehen, wie diese funktionieren, um darauf aufbauend ihre eigenen Methoden, Praktiken, Verhaltensweisen zu entwickeln. Die Prinzipien der Allgemeingültigkeit, die Regelhaftigkeiten, sie lassen sich nicht aus dem Ärmel schütteln. Individualität, Einzigartigkeit und Blickwinkel widersetzen sich allzu oft den Versuchen, Besonderes verallgemeinern oder standardisieren zu wollen. Aus diesem Grunde muss jegliche Standardisierung mit Bedacht aufgenommen werden. Erst mit dem Bewusstsein, dass Standards eher einen unter mehreren möglichen Wegen beschreiben, sollte der Weg hinsichtlich der persönlichen Weiterentwicklung vorgezeichnet werden.

Die (angehende) Führungskraft nimmt sich die Themen heraus, denen sie eine gewisse Priorität in der persönlichen Entwicklung zuordnet. So ist es weniger sinnvoll, ohne jegliche Bindung an den Arbeitsalltag Merksätze zu memorieren oder die Themen bezugslos nacheinander abzuarbeiten. Zweifelsfrei gibt es Lernertypen, die auf diesem Wege Lerninhalte internalisieren können, aber die meisten brauchen zum Lernen eine Anbindung, einen Bezug zu ihrem Tun. Über

3 Zu *EVA* (*Erkennen – Verstehen – Anwenden*) siehe auch Werner Bünnagel (2021): Mitarbeiter als Change Agents. Dynamik im Unternehmen neu denken, Strategie und Führung neu ausrichten, Berlin/Heidelberg: Springer Gabler, Kap. 9.3.6, S. 155 f.

das Verstehen von Zusammenhängen in Verbindung mit den eigenen Erfahrungen bildet sich die Grundlage für die Anwendung heraus. Daraus ergibt sich für die Handhabung des Manuals, dass Leserin und Leser bewusst die Inhalte selektieren, denen sie sich zuwenden wollen. Wenn es dem individuellen Erkenntnisprozess dienlich ist, kann dies selbstredend in der seriellen Abfolge geschehen, wie sie hier vorgegeben wird. Das Stichwortregister am Ende des Buches hilft bei der schnellen Suche nach einzelnen Inhalten. Damit diese Schlagwortsammlung übersichtlich bleibt, sind allein ausgewählte Suchbegriffe dort aufgeführt. Es muss klar sein, dass ein Handbuch nicht ausbilden will, es bildet heran, das heißt, dass kein Lehrplan erfüllt, sondern ein individueller Bedarf Stück für Stück gedeckt wird.

Ein Manual als Wegbegleiter in eine neue Führungsära:

Moderne Führung baut auf einer neuen Sicht zur Unternehmensentwicklung auf und gibt neue Eckpunkte zum Führungshandeln aus. All das bedingt sowohl eine Anpassung der Führungskultur als auch ein neues Modell zur Kompetenzentwicklung von Führungskräften. Ob nun Führung à la mode oder eher traditionell ist, Führungskräfte brauchen genauso Handreichungen wie Leitplanken. Allem übergeordnet sollten Bedarf und Individualität sein. Sowohl die individuelle Weiterentwicklung als auch das Führen von Mitarbeitern lässt sich nicht standardisieren, Individualität und Bedarf bestimmen das, was auf den persönlichen Entwicklungsplan gehört. Dieses Manual gibt Impulse und Hinweise dazu, welche Inhalte auf die eigene Kompetenzliste zu setzen wären.

Die Fähigkeit zu lernen, das hat nichts mit Technik zu tun, es ist der Wille und der Wunsch, Dinge, Zusammenhänge oder allgemein die Welt mit ihrer Vielfältigkeit zu erkennen und zu verstehen. Manche Inhalte können über Techniken oder Ausbildungspläne transportiert werden. Erst die Anwendung und damit Umsetzung durch den, der lernt, macht aus Inhalten Erfahrung und Wissen. All dem liegt das EVA-Prinzip zugrunde, das in diesem Handbuch mit einem Baukasten sozusagen unterfüttert wird. Als persönlicher Setzkasten wird daraus ein individueller Entwicklungsplan. In Zeiten mit hoher Entwicklungsdynamik ist es nicht allein Führungstechnik, die ein Unternehmen voranbringt, es sind mehr die Persönlichkeit und der Wille zur Weiterentwicklung, die den Erfolg von Führung bestimmen.

2 Sichten auf die Führung

Führung ist so vielfältig, dass es unumgänglich scheint, einen strukturierten Zugang zu schaffen. Das Beschreiben von Führung mit all den Aspekten des Führens setzt den Ausgangspunkt für die Grundlagen und die Bausteine. Aus diesem Grunde zeichnet dieser Abschnitt mit dem Blick auf die Funktionen von Führung, mit der Prozesssicht und der Psychologie des Führens ein erstes Gesamtbild. Die Führungspsychologie erfährt mit der näheren Betrachtung von Emotion und Empathie einen zusätzlichen Aspekt, der es verdient, gesondert betrachtet zu werden. Diese Sichten veranschaulichen das breite Spektrum, das Führung eröffnet. Dadurch wird deutlich, wie wichtig es ist, den eigenen Blick auf das Führen zu finden und sich den Inhalten von Führung anzunähern. Dazu wird von den Sichten zu den Dimensionen gewechselt.

Führung ist Teil eines Systems und in sich zugleich ebenfalls ein System. Zur Annäherung an dieses spezifische System sind verschiedene Sichten (siehe Übersicht in Abb. 7) ausgewählt, die sowohl einen strukturierten als auch differenzierten Zugang zur Führung ermöglichen. An erster Stelle steht die funktionale Sicht, denn Führung ist zugleich eine Funktion im System der Unternehmung. Diese noch vornehmlich theoretische Begründung lässt sich mit (Alltags-) Leben füllen, sobald die Aspekte Qualität und Dynamik eingebunden werden. Dass daneben die psychologische Sicht auf das Führen nicht fehlen darf, scheint nachvollziehbar, immerhin inkludiert Führung die Personal- und Mitarbeiterführung. Das Führen von Menschen im System *Unternehmen* ist die alles umfassende Funktion der Führung. Dass dann der Empathie und den Emotionen noch ein separater Abschnitt gewidmet ist, hat seinen Grund. Emotionen sind eine große Herausforderung im Führungsgeschäft und aufgrund der Vielfalt der Situationen, in denen Emotionen zum Tragen kommen, stellen sie genauso große Anforderungen, zumal die Vielfalt darüber hinaus noch unberechenbar ist. Das Funktionale ist hier auf das Wesentliche im operativen Verhalten einer Führungskraft eingegrenzt worden. Daneben lassen sich weitere funktionale Momente herausstellen, doch an dieser Stelle erläutert allein der Ausschnitt zur funktionalen Sicht, wie komplex Führung als Ganzes ist und wie wichtig es ist, Blickwinkel zu wechseln und bei all den Hinweisen sowie Impulsen die gewählte Sicht klar herauszustellen.

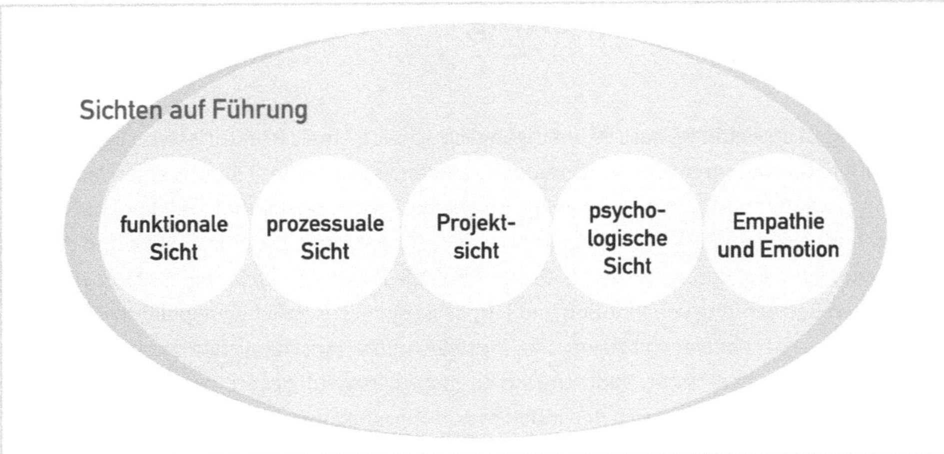

Abb. 7: Sichten auf Führung

Insgesamt vermitteln die Sichten etwas Übergreifendes, schließlich ist Führung keineswegs etwas Partielles oder Situatives im Fortbestand einer Unternehmung. Wertschöpfung sowie Unternehmensentwicklung gehen auf Führung zurück – am Ende entscheidet die gute Führung die Zukunft eines Unternehmens. Es gilt an dieser Stelle ein weiteres Mal, dass es keinen Anspruch auf Vollständigkeit geben kann bei einer Zusammenstellung von Kernelementen des Führens. Viel zu unterschiedlich und vielschichtig sind die unzähligen Situationen, in denen Führung zur Wirkung kommt. Die individuelle Führungssituation sowie die gegebenen Rahmenbedingungen bestimmen das letztgültige Inventar der Grundlagen. Die Aspekte guter Führung, wie sie hier herausgestellt sind, werden als wesentlich reklamiert für eine Führung, die zukunftsweisend sein will.

2.1 Funktionale Sicht

Die klassischen Funktionen der Führung umfassen vor allem das Erreichen von Zielen und den Umgang mit Personal. Die hergebrachten analytischen Darlegungen des Funktionsraumes umkreisen dann weiter die Koordination, Mitarbeitermotivation sowie Repräsentation (siehe u. a. Wöhe/Döring/Brösel 2020)[4]. Dagegen sind für das moderne Führen einige Funktionserweiterungen gefordert, die den zunehmend bedeutend werdenden erfolgskritischen Momenten Rechnung tragen. Denn Qualität und Dynamik sind aus aktuellen Modellen zur Unternehmens- und Organisationsentwicklung nicht mehr wegzudenken. Der zunehmenden Funktionsvielfalt wird an dieser Stelle mit einer Auswahl zentraler Führungsfunktionen Einhalt geboten (siehe auch Abb. 8). Sie zeichnen ein Klischee im Sinne eines Vorgabeformats. Den besonderen Be-

4 Wie klassisch die Funktionen sind, belegt das Standardwerk zur Betriebswirtschaftslehre, siehe Günter Wöhe, Ulrich Döring, Gerrit Brösel (2020): Einführung in die Allgemeine Betriebswirtschaftslehre, 27., überarb. u. akt. Aufl., München: Vahlen, dort Kap. 4., »Organisation«, S. 100 ff., und Kap. 5., »Personalwirtschaft«, S. 121 ff.

zug dieses Rahmens liefern sieben Kernfunktionen, die eine moderne Führung ausmachen. Sie helfen obendrein dabei, Führung und die Entwicklung zur modernen Führungskraft in einem ersten Schritt greifbar zu machen.

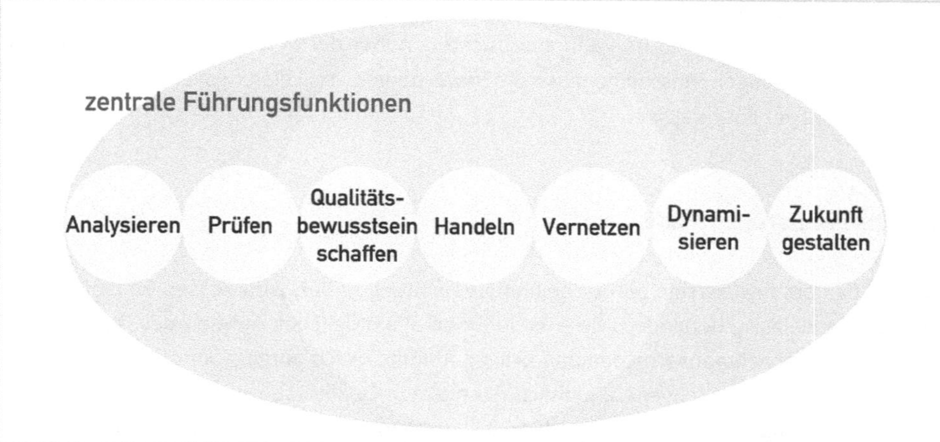

Abb. 8: Zentrale Führungsfunktionen

Analysieren

Es ist nicht allein die Analyse als fachliche Aufgabe oder die Überprüfung von Kennzahlen, die hier wichtig ist –, das Verhalten und das Lernen bedürfen in gleichem Umfang der Aufmerksamkeit. Das bessere Verständnis des eigenen Verhaltens sowie für das Verhalten der Mitarbeiter schärft den Blick auf das Veränderungspotenzial und somit für die Zukunft. Auf diese Weise lässt sich die Führungsarbeit abrunden, indem ein Bild vom Ganzen entsteht. Analyse auf eine wissenschaftliche Tätigkeit zu reduzieren, grenzt den Inhalt zu stark ein. Das Analysieren lässt auf ein simples Verhalten hinunterbrechen: Hinhören, Zuhören und Hinschauen sind dabei die grundlegendsten Operationen. Das Hinterfragen deutet an, dass es vor allem bei vermeintlichen Wahrheiten Anlass gibt, Dinge aus einer kritischen Distanz zu prüfen. Tatsachen und Fakten sind wesentliche Bezugspunkte für das eigene Verhalten, nur manchmal werden die Wahrheiten durch leichtfertige Behauptungen oder durch die Verbrämung der Wirklichkeit überlagert, sodass erst das Hinterfragen und Prüfen den Weg zur Wirklichkeit bereitet.

Prüfen

Missverständnisse im Hinblick auf Prüfen sowie Überwachen sind ausgeschlossen, sobald die Gelegenheit genutzt wird, was in welchem Umfang auf welcher Basis zu welchem Zwecke kontrolliert werden soll. Der konsequente Sachbezug hilft dabei, all das Emotionale aus einem hitzigen Thema herauszuziehen. Bei einer sachlichen Annäherung an die Notwendigkeit, Dinge zu kontrollieren, wird selbst für die kritischsten Mitarbeiter nachvollziehbar, dass in einem bestimmten Umfang Kontrollierbarkeit und Kontrolle systemerhaltende Momente sind. Prüfen, *Controllen,* Nachhalten sind zwingend notwendige Marksteine des Führungshandelns. Den Bogen über all das spannt die Aufwand-Nutzen-Relation, sie hat allgegenwärtig zu sein und an ihr sind Entscheidungen und Handeln auszurichten. Außer der Bewertung von Aufwand und Nutzen bei Neuerungen müssen genauso die Bewertungen von Leistungsvereinbarungen fester Bestandteil der Führung sein.

Qualitätsbewusstsein schaffen

Da das Qualitätsbewusstsein oft nur beiläufig Beachtung findet, wird dessen Bedeutung insgesamt zu nachlässig behandelt. Zwar bestimmen alle möglichen Formen des Qualitätsmanagements Unternehmensprozesse und prägen Abläufe durch vorgegebene Standards, aber es bleibt eine Lücke zu schließen, nämlich die hin zum Qualitätsbewusstsein. Während DIN-Normen und standardisierte Prozesse das Qualitätsmanagement fest im Griff haben, sieht es in den Köpfen der Mitarbeiter anders aus. Mitarbeiter müssen in letzter Konsequenz verstehen, warum Qualität nicht nur Unternehmensziel, sondern darüber hinaus ebenso eine Art Existenzsicherung ist. Bewusstsein gelangt jedoch nicht durch Normen und An-/Unterweisung in die Köpfe, dazu bedarf es eines bilateralen Kommunikationsprozesses. Das heißt, die Führungskraft muss nach der Vermittlung von Qualitätszielen und -ansprüchen sich rückversichern, ob und inwieweit die Kriterien wie Inhalte angekommen sind, muss sich mit seinen Mitarbeitern hinsichtlich der Qualitätsanforderungen und Qualitätsinhalte auseinandersetzen, damit alle über dasselbe reden und am selben Strang ziehen.

Handeln

Operativ zu sein, repräsentiert eine weitere Kernfunktion des Führens. Proaktiv macht sich die Führungskraft daran, das Handeln des Teams sowohl in Gang zu bringen als auch in Gang zu halten. Das Handeln ist damit gleichzeitig Orientierung, denn ansonsten droht die Gefahr, in der Beschreibung von Problemen zu verharren. Zum Handeln gehört untrennbar das Weiterdenken und das Erkennen von Zusammenhängen – Handeln soll ja kein stereotypes Abarbeiten von Aktionsplänen und kein reflexionsloses Agieren sein. Zusammenhänge zu erkennen und die Folgen eigenen Handelns zu antizipieren, das muss genauso ernst genommen werden wie das Handeln selbst. Das kann bei arbeitsrechtlichen Konsequenzen anfangen und bis zum Vorausdenken von Entwicklungen reichen. Dass darüber hinaus noch das vernetzte Denken und vorausschauende Handeln tangiert ist, liegt auf der Hand. Ein Grundwissen zum rechtlichen Rahmen der Zusammenarbeit in gleichem Maße wie zu arbeitsrechtlichen Vorgaben hat mittlerweile sogar eine große Bedeutung für das Führen von Mitarbeitern. Da Gesetze und Rechtsvorschriften in den Bereich des Faktenlernens fallen und in geringerem Maße Erkennen und Verstehen voraussetzen, kann die Kompetenzentwicklung in diesem Bereich ohne Weiteres stark strukturiert und streng gesteuert erfolgen. Mag Strukturierung und Steuerung gern als rahmenstiftende Vorgabe für die Führungskräfteentwicklung verstanden werden, wird das Programm erst komplett, wenn all die Räume geschaffen sind für das Individuelle, das Informelle und das Spontane – ganz nach dem Bedarf zur individualisierten Weiterentwicklung der Führungskompetenz. In jedem Falle steht am Ende das Handeln als eine zentrale Funktion im Zentrum des Führens.

Vernetzen

Synergien durch die Verknüpfung von Kompetenzen zu schaffen, Wissen durch Vernetzung auszubauen, und vor allem die Bedeutung von Wissen zu erkennen, das gehört neben all den alltäglichen Anforderungen auch zu den Aufgaben einer Führungskraft. Synergien entstehen nicht durch Zufall, Kräfte fließen nicht zufällig zusammen, zumindest bildet das Ungesteuerte in den meisten Fällen die Ausnahme. Die Vernetzungen technischer Natur bilden den Standard ab, die Vernetzung von Menschen will dagegen meist noch standardisiert sein. Informell und teilweise formalisiert nutzen Mitarbeiter ihre Vernetzungen, der Führungskraft obliegt es, gewisse Standardisierungen voranzutreiben. Die Möglichkeiten dazu ergeben sich an den unterschiedlichsten Stellen und in den verschiedensten Situationen. Die Grundvoraussetzung für die Nutzung solcher Potenziale besteht in der Hauptsache darin, offen auf Vernetzungsmöglichkeiten zu schauen, Vernetzungssituationen zu identifizieren und das persönliche *Networking* zu fördern.

Dynamisieren

Bewegung in Gang zu bringen und Schaffenskraft freizusetzen, mag zunächst eher theoretisch daherkommen, ungeachtet dessen erzeugt dies am Ende Dynamik – mehr als es sich auf den ersten Blick vermuten lässt. Moderne Arbeitsplätze brauchen viel Bewegung, denn Wandel gehört inzwischen zu den Grundbedingungen einer zukunftsgewandten Arbeitswelt. Zum Wesen der Dynamik zählen die fortwährenden Veränderungen, wobei Stabilität und Kontinuität nicht ausgeschlossen sind. Vielmehr verbindet sich die Kontinuität mit der Veränderung zu einer zukunftsstiftenden Harmonie. Werte im Sinne einer Unternehmensethik können dabei etwas Stabiles sein, das durchaus in einem dynamischen Umfeld seine Berechtigung hat. Doch die gewohnte Kontinuität tritt an vielen Stellen der aktuellen Arbeitswelt in den Hintergrund, denn die Weiterentwicklung und die damit einhergehenden fortlaufenden Veränderungen bestimmen zunehmend den Unternehmensalltag. Die Unternehmen müssen schnell und unmittelbar auf Veränderungen von außen mit Anpassungen wie Veränderungen von innen reagieren, und das gelingt allein, wenn eine entsprechende Wandlungskultur vorhanden ist. Eine durchgängig auf Dynamik ausgerichtete Grundstruktur scheint heutzutage mehr denn je existenziell zu sein.

Zukunft gestalten mit Nachhaltigkeit

Die Nachhaltigkeit ist zwar eher ein Ergebnis, eine Folge des Führungshandelns, dennoch verdient sie es, ein Bezugspunkt im Führungssystem zu sein. Nachhaltigkeit ist Erfolgskriterium des Projektmanagements, weil Projekte nicht mit der Evaluierung enden. Deren Nachwirkungen sind gleichsam essenziell. Die enge Anbindung an die Zukunftsgestaltung im Allgemeinen wird durch folgende Wechselwirkung greifbar: Zukunft baut auf dem nachhaltigen Verfolgen wie Umsetzen von Zielen auf, Nachhaltigkeit hängt von klaren Zielsetzungen und damit von einer konkreten Zukunftsplanung ab. Mögen strategische Zielsetzungen gewöhnlich in die Verantwortung der Unternehmensleitung fallen, sind die Führungskräfte für die Umsetzung verantwortlich. Erkennen sie die Sinnhaftigkeit strategischer Ziele und verstehen sie Inhalte, dann tragen sie bewusst die Verantwortung für die Umsetzung.

2.2 Prozessuale Sicht

Ob nun Bestandteil der funktionalen Sicht oder eine eigene Blickrichtung, das ist im Grunde genommen unerheblich. An dieser Stelle ist Führung als Prozess herausgelöst, weil das Prozesshafte etwas Strukturstiftendes vorzuweisen hat. Und selbst innerhalb dieser Prozesssicht lassen sich weitere Blickrichtungen differenzieren. Zunächst stechen die Ablaufprozesse heraus und bereits dort stellt sich die Frage danach, wo Führung beginnt und endet, und was sich dazwischen abspielt. Führungskräfte steuern diese Prozesse, deswegen kommt ihnen eine große Bedeutung aus der Prozesssicht zu. Führungskräfte geben Handlungen vor und kontrollieren Ergebnisse. Die Grundlage dafür bilden die Prozesslandkarten, in denen Funktionen und Prozesse zusammengestellt sind. Die Umsetzung sowie Sicherung dieser Prozesse geht über das stereotype Prozessschema hinaus. Sobald Menschen in Prozessen agieren und interagieren, muss der Tatsache Rechnung getragen werden, dass es eine Vielzahl von Momenten gibt, in denen psychologische Faktoren auf den Ablauf einwirken. Das können sowohl Interaktionen mit psychologischem Hintergrund als auch kommunikationsbasierte Handlungsmomente sein. In jedem Fall muss der Prozessverantwortliche an dieser Stelle die Vielfalt seiner Fertigkeiten unter Beweis stellen.

Für die Zusammenarbeit erscheint die Prozessebene nicht nur vordergründig als ein wichtiger Bezugspunkt. In den Prozessen selbst ist formal geregelt, wie etwas ineinandergreift und wer mit wem wo am Produktionsrad dreht, eine Produktion, die fraglos genauso Dienstleistung sein kann. Informeller werden die Beziehungen auf emotionaler Ebene. Sie nehmen aber zeitweise oder stellenweise genauso Einfluss auf die Arbeitsprozesse und bestimmen somit in gleicher Weise Aktion wie Interaktion, obgleich sie nur von außerhalb auf formale Systeme einwirken. Da auf dieser Ebene die Emotionalität meist frei und ungehindert hineinwirkt, kann sich die Steuerbarkeit leicht verlieren. Für die Arbeitsprozesse sind die Steuerung und die Kontrolle über solche Abläufe unabdingbar. So wird die Führungskraft einem gesteigerten Wert darauflegen und bestrebt sein, Subjektives und erst recht Emotionales aus dem Arbeitsprozess herauszuhalten. Das, was sich in dieser oberflächlichen Schau noch gut nachvollziehen lässt, kann in der Praxis zu einer echten Herausforderung werden. Jeder, der irgendwann schon einmal mit der vollen Emotionalität von Beziehungen konfrontiert worden ist, kann erahnen, dass je mehr Emotionalität im Spiel ist, desto unberechenbarer das Geschehen wird. An Führungskräfte stellt diese Beziehungsebene ganz besondere Anforderungen. Da sich alles außerhalb eines Regelsystems abspielt, fehlen die üblichen Steuerungsmomente und sogar -möglichkeiten. Entgleiten Arbeitsbeziehungen auf dieser Ebene, ist Geschick und Erfahrung gefordert, damit alles in geordnete Bahnen sich zurückführen lässt.

2.3 Projektsicht

Mag die Projektsicht auch eine sehr spezifische Sicht auf das Führen sein, so beansprucht sie besondere Beachtung. Die Unternehmensorganisation wird immer mehr durch Projekte bestimmt, was im Grunde genommen nach einer modernen Projektwirtschaft im Unternehmen verlangt, die der Tatsache Rechnung trägt, dass sich vertraute Organisationsstrukturen auflösen. Zwar bestimmt eine starre Unternehmensorganisation weiterhin die Geschicke vieler Konzerne und Unternehmen und meist bleibt es noch bei einer stabsorientierten Führung, wenn um die Produktion herum die Verwaltung organisiert wird, aber die zunehmende Dynamik, die von außen in die Unternehmensentwicklung eindringt, macht es erforderlich, diese als Herausforderung anzunehmen. In der Regel versuchen die Verantwortlichen mit Projekten darauf zu reagieren. Diese Projekte nehmen wahrnehmbar in Vielfalt, Umfang und Anzahl beständig zu, sodass es immer häufiger zu strukturübergreifenden Projekten kommt. Leicht können Irritationen in Bezug auf die Verantwortlichkeit entstehen, wenn die Inhalte in mehrere Bereiche hineinwirken, oder Intensität wie Umfang eines Projektes die vertraute Stabstruktur auflösen. Solchen Entwicklungen begegnet man bestenfalls mit einer modernen Projektwirtschaft.[5] Das Besondere an der modernen Projektwirtschaft ist die Flexibilisierung. Dadurch dass Abteilungsstrukturen weitgehend aufgelöst sind und dadurch, dass die Ziel-, Inhalts- und Lösungs-

5 Siehe auch Werner Bünnagel (2021): Mitarbeiter als Change Agents. Dynamik im Unternehmen neu denken, Strategie und Führung neu ausrichten, Berlin/Heidelberg: Springer Gabler, dort Kap. 5.6.1., »Projekte als Organisationsentwicklung«, oder Werner Bünnagel (2014): Selbstorganisiertes Lernen im Unternehmen. Motivation freisetzen, Potenziale entfalten, Zukunft sichern. Wiesbaden: Springer Gabler, dort Kap. 3.1., »Der Faktor Wissen«, S. 26 ff.

orientierung zum Maß der Dinge bestimmt werden, entsteht enorm viel Bewegung, die alle im Team mittragen müssen.

Für Führungskräfte bedeutet dies, dass deren Rolle eine Erweiterung erfährt. Sobald Projekte den Arbeitsalltag bestimmen, ist einerseits gefordert, das alte starre Hierarchie- und Struktursystem zu verlassen und Lösungsstrukturen zu schaffen. Andererseits fordert das neue Rollenverständnis die Führungskraft heraus, neben der Flexibilisierung noch die Dynamisierung voranzutreiben. Projekte erfordern darüber hinaus mehr Aufmerksamkeit in Bezug auf Rollen und Kommunikation. Da Projekte wechselnde Themen und wechselnde Verantwortlichkeiten mit sich bringen, müssen die Verantwortlichen für Transparenz und klare Abgrenzungen sorgen. Grundsätzlich ist festzuhalten, dass starre Strukturen der Organisation nicht die Beweglichkeit eines Unternehmens und die Weiterentwicklung behindern dürfen. Nicht die Struktur ist das Maß der Dinge, es sind die Lösungen, die zur Bewältigung von Herausforderungen gefunden werden. Auf die Praxis bezogen bedeutet das, dass beispielsweise ein sicheres Gefühl hinsichtlich der Stärken und Schwächen einzelner Teammitglieder bewusst sein sollte, dass die Methoden der Teamentwicklung präsent sind und dass Sicherheit trotz wechselnder Zusammensetzung von Projektteams und wechselnder Themen vermittelt wird.

2.4 Psychologische Sicht

Dort, wo Menschen zusammenkommen und zu Prozessvariablen werden, wo Beziehungen zwischen Menschen einen entscheidenden Anteil am Arbeitsergebnis haben, wird Wissen um die Psychologie zu einem entscheidenden Vorteil und erfährt eine maßgebliche Aufwertung. Interaktion darf kein zufälliges Produkt sein, Momente der Steuerung erweisen sich als unumgänglich, solange Ergebnisse vorhersagbar und kontrollierbar sein sollen. Eine Facette der Psychologie im Allgemeinen und der Mitarbeiterpsychologie im Besonderen ist das Lernen, zumal es in einem dependenten Verhältnis zur Motivation steht. Die Führungskräfte übernehmen auch hier Verantwortung, denn sie sind genauso Mitgestalter der Kompetenzentwicklung, wie die Personalabteilung zur Aufgabe hat, die Personalentwicklung als Ganzes zu koordinieren. Lernen ist Verhaltensänderung und auf diesem Wege übernimmt Lernen einen entscheidenden Anteil bei der Organisation des *Change Managements*. So wird deutlich, wie eng viele Themen der Führung, der Organisationsentwicklung und Kompetenzentwicklung verwoben sind. Lernen und Verhalten zusammen bestimmen die Mitarbeiterpsychologie und sind zugleich Bestandteil seiner ganz individualspezifischen, biografiegebundenen Psychologie. Der nächste Schritt hin zur Gefühlswelt ist da nicht groß. Zweifelsohne offenbart das emotionale Beziehungsgeflecht eines Kollektivs oder im Verhältnis zwischen Mitarbeitern und Vorgesetzten ein psychologisches Moment, sodass das Emotionale Beachtung und Aufwertung erfährt. In einem eigenen Abschnitt wird aus diesem Grunde weiter unten herausgestellt, welche Möglichkeiten und Mittel Führungskräfte einsetzen können, um die Steuerung ihres Teams im Griff zu behalten.

2.5 Empathie und Emotion

Es besteht kein Zweifel daran, dass Empathie und Emotion im besonderen Bezug auf die Führung eher als Randerscheinung wahrgenommen werden. Wenn dies als Sicht herausgehoben wird, erfordert das eine Begründung. Das Zwischenmenschliche und all die Befindlichkeiten spielen im Tagesgeschäft des Führens sehr wohl eine große Rolle. Aufgrund dessen gebührt der Emotionalität zumindest in dem hier gewählten Rahmen eine besondere Sicht. Die Empathie wird oft als eine wichtige Kompetenz im Umgang mit dem zugeordneten Personal gerühmt. Doch eigentlich ist dies keine besondere Fähigkeit. Schließlich sollte Menschlichkeit und Mitgefühl ein Wesenszug eines jeden sein, solange Menschen nun einmal in einem sozialen System leben und arbeiten. Materialistisch ausgerichtete Unternehmensmodelle mögen die Theorie zu Sozialsystemen außer Acht lassen können und die damit zusammenhängenden Aspekte des Miteinanders ausklammern. Dennoch ist eine Realität unstrittig, dass Menschen nicht allein leben, eine Gesellschaft bilden und in diesem System Beziehungen eingehen. Empathie etwas einfach wie pauschal und oberflächlich als Mitgefühl oder Einfühlungsvermögen ausgedrückt, will wohl besagen, dass im Zusammenleben wie -arbeiten auf die Gefühle des anderen Rücksicht zu nehmen ist. Für die Kollaboration am Arbeitsplatz muss dies nicht zwangsläufig Kuschelkurs bedeuten. Für die Führungskraft ist von Bedeutung, dass sie den Einfluss der Gefühlswelt aufs Verhalten der Mitarbeiter und darüber hinaus auf die Zusammenarbeit gewissermaßen im Griff hat. Erst mit der Kenntnis der Wirkungszusammenhänge ist die Basis für die Steuerung und für das Einwirken auf das vorhandene soziale System geschaffen. Andere verstehen, auf andere eingehen und Empathie zeigen, das darf nicht bedeuten, nachgiebig zu sein.

2.6 Von den Sichten zu den Dimensionen

Aus den Sichten heraus erhält Führung ihre verschiedenen Dimensionen. Sie reichen von Prozessen und Qualität bis zur Strategie. Wandel und gegebenenfalls Reorganisation zählen dazu. So gewinnt Führung an Gestalt und an Komplexität. Das alles soll nicht den Blick auf das Führen verstellen, über eine erste Annäherung und eine erste Systematisierung wird eine Art Übersicht geschaffen. Diese sensibilisiert zugleich für die Verschiedenartigkeit der Perspektiven und fordert dazu auf, fortlaufend den Perspektivwechsel für die Gestaltung der eigenen Führung zu nutzen. Es zeigt sich an dieser Stelle die Vielschichtigkeit von Führungskompetenz. Im Grunde genommen wird sogar augenscheinlich, dass erst das Zusammenwirken unterschiedlicher Kompetenzen dem Führen Gestalt und Wirkung verleihen. Dieses erste Netzwerk zu den Dimensionen (siehe Abb. 9) lässt sich ohne Weiteres sowie unmittelbar erweitern, gehört doch noch zur Führung u. a. das Lösen von Konflikten, das Managen von Wissen und die vielen Formen des Controllings, das von den Aufgaben bis hin zum Budget reicht.

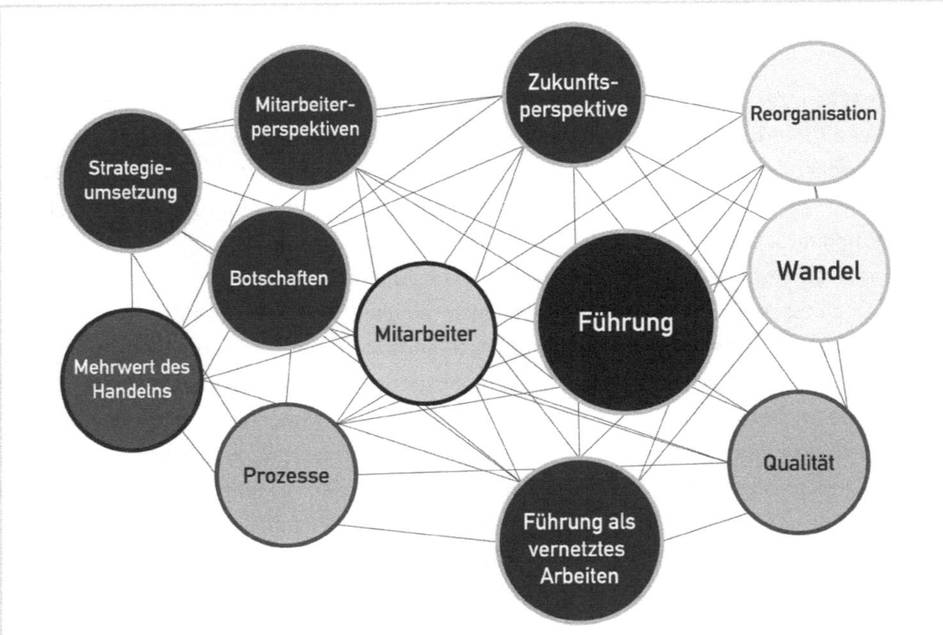

Abb. 9: Dimensionen der Führung (eine Auswahl)

Typologisches zur Führung und einige Abgrenzungen haben hier das Fundament gelegt für das, was Führung in dessen Ausführung ausmacht. Dass dabei zunächst die Beschreibung im Vordergrund steht, darf nicht darüber hinwegtäuschen, dass Führen am Ende ins operative Geschäft hineinwirkt. Inwieweit das Wirken von Mitarbeitern in einem Unternehmen überhaupt eine Führung erforderlich macht, wird ausgeklammert bleiben. In philosophischer oder idealisierender Sicht mag die Frage, ob Führung zwingend notwendig sei, möglicherweise berechtigt sein. In einem Handbuch ist dies weniger zielführend. Damit all die Dimensionen den Zugang zur Führungskompetenz nicht verstellen, ist Orientierung angezeigt. Dazu lässt sich unter dem Aspekt, eine Linie zu finden, der weiter oben erwähnte rote Faden legen. Dort steht an erster Stelle die Gewissheit, was unterstreicht und was nicht oft genug wiederholt werden kann, dass die Selbstsicherheit unabdingbare Voraussetzung ist, Führungskompetenz entfalten zu können. Am Ende steht dann der *Change* oder besser gesagt, das Veränderungsmanagement. Ob Dimensionen oder Progressionen, die unterschiedlichen und letzten Endes dennoch ähnlichen Modellierungen wollen nicht Verwirrung stiften. Sie alle zeigen an, dass es viele Wege gibt, sich der Führungskompetenz anzunähern. In letzter Konsequenz, das heißt, in der individuellen Anwendung, bleibt dies eine auf den eigenen Bedarf zugeschnittene Progression. Mit dem geschärften Blick für die verschiedenen Sichtweisen macht sich die Führungskraft auf den Weg.

Wer sich Führung annähern will, muss Sichten auf Führung unterscheiden:

Moderne Führung baut auf einer neuen Sicht zur Unternehmensentwicklung auf und gibt neue Eckpunkte zum Führungshandeln aus. Unter den vielen Perspektiven, die beim Blick auf das Führen eingenommen werden können, ist es vor allem die funktionale Sicht, die heraussticht, denn dort greift die Modernität in ganz auffälliger Weise. Einerseits sind es die zentralen Funktionen moderner Führung, denen Aufmerksamkeit zu schenken ist, andererseits sind daran besondere Fähigkeiten geknüpft, die von Führungskräften erwartet werden.

Das Netz, das mit Analysieren, Prüfen, Handeln, Qualitätsbewusstsein, Vernetzen, Zukunftsgestaltung und Nachhaltigkeit geschaffen wird, bleibt exemplarisch, denn Vollständigkeit wird immer relativ bleiben. Aus dieser übergreifenden, dennoch perspektivischen Annäherung an Führung erwächst eine besondere Forderung, nämlich darzulegen, wie denn Führen im Alltag der Führungskraft aussieht und welches Handeln damit zusammenhängt. Während die Sichten auf Führung noch mehr Deskriptives hervorbringen, wird die Annäherung über die Dimensionen der Führung ganz deutlich das Führen als Handeln und als zentrale Aufgabe der Führungskraft ins Blickfeld rücken. Die Hinwendung auf Führungskräfte als Handelnde im Unternehmen wird schnell deutlich machen, dass Führung kein einheitliches Ganzes ist, sondern dass Persönlichkeit und Situation deren Erscheinungsform bestimmt.

Aufgrund dieser Relativität kann kein konsistentes, einheitliches, übergreifendes Führungsbild vorgegeben werden. Führungskräfte müssen auf der Grundlage ihrer Führungssituation erkennen, welche Fähigkeiten von ihnen gefordert sind, und daran arbeiten, ihren Bedarf an Weiterentwicklung zu bestimmen und Führungskompetenz kontinuierlich auf- und ausbauen. Aus diesem Grunde können standardisierte Programme zur Führungskräfteentwicklung nur bedingt Wirkung zeigen.

3 Die Grundlagen – Eckpfeiler der guten Führung

Führung hat etwas Systemisches und zugleich Systematisches. Führung ist eine eindeutige Zuordnung im sozialen Kontext einer Unternehmung. Im mikrokosmischen Ausschnitt eines Teams oder einer Arbeitseinheit hat die Führungskraft die Verantwortung für die Mitarbeiter. Um dieser gerecht zu werden, sollte sie die Grundlagen der guten Führung kennen, wozu die einzelnen Eckpfeiler gehören. Zu diesem Zweck ist in diesem Kapitel zu den Grundlagen der Führung eine Modellierung gewählt, die um die Persönlichkeit weitere wesentliche Merkmale des Führens gruppiert. Beansprucht die vorgezeichnete Struktur eine übergreifende Systematik, darf dies nicht dazu verleiten, ein einheitliches, übergreifendes Führungsbild zu entwerfen, das für alle möglichen Führungssituationen gültig ist. Verbindlich ist allein die Verantwortung, die mit einer Führungsaufgabe übernommen wird, ansonsten prägen Persönlichkeit, Anforderungen, Ziele, Aufgaben und die Individualität das Führungsbild. Stehen Einzigartigkeit und Allgemeingültigkeit an dieser Stelle in einem Spannungsfeld, kann dies von der Führungskraft durch Bedarfsorientierung beim Aufbau von Kompetenzen und durch Entwicklungswille kompensiert werden.

Führung in Kernelemente zu zerlegen (siehe dazu Abb. 10), wird zweifellos Diskussionen auslösen, weil ein Kontinuum wie die Führung aufgrund seiner inneren Dynamik nie vollständig sein kann und weil die zum Teil stark divergierenden Sichten darauf eine unbestimmte Menge an Faktoren wie Variablen hinterlassen. So werden viele Einwände ihre Berechtigung haben, jedoch ist der operative Ansatz letzten Endes unschlagbar. Hierbei geht es nicht um Vollständigkeit oder Allgemeingültigkeit, vielmehr rücken die Einstiegspunkte auf dem Wege zum erfolgreichen Führen in den Vordergrund. Das Ganze beginnt mit den Eckpfeilern, genauer gesagt, mit neun wesentlichen Merkmalen einer zeitgemäßen, mitarbeiterorientierten, an Zielen wie Erfolgen ausgerichteten Führung. Zunächst werden die Begrifflichkeiten des Verständnisses wegen differenziert, danach erfolgt im praxisorientierten Teil anhand beispielhafter praktischer Sequenzen eine Veranschaulichung. Diese dient vor allem dazu, über den Praxisbezug das Erkennen zu ermöglichen, in der Reflexion das Verstehen zu begründen und über Impulse wie Handreichungen das Gerüst mitzugeben, dass die Führungskraft ihren eigenen Weg zur Führung findet.

Allein der Ausschnitt zu den Kernelementen macht deutlich, dass es ein Unterfangen wäre, Führen auf einzelne Komponenten zu reduzieren, zumal dieses Modell nicht vollständig sein kann. Im Grunde genommen wird kein Modell vollständig sein, da aufgrund der Unendlichkeit von Situationen eine unendliche Zahl von Wirkungskomponenten zugeordnet ist. Es ist durchaus begründbar, Allgemeingültigkeit und Universalien des Führens anzustreben, es erscheint dagegen zielführender, ein offenes System von Bausteinen der Führung aufzubauen. Mit den Grundlagen ist für eine offene Modellierung ein Grundstein gelegt.

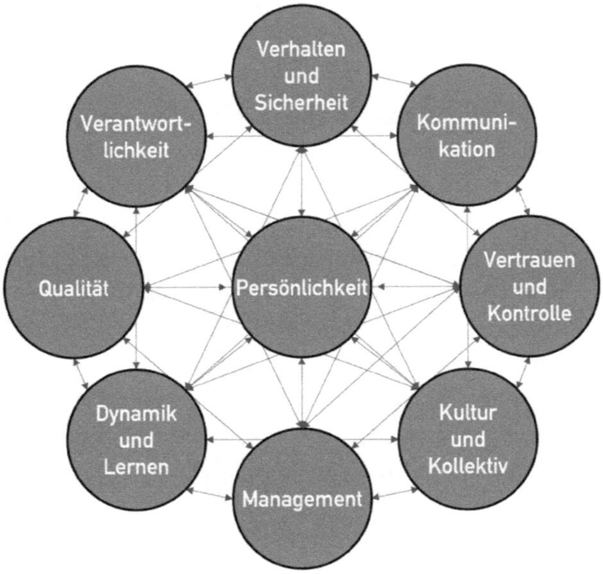

Abb. 10: Kernelemente professioneller Führung

Es mag Verwunderung hervorrufen, dass bisher und in der obigen Modellierung die Fachkompetenz keinen Platz gefunden hat. Das hat seinen guten Grund, scheint sie für viele ein zentraler Bestandteil der Führung zu sein, ist sie hier nur von untergeordneter Bedeutung und deswegen nachrangig. Trotzdem hat die Fachkompetenz ihre Einflussmomente, wenn beispielsweise Autorität und Vertrauen eng an die Beherrschung des Fachgebietes geknüpft ist. Ist die Bedeutung des Fachlichen für die Führung einer Einheit von hoher Priorität, wird sie demgemäß eine entscheidende Rolle bei der Auswahl einer Führungskraft spielen. Doch ein Manual zur Führung ist nicht der Fachkompetenz sowie der Auswahl von Führungskräften gewidmet, dies ist ein eigenständiges Thema, das ganz andere Blickwinkel erforderlich macht. Allein der Punkt der Personalauswahl bildet diesbezüglich eine Verbindungslinie zur Fachkompetenz und zur Auswahl von Führungskräften. Fernerhin dreht sich hier alles um Führungskompetenz.

3.1 Persönlichkeit

Im Mittelpunkt der Führung steht die Persönlichkeit – und wie die Begrifflichkeit deutlich aufzeigt, wird damit etwas ganz Individuelles ausgedrückt, eben etwas Persönliches. Sie setzt sich aus ganz unterschiedlichen Dingen zusammen, wie z. B. Biografie, Lebenserfahrung, Charakter, Auftreten und Verhalten allgemein. Wiederum ein Aspekt des Verhaltens ist beispielsweise die Sicherheit. Die Selbstanalyse zum persönlichen Auftritt muss kein strenger psychologischer und erst recht kein tiefenpsychologischer Prozess sein, denn dies bedarf der fachlichen, professionellen Begleitung. Zuweilen reicht es schon aus, wenn man bewusst auf das eigene Verhalten schaut und sich Beweggründe für das eigene Verhalten vor Augen führt. Eben diese Reflexion öffnet das Bewusstsein für Wünsche und Ängste, welche mit Verhaltensweisen leicht in Zusammenhang gebracht werden können. Das darf kein Grund dafür sein, sich zu verstellen. Das Authentische bereitet den Weg hin zu einer aufrichtigen, vertrauensvollen Zusammenarbeit mit anderen. Persönlichkeit wird am Verhalten festgemacht, da liegt es nahe, das eigene Verhalten bewusst wahrzunehmen. Wird dabei Unsicherheit erkannt und/oder Angst ausgemacht, darf das kein Anlass sein, sich zu verstellen. Dagegen empfiehlt es sich, in die Ängste hineinzugehen, was manche Angst am Ende wirkungslos werden lässt.

Der Weg zur Haltung führt über die Persönlichkeit. Ihr Verhalten verstehen deshalb nur diejenigen, die sich mit ihrer Person auseinandergesetzt haben. Von dieser mittelbaren Wirkkraft eines positiven Auftretens als Führungskraft aus konkretisiert sich die Wirkung in Form von Sicherheit und Orientierung, also unmittelbare Auswirkungen des Führungsverhaltens. Demzufolge steht die Selbstsicherheit in einem direkten Zusammenhang mit dem Gefühl der Sicherheit, das Mitarbeiter aus der Haltung ihrer Vorgesetzten entwickeln. Doch es ist nicht allein Sicherheit, es ist insbesondere Orientierung, die über das sichere Auftreten vermittelt wird. Denn mit einer klaren Vorstellung vom eigenen Schaffen und so mit der Sinnhaftigkeit des eigenen Tuns setzen Mitarbeiter weitere Energie frei. Sie beteiligen sich bewusster an den Wertschöpfungsprozessen, sind willig, sich weiterzuentwickeln, und bereit, die Zukunft des Unternehmens mitzugestalten.

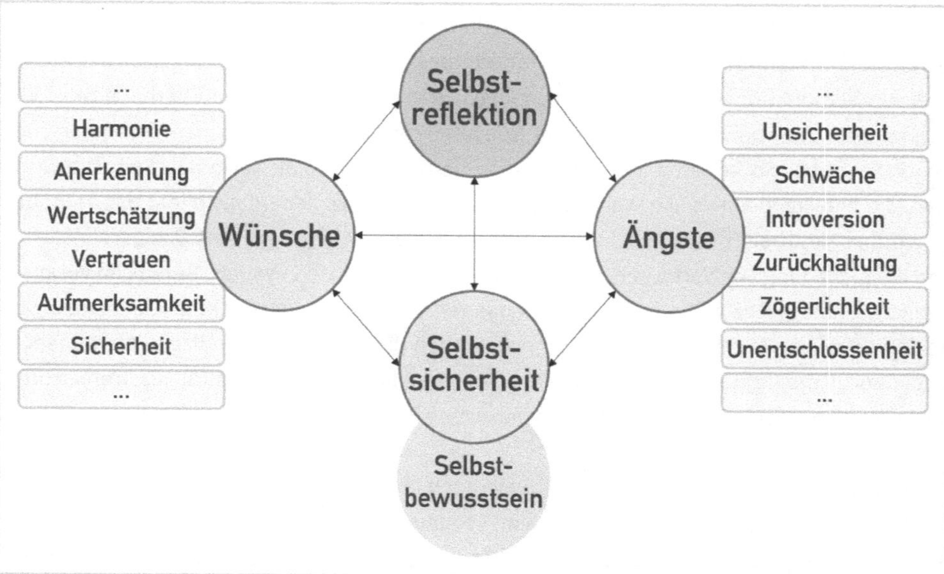

Abb. 11: Führung und Persönlichkeit

Obschon der Wirkungshorizont der Persönlichkeit und des Führungsverhaltens (siehe dazu auch Abb. 11) nicht unmittelbar in Erscheinung tritt, gehört beides zu den zentralen Steuerungsmomenten. Es scheint nachvollziehbar, dass das Wissen um die eigene Wirkung unabdingbar ist, sobald eine Führungskraft bewusst die Leistung seines Teams beeinflussen will. Sein Verhalten ist diesbezüglich die Ausformung der Persönlichkeit. Diese Externalisierung lässt sich dann weiter herunterbrechen auf noch wahrnehmbarere Konkretisierungen von Haltung. So zählen zum erfolgreichen Führen, hervorgegangen aus dem Führungsverhalten, die Entschiedenheit, die (Selbst-)Bestimmtheit, die Transparenz und die Agilität. Diese sind gewissermaßen Ausflüsse von Selbstbewusstsein und von Selbstwert und letzten Endes sind es Erfolgsfaktoren bei der Steuerung sowie Erzeugung von Leistung.

Außer Frage steht, dass die Selbstsicherheit zu den weichen Faktoren gehört. Ist auch nicht alles quantifizierbar, so sind es die signifikanten Auswirkungen auf Leistungsbereitschaft, Engagement und Verbindlichkeit, die zu berücksichtigen sind. Erneut ist hervorzuheben und zu betonen, dass weder die insinuierten Wechselwirkungen noch die Wirkkraft einzelner Faktoren ausschließlich sind. Immer wieder bleibt festzustellen, wie vielgestaltig das Zusammenwirken von Faktoren ist. Aus diesem Grunde ist es sinnvoll, das Verhalten aus dem Wirkungsmodell der Persönlichkeit einmal herauszulösen, damit ganz fokussiert die Bedeutung spezifischer Verhaltensweisen herausgearbeitet werden kann.

3.2 Verhalten und Sicherheit

Das Verhalten einer Führungskraft zählt zu den komplexesten Ausbildungen von Kompetenz, denn außer dem direkt wahrnehmbaren Verhalten gehören zugleich noch die mittelbar erfassbaren Stärken zum Repertoire der modernen Führungskraft. Als Beispiele mögen an dieser Stelle die Vorbildfunktion und Souveränität genügen. Während das vorbildliche Verhalten eine klar abgegrenzte Wahrnehmung ist, entsteht Souveränität aus dem Zusammenwirken verschiedener Faktoren. So gehören zum souveränen Verhalten beispielsweise das Selbstbewusstsein, die Entschiedenheit, die Weitsicht und die Transparenz. Jedenfalls bildet das Verhalten gegenüber Mitarbeitern sowie bei der Lösung von Herausforderungen eine Schlüsselstelle bei der Herausbildung von Vertrauen, Respekt und letztlich ebenso Loyalität. Bereits im vorangegangenen Abschnitt zur Persönlichkeit war das Verhalten ein Bezugspunkt für den Aufbau von Selbstvertrauen. Es zeigt sich erneut, wie verwoben die einzelnen Grundlagenkomponenten sind, denn wie will eine Führungskraft Vertrauen herstellen und Souveränität ausstrahlen ohne die Selbstsicherheit und das Vertrauen in die eigene Führung.

Mancher Führungskraft mangelt es zu Anfang noch an der notwendigen Sicherheit. Mag dies auch nicht unmittelbar wahrzunehmen sein, so spüren die Mitarbeiter schnell, wenn es eine Schwachstelle gibt. Nun ist Unsicherheit nicht zwingend eine Schwäche, dennoch passt sie nicht in die Vorstellung vom souveränen Führen. Da Unsicherheit individuelle Ausprägungen hat, helfen keine standardmäßigen Rezepturen. Selbst die Reflexion des eigenen Verhaltens ist nur die halbe Strecke zur Souveränität. Der Einsatz eines Sparringspartners oder eines Coaches ist gewöhnlich eine zielführende Maßnahme. Im Austausch mit dem Gegenüber lernt die Führungskraft das eigene Verhalten besser einzuschätzen. Darüber hinaus können versierte Coaches noch wertvolle Impulse liefern, wie Sicherheit aufgebaut werden kann. Derartige Unterstützer müssen nicht von außen kommen, Alt-jung-Tandems können gleichermaßen den

Ausgangspunkt für Erfahrungs- wie Wissenstransfer bilden. Die Wahl dieses Begleiters ist keine leichte und sie darf nicht von anderen abgenommen werden. Das heißt, der *Coachee* muss bei der Auswahl mitwirken, muss seine Erwartungen wie Vorstellungen in die Waagschale der Entscheidung hineinlegen und muss die viel beschworene Chemie verspüren. Das Verhältnis zwischen einem Coach und einem *Coachee* ist ein sehr persönliches und zudem vertrauliches. Deshalb gehört es unabdingbar zum beratenden wie geschäftlichen Verhältnis, dass Stillschweigen und Schweigepflicht Bestandteil eines Vertragswerkes sind.

Sicherheit hängt eng mit der positiven Bewertung des eigenen Handelns zusammen. Wenn dies als richtig, gut und angemessen empfunden wird, ist der Grundstein für die Sicherheit gelegt. Solange die Führungskraft das eigene Handeln infrage stellt, dreht sie sich in einem Kreis, aus dem sie allein nicht rauskommt. Die Unterstützung von außen ist daher keine Fortsetzung der Schwäche, vielmehr ist es eine echte Chance, zur positiven Wahrnehmung des eigenen Tuns zu finden. Sicherheit tritt aus dem Gemenge von Faktoren als ein Multifunktionsfaktor in der Führung hervor. Sie reicht in ihrer Wirkung von der eigenen Sicherheit, die den Weg für das Selbstbewusstsein bereitet, bis hin zu den Mitarbeitern. Die Teammitglieder selbst gewinnen genauso ein Sicherheitsgefühl und zugleich das notwendige Vertrauen – eine Grundlage für Orientierung und Identifikation. Das eigene Handeln aus der eigenen Sicht entbindet nicht davon, hin und wieder sich auf andere Blickwinkel einzulassen. Der Perspektivwechsel ist immerhin ein wertvolles Instrument, sachliche Entscheidungen zu treffen und andere in ihrem Denken und Handeln zu verstehen. Vieles in der Entwicklung baut auf Erfahrung auf, informell oder formalisiert. Letzteres weist auf das Lernen hin und es weist darauf hin, dass Sicherheit in einem engen Verhältnis zur Persönlichkeitsentwicklung steht und dass diese eben mit Lernen zusammenhängt (siehe Abb. 12).

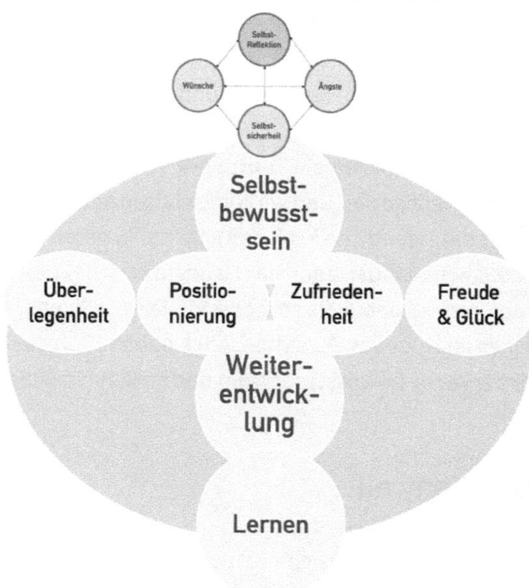

Abb. 12: Persönlichkeitsentwicklung und Lernen

3.3 Kommunikation

Wieso der Kommunikation eine solch bedeutsame Stimme im Konzert der Führung zuteilwird, soll weiter unten an der Praxis belegt sein. Hierzu bleibt einstweilen festzuhalten, dass Kommunikation zu wenig Beachtung findet. Trotz all der Angebote zu Mitarbeitergesprächen, Gesprächsführung, Konfliktkommunikation oder Mediation geht die Hinwendung nicht weit genug und Kommunikation in der Führung wirkt dann wie Stückwerk. Kommunikation darf nicht auf einzelne Techniken reduziert werden. Wenngleich derjenige, der fragt, führt, steckt darin nur die halbe Wahrheit. Erst das Verständnis für den Mechanismus und das Wissen um die Wirkkraft, erst die Erfahrung, wo und wie Kommunikation entscheidend ist, und der versierte Umgang mit dem Werkzeug heben die Kommunikation auf diesen Sockel, machen sie zur Säule der Führung. Die Mannigfaltigkeit darf dabei nicht unterschätzt werden, denn Kommunikation geht weiter als die banale Reduzierung auf Sender und Empfänger. Verschiedene Situationen erfordern ganz unterschiedliche Formen sowie Elemente der Kommunikation. Am Ende sind es sogar unterschiedliche Fertigkeiten, die zum Einsatz kommen.

Das Miteinanderreden geht demnach weit über ein belangloses Plaudern hinaus, von daher lohnt es, sich mit Sprache und Sprechen auseinanderzusetzen. Deshalb ist es wichtig, bewusst Gesprochenes aufzunehmen und genauso bewusst Sprache einzusetzen. Schließlich lässt sich mit Sprache Bewegung erzeugen, weil darüber Sinnhaftigkeit, Ziel und Zweck des Tuns vermittelt werden kann und darüber das Machen angestoßen wird. Asymmetrie vermittelnde Organigramme sollten keinen Einfluss auf die interne Kommunikation haben. Dies bedeutet in erster Linie, dass Kommunikation bilateral sein sollte. Sie dient nicht der Befehlsausgabe und sie darf nicht angstbeladen sein, sodass Mitarbeiter es zum Beispiel nicht wagen, Missstände auszusprechen oder Kritisches vorzubringen. Subordination hat bei Führung nicht zwangsweise etwas mit Unterwürfigkeit zu tun. So, wie Mitarbeiter die Rolle des Vorgesetzten respektieren sollen, so muss ein Vorgesetzter seine Mitarbeiter respektieren und Gehör haben für Ideen wie für Kritik.

Sprache und damit Kommunikation sind ein Führungsinstrument, dessen muss man sich bewusst sein, um dieses Instrument gezielt und wirkungsvoll einzusetzen. Auch wenn sich alle im Team *blind verstehen*, liegt die eigentliche Kraft der Sprache in deren Anwendung. Das darf nur nicht dazu führen, dass das Miteinanderreden das Handeln in den Hintergrund drängt. Sprache birgt etwas Ambivalentes in sich, einerseits sorgt sie für Verständigung, andererseits kann sie, in aggressiver Weise eingesetzt, etwas Zerstörerisches haben. Sprecher müssen sich dessen bewusst sein und so ihre Sprache bewusst, sorgsam und gezielt einsetzen.

3.4 Vertrauen und Kontrolle

Nein, Vertrauen und Kontrolle schließen sich nicht aus, wenngleich die Kombination eine besondere Herausforderung ist. Während über das gegenseitige Vertrauen Engagement, Leistungsbereitschaft und Identifikation freigesetzt werden, vermittelt die Kontrolle auf den ersten Blick geradezu das Gegenteil zu Vertrauen. Grundlage für eine Zusammenführung von beidem sind das gemeinsame Verständnis hinsichtlich der Notwendigkeit von Überprüfungen und die Transparenz des Kontrollverfahrens. Prüfbarkeit setzt ein Bewertungssystem voraus. Wenn allen Beteiligten das System eingängig sowie zugänglich ist und wenn die angewandten Verfahren zur Erhebung von Werten transparent sind, lässt sich das vordergründige Paradoxon, das Vertrauen und Kontrolle innezuwohnen scheint, auflösen. Der Weg dahin führt über das Bewusstsein, dass Vertrauen keine Einbahnstraße sein darf. Die Führungskraft hat nicht die Hoheit über das Vertrauen, sie selbst muss nicht allein Vertrauen schenken, sondern auch gewinnen.

Aus dieser Wechselwirkung heraus erfolgt das Delegieren, das in dieser Betrachtung eine Vertrauenssache ist. Für das Wirken der Mitarbeiter hat das – positiv bewertet – zur Folge, dass sie sich über Freiräume freuen dürfen und dass selbstbestimmtes Arbeiten, die Selbsttätigkeit zum Wesen ihrer Arbeit wird. Die Übernahme von Verantwortung, was eine zentrale Funktion des Führens darstellt, verlangt danach, diese Verantwortung zu delegieren. Und nicht weil Kontrolle gut ist, wenn es um Vertrauen geht, sondern weil Vertrauen einen verlässlichen Rahmen erforderlich macht, hat Kontrolle in diesem Zusammenhang eine Berechtigung und ergibt durchaus Sinn. Alle Beteiligten werden bei Transparenz und gemeinsamer Abrede den Umgang mit Kontrolle nachvollziehen können. Über diese Vielschichtigkeit von Vertrauen sollte jedenfalls zu erkennen sein, dass Vertrauen auch Zutrauen umfasst. Mitarbeiter müssen spüren, dass man ihnen etwas zutraut. Wie sollen sie sonst Sicherheit gewinnen, selbst tätig werden und am Ende sich mit ihrem Tun identifizieren, sodass Motivation und Verantwortungsgefühl bei ihnen entstehen können? Das Zutrauen, das möglicherweise bei der Berufung als Führungskraft selbst erfahren wurde, mag ein Anstoß dafür sein, selbst mit dem Vertrauen, das man schenkt, andere mitzureißen.

Da diese nun offenbar sehr psychologische Momente sind, stellt die Ermittlung von Leistung und damit das System der Kontrolle, als Ganzes betrachtet, eine gewisse Herausforderung dar. Quantifizierung, also Messbarkeit von Leistungen, Verhalten, Ergebnissen und nicht zuletzt von Zielen lässt sich auf zwei Wegen zu einem wirksamen Führungsinstrument entwickeln. Auf der einen Seite können bekannte wie erprobte Verfahren herangezogen werden, was von der Kosten-Nutzen-Rechnung über das herkömmliche Finanzcontrolling bis zur *Balanced Scorecard* reicht. Werden die Faktoren zunehmend weicher, werden andererseits die Berechnungsmodelle komplexer. Komplexer bedeutet indes nicht mathematischer, vielmehr sind es die Erfahrungswerte und gemeinsam vereinbarte Kennzahlen, die sich in den Vordergrund drängen. Es bedarf indes der Darlegung der angewandten Verfahren zur Ermittlung von Kennzahlen, um einen Konsens hinsichtlich des Erreichens vorgegebener Leistungswerte zu erzielen.

3.5 Kultur und Kollektiv

Kultur beginnt beim gemeinen Umgang miteinander oder vielleicht bei den Unternehmenswerten. Die Wurzeln einer solch spezifischen Unternehmenskultur sind eher nebensächlich, sobald die Wirkung als ein Steuerungsinstrument verstanden wird. Das soll bedeuten, dass

Unternehmen wie Führungskräfte Unternehmenswerte einsetzen, um Anreize zu schaffen oder *Commitment* einzuholen. Kultur als Ganzes fächert sich indes in mehrere Teilkulturen auf. Sei es Teamkultur als erprobte Form der Kollaboration oder ganz allgemein die Führungskultur – all dies sind sehr spezifische Ausformungen einer Unternehmenskultur, die sich in ihrer Gesamtheit fast zwangsläufig unternehmensspezifisch zeigt. Eine neue Teilkultur im breiten Spektrum der Unternehmenskultur ist die Wandlungskultur. Erst mit der zunehmenden Entwicklungsdynamik und dem damit zusammenhängenden Druck auf die Unternehmensentwicklung hat diese Sonderform der Unternehmenskultur an Bedeutung gewonnen. Dahinter steckt die Überzeugung, dass Innovation und Wandel eng verknüpft sind mit der Belegschaft eines Unternehmens. Die Schaffenskraft des Einzelnen bestimmt in diesem Zusammenhang die Leistung des Unternehmensmotors. Gut, das darf nicht missverstanden werden, denn der Einzelne ist am Ende nur ein Teil des Ganzen und erst die Summe der Einzelnen entfaltet die größtmögliche Schaffens- wie Veränderungskraft.

Dies hat zur Folge, dass ein persönliches Führungskonzept über den Einzelnen hinaus das Kollektiv sowie dessen Wirkungsgrad im Blick haben muss. Kollektivität zeigt sich bei dieser Betrachtung von zwei Seiten: Zum einen muss es die Führungskraft verstehen, die Einzelnen zu einem Kollektiv zusammenzuschweißen, was mehr ein psychologisches Vorgehen erfordert, zum anderen repräsentiert ein Team ein Wissenskollektiv, das ganz verschiedene Bausteine des Wissens bereithält. Neues Wissen, sei es neu generiert oder aus vorhandenen Wissenskomponenten zu einem neuen Wissensbaustein zusammengeführt, schafft die Grundlage für Veränderungen. Kollektivität hat in diesem Zusammenhang weder einen politischen noch einen programmatischen Beigeschmack. Über die Programmatik des Gedankens hinaus wird beispielsweise die kollektive Wissensarbeit zu einem Zielpunkt moderner Wissenswirtschaft.[6] Nun wird Kollektivität aber nicht allein durch Verordnung der Gemeinschaftlichkeit herzustellen sein. Vielmehr muss einer Vernetzung von Wissen, die hier auch eine Vernetzung von Personen ist, ein durchdachtes Konzept zugrunde gelegt werden. Insbesondere die Eckpunkte (individueller) Mehrwert, Wissens*merchandising* und Nachhaltigkeit sind Stellgrößen für Strukturen wie für Prozesse.

3.6 Management

Management ist alles und nichts. Das Organisieren hat einen besonderen unternehmerischen Wert, und wenn dabei noch Mitarbeiter anzuführen sind, dann zeigt sich das Managen als richtungsweisendes Steuerungsmoment in der Wertschöpfungskette. Wird Managen derweil als Machtdemonstration missverstanden, verliert Management an Bedeutung. Führung ver-

6 Siehe dazu u. a. Werner Bünnagel (2001): Handbuch zur Einführung einer modernen Wissenswirtschaft. Das Unternehmenswissen im Visier, München/Mering: Rainer Hampp, Kap. 1, »Moderne Wissenswirtschaft als Chance«, S. 9–28, und Werner Bünnagel (2017): »Virtualisieren, vernetzen & teilen. Wissensmanagement beim DGB Rechtsschutz«, in: wissensmanagement. Das Magazin Führungskräfte, Heft 8/2017, S. 12–14.

langt fast zwangsläufig Organisationstalent, damit Dinge in Bewegung bleiben, erledigt oder zu Ende gebracht werden. Während man für sich allein noch relativ einfach abschätzen kann, wie lange es welchen Aufwand braucht, um eine Aufgabe zu erledigen, erfordern komplexere Aufgabenstellungen für ganze Teams verständlicherweise etwas mehr. Die Führungskraft muss hier Ressourcen zuverlässig einschätzen, die Stärken und Schwächen der Teammitglieder kennen, Ziele in Teilziele aufteilen und Aufgaben in Aufgabenteile segmentieren. Doch das ist erst der Grundstock, die Ausgangsituation, wohingegen Aufgabenbewältigung ein Prozess ist, was wiederum Bewegung impliziert. Somit gehört zum Managen, etwas in Gang zu bringen und in Bewegung zu halten. Selbst das Organisieren hat einen breiten Horizont: Auf der einen Seite erfordert das operative Geschäft Entscheidungen, Planungen, Koordination und Kontrolle, auf der anderen Seite muss der Blick manches Mal über den Horizont hinausgehen, da Führung außer Übersicht noch Weitblick erforderlich macht. Entwicklungen müssen mithin weitergedacht oder Künftiges antizipiert werden. Darin äußern sich Fertigkeiten, die auf Kognition und Erfahrung zurückgehen. Das bedeutet, dass weder Premium-Veranstaltungen noch Handbücher dies sicherstellen können – dahin muss selbst die Führungskraft geführt werden. Wird das Managen als eine Art Status verstanden, wird die Kernaufgabe von Management missverstanden. Vor allem muss Management dafür sorgen, dass Dinge in Bewegung kommen und das alles Tun ineinanderpasst.

Gewiss, ein Handbüchlein unterstützt dabei, doch erst der individuelle Erkenntnisprozess und der persönliche Erfahrungsschatz versetzen die Führungskraft in die Lage, über den Tellerrand hinausschauen zu können. So ist es zwangläufig vonnöten, der Entwicklung von Kompetenz mit Grundlegendem und Theoretischem ein Fundament zu geben und die Kompetenzentwicklung durch Handreichungen wie Erfahrungen in Gang zu bringen. Prägend wird am Ende das konkrete Handeln bleiben – das ist im Übrigen nie losgelöst. Wenngleich einzelne Bezugspunkte des Handelns wechseln, bleibt ein Bezugspunkt stets übergeordnet: der Mehrwert. Alles Handeln im Sinne eines modernen Managements muss in enger Beziehung zum Mehrwert gesehen werden. Er erweist sich im Zusammenwirken mit der Kosten-Nutzen-Relation als der Dreh- und Angelpunkt.

3.7 Dynamik und Lernen

Im Zuge der Digitalisierung hat die Dynamik eine enorm große Bedeutung erfahren. Sie nimmt mittlerweile einen sehr hohen Stellenwert auf der Rangliste der wichtigen strategischen Eckpunkte ein, denn schließlich benötigt ein modernes Unternehmen heutzutage einen fortlaufenden Wandel. Entwicklungen sowie Innovationen haben längst kein eingebautes Ruhepolster mehr, weil Produktzyklen immer kürzer werden und die digitale Transformation kaum Luft zum Atmen lässt. So darf Tagesgeschäft nicht mehr als das stereotype Abarbeiten gewohnter Aufgaben verstanden werden. Mitarbeiter sind wichtige Energielieferanten für die Entwicklungsdynamik im Unternehmen. Eine der Kernfunktionen moderner Teamführung wird somit offenbar: Mitarbeiter in Bewegung halten und deren Energie freisetzen. Das setzt heutzutage

Medienkompetenz voraus. Der versierte Umgang mit den unterschiedlichsten digitalen Medien wird ohne Erwähnung vorausgesetzt, während bei älteren Führungskräften in diesem Bereich manchmal Defizite zu erkennen sind. In diesem Zusammenhang nicht wegzudenken und somit sozusagen an die Dynamik angedockt, verdient das Lernen dieselbe Beachtung. Mit der persönlichen Weiterentwicklung zeigen sich zunächst die Vorgesetzten als Vorbilder. Das setzt dann verständlicherweise voraus, dass diese Möglichkeit, seine Fähigkeiten auszubauen, den Teamkollegen gleichfalls gegeben wird. Wandel darf nicht als Direktive verstanden werden, die einfach ausgegeben wird. Veränderung vollzieht sich genauso wenig durch das Handeln Einzelner. Führungskräfte müssen ihr Team beim Lernen mitnehmen, weil eben deren Veränderung durch Lernen ein ebenso wertvoller Beitrag zur Unternehmensdynamik ist.

Modernität und Dynamik sind aktuell nicht mehr voneinander zu trennen, und weil das Freisetzen von Energie weniger eine Führungstechnik ist, kommt die Psychologie erst recht ins Spiel. Kern- und Angelpunkt im Hinblick auf Dynamik ist die Motivation. Sie muss bei den Mitarbeitern von innen kommen, so wie Dynamik innen im Unternehmen entstehen muss. Von außen kommen lediglich Impulse und Anstöße. Das bedeutet zugleich, dass weder Motivation noch Dynamik verordnet werden kann, da bedarf es eines professionellen Einsatzes der Psychologie. Dieses Grundverständnis müssen angehende Führungskräfte rasch in ihr Führungsrepertoire integrieren, um den Wirkungsbereich ihres Teams zu organisieren und sicherzustellen, dass die Entwicklung ihres Bereichs nicht zum Stillstand kommt. Dynamik nimmt aus all diesen Gründen in der modernen Auslegung von Führung einen wichtigen Platz ein. Da Unternehmensentwicklung in Zeiten digitaler Transformation enorm dynamisch ist, muss Energie, die den Wandel beständig antreibt, innen erzeugt werden, d. h. aus dem Innern des Unternehmens kommen. Motivation wirkt dabei weiter als in das wahrnehmbare Handeln. Eng angebunden daran ist das Lernen. Lernen als Verhaltensänderung zeigt wiederum deutlich auf, wie verzweigt das kybernetische System der Unternehmensdynamik ist. Und es wird nachvollziehbar, dass Wandel als Veränderung in direktem Zusammenhang zum Lernen steht, das seinerseits untrennbar mit Motivation verquickt ist.

Zwischen diesen Knoten spannt sich das Netz der Führung. Je nach Situation und Blickwinkel sind dann die einzelnen Punkte zu verbinden. Sie können sich gegenseitig bedingen, sind dementsprechend interdependent. Es kann aber genauso ein Verhältnis nur in eine Richtung gegeben sein – das wären dann dependente Strukturen. Darüber hinaus muss Führung fortwährend in einem engen Zusammenhang zur Dynamik gesehen werden, weil erst Dynamik Bewegung bringt.

3.8 Qualität und Mehrwert

Bei den Kernpunkten der Führung darf fraglos die Qualität nicht fehlen. Sie ist ein zentraler Bestandteil der Wertschöpfung und damit in Form von Qualitätssicherung eine Führungsfunktion. Die Prozessfunktion ist im üblichen Qualitätsmanagement abgebildet. Doch Qualitätssicherung sowie Qualitätsverbesserung haben außerhalb der streng definierten Prozesswelt zusätzlich noch menschliche Faktoren. Diese Lücke schließt die Führung. Während sich zur Qualitätssteuerung strenge, prozessorientierte Ablaufmechanismen und Prüfwerkzeuge etabliert haben, bietet das Beziehungsgeflecht von Führung und Qualität noch reichlich Ansatzpunkte zur Analyse und Deskription. Für ein Handbuch ist dagegen mehr das Operative interessant, selbst wenn wohlmöglich die wissenschaftliche Basis fehlt oder die Theoriebildung ohne empirischen Nachweis daherkommt. An dieser Stelle ist es erneut Wesen und Verständnis einer Handreichung, ganz pragmatisch Impulse zu geben und Lösungswege aufzuzeigen.

Für das Qualitätsmanagement mit dem spezifischen Blickwinkel der Führung bedeutet dies, dass die Führungskraft zum Statthalter des Qualitätsbewusstseins wird. Eine Norm kann schließlich einfach sowie mechanisch abgearbeitet und erfüllt werden, ein Qualitätsanspruch kann sich jedoch gleichfalls im Bewusstsein des Einzelnen widerspiegeln. Die einzelnen Mitarbeiter begreifen demnach die Bedeutung der Qualität für den Unternehmenserfolg und verstehen sich als Teil dieser Qualität. Auf diesem Wege entsteht ein sinngefülltes, gelebtes Qualitätsbewusstsein, das grundsätzlich von einem angeordneten zu unterscheiden ist. Die Qualität als Führungsfunktion hat folglich nach dieser kurzen Skizzierung zwei Bedeutungsebenen. In einem neuen Konzept der Führung leistet Führung mehr als Personalführung, Koordination, Information, Repräsentation und Zielvorgabe (siehe weiter oben). Sie leistet im Sinne der Wertschöpfung zudem einen Beitrag zur Qualitätssicherung. Dabei steht weniger der Qualitätssicherungsprozess im Vordergrund, sondern die Förderung der Mitarbeiter im Hinblick auf die Leistungsqualität. Dies betrifft sowohl die eigene, individuell erbrachte Leistung als auch die Leistung als Teil eines Produktionsprozesses oder der Erbringung einer Dienstleistung. Daraus resultiert wiederum der zweite funktionale Aspekt im Rahmen der Qualität, wonach Führung dafür Sorge trägt, dass sich bei den Mitarbeitern ein Qualitätsbewusstsein entwickelt sowie etabliert.

Qualität und Vertrauen hängen eng zusammen, streng genommen steht beides sogar in einer Wechselwirkung. Qualität setzt Qualitätsbewusstsein voraus, das sich am besten entwickelt, wenn Mitarbeiter das Vertrauen ihrer Vorgesetzten genießen. Dann sind sie gern bereit, Verantwortung zu übernehmen u. a. für die Qualität. Eine derartige Logik ist zwar wenig empirisch begründet, dennoch birgt sie ein hohes Maß an Wahrscheinlichkeit in sich. In jedem Fall unterläge man einem Irrglauben, wenn man davon überzeugt ist, Bewusstsein für Qualität durch Forderung und Mahnung zu schaffen. Prozesse der Qualitätssicherung gelten als unabdingbare Bestandteile der Produktionssteuerung, in die Köpfe von Mitarbeitern Qualitätsbewusstsein hineinzubringen, hat dagegen mehr mit Überzeugen zu tun.

Mehrwert erscheint in oberflächlicher Betrachtung eine rein betriebswirtschaftliche Größe zu sein. Sie ergibt sich aus der Relation von Aufwand und Nutzen, die nicht immer rein quantitativ sein muss. Aufwand und Nutzen kann in einigen Situationen durchaus intuitiv oder mit Argumenten abgewogen werden. Der Mehrwert repräsentiert die Entscheidungsgröße, die dabei hilft, Entscheidungen zu treffen oder dem Handeln im betrieblichen Kontext Sinnhaftigkeit und

Orientierung zu geben. Damit wird der Mehrwert zur übergeordneten Handlungsmaxime, was dessen ungeachtet ihm keinen Absolutheitsanspruch verleiht. In manchen Situationen und Momenten darf das Abwägen des Mehrwertes zuweilen ausbleiben und das Intuitive Raum greifen. Qualität und Mehrwert sind im Grunde genommen zwei parallele Handlungslinien, die immer wieder zusammenlaufen oder sich kreuzen. Was sie verdeutlichen, das ist der Anspruch an das betriebswirtschaftliche Denken und Handeln von Führungskräften. Solange der Weg dorthin mittels gültiger Kennzahlen aus der Finanzverwaltung geschieht, stellt dies einen objektivierten Weg dar, dessen ungeachtet scheint es manchmal angezeigt, andere Wege zu Kennwerten zu finden.

3.9 Verantwortlichkeit

Eng verknüpft mit Führung ist die Verantwortung, die wiederum vielgestaltig ist. Im Großen und Ganzen verantworten Führungskräfte Mensch, Material, Prozesse und Qualität. Sowohl in Bezug auf den reibungslosen Ablauf der Arbeitsprozesse als auch hinsichtlich der Vorbildfunktion ist die Verantwortlichkeit im System der Führung eine gesetzte Größe. Meist sind es Negativbeispiele, die für Misstrauen gegenüber Führungsverhalten sorgen, wenn zum Beispiel Führungskräfte bei Aufgaben wie Herausforderungen Modalverben oder den grammatischen Konjunktiv strapazieren, um sich vor der Verantwortung zu drücken. Ein *Müssen, Sollen* oder *Können* oder in der noch deutlicheren Distanzierung ein *Müssten, Sollten, Könnten* lassen erahnen, wenn nicht sogar deutlich wahrnehmen, wie Verantwortlichkeit herumgereicht wird. Genau das Gegenteil wird von der Führungskraft erwartet. Inwieweit sich das von Verhalten und Selbstvertrauen trennen lässt, ist weniger bedeutsam. Die Mischung sowie der Bedarf aus der Situation heraus bestimmen den Einsatz von Führungskompetenzen.

Mit Entscheidungsfreude Aufgaben wie Projekte vorantreiben und mit der Ausstrahlung von Sicherheit beim Treffen von Entscheidungen Mitarbeitern eine Orientierung geben, so gewinnt das Profil der Führungskraft an Kontur. Fast folgerichtig nehmen sich Mitarbeiter ein Beispiel an diesem Verhalten und fühlen sich animiert, die eigene Zielstrebigkeit auszubauen. Auf diese Weise findet Verantwortlichkeit eine Fortsetzung in der Zielorientierung. Wie oft beklagen Mitarbeiter, dass ihnen die Ziele nicht klar sind, dass sie nicht wissen, was sie machen sollen, und dass sie nicht verstehen, welche Bedeutung die ausgegebenen Zielvorgaben haben. Ist die Verantwortlichkeit gepaart mit dem Gespür für eine aufkommende Unsicherheit bei den Mitarbeitern, dann lässt sich die Zielorientierung konsequent von Teilziel zu Teilziel treiben. Die Eigenständigkeit weist ebenso eine Beziehung zur Verantwortung auf, denn darüber wird der Weg zur Eigenverantwortlichkeit hergestellt. Das gilt sowohl für die Führungskraft als auch für die Mitarbeiter. Verantwortlichkeit kann nicht Alleinverantwortung sein – sie muss sich bis zu jedem Einzelnen im Team fortsetzen. Damit dies gelingt, ist es vonnöten, sich mit der Motivation und den Anreizen zur Motivation bei den Mitarbeitern auseinanderzusetzen. Wird Verantwortung sowohl von Führenden als auch von Mitarbeitern durchgängig und nicht nur sporadisch übernommen, entsteht eine fruchtbare Basis für Qualität und Weiterentwicklung.

3.10 Am Ende bestimmt die Individualität die Führungswirklichkeit

Im weiteren Verlauf werden diese Kernkompetenzen nicht streng voneinander abgegrenzt. Die Erledigung von Aufgaben erfordert in der Realität ein Zusammenwirken verschiedener Kompetenzen. Wie bei einem Setzkasten werden je nach Aufgabe und Situation verschiedene Lettern zusammengefügt. Am Ende steht dann professionelles wie adäquates Führungsverhalten, wenn denn die Lettern richtig zusammengesetzt sind und einen Sinn ergeben. Dieses erste Gefüge von Kernkomponenten ist ein abstrahiertes System. Es ist bereits darauf hingewiesen worden, dass weder das Ganze noch die einzelnen Bestandteile Vollständigkeit beanspruchen. Der Einzelne erarbeitet sich sein Handlungsgerüst. Nach dem Allgemeingültigen oder gar nach Universalien des Führens zu suchen, bringt vom Weg ab. Die eigene Persönlichkeit und die konkrete, individuelle Situation bestimmen die Bausteine, aus dem sich das eigene Führungskonzept zusammensetzt (siehe weiter oben die Abb. 5). Es ist wichtig, sich darüber im Klaren zu sein, dass auch Führung ein dynamischer Prozess ist.

So kann es notwendig werden, einzelne Bausteine neu zu ordnen oder neue Bausteine zu integrieren. Und genauso essenziell ist dem Führen, dass dem Handeln ein Netzwerk von Wirkungskomponenten zugrunde liegt, die eng miteinander verknüpft sind. Daher ist es weniger sinnvoll, Führung über einzelne Führungsmerkmale zu lernen. Führungskompetenz entsteht aus dem Verstehen und dem Anwenden, indem einzelne Bausteine zum Führen für den Bedarf zusammengefügt werden. Die Grundlagen bereiten den Erkenntnisweg vor, sie sind noch lange kein Instrument oder Werkzeug zum Ausüben von Führung. Dazu bedarf es des Verständnisses, das sich aus den konkreten Situationen heraus entwickelt. Ein Manual muss deshalb die Gelegenheit schaffen, solche Situationen – wenn auch künstlich – zu durchleben. Da dies kein definiter Prozess ist und weil Entwicklung sich immer weiter fortsetzt, begleitet ein Handbuch und kann immer wieder zur Hand genommen werden. Die Wirklichkeit und der Bedarf bestimmen den Gebrauch. Inhalte werden bearbeitet, wo der Bedarf zur Weiterentwicklung entsteht.

Der Führungsmotor:

Der Führungsmotor hat ganz unterschiedliche Antriebskomponenten. Obschon jede Auswahl trotz der besten Begründung immer willkürlich scheinen muss, wird mit den Kernkomponenten der modernen Führung eine Art Schema entworfen, das zur Navigation durch den Dschungel der Kompetenzentwicklung dient. Bei aller Theorie zum Führen und bei allen Führungsmodellen sollte nie vergessen werden, dass Führen ein individueller Prozess ist, die Führungssituationen stark voneinander abweichen können und jede Führungskraft einen persönlichen Bedarf an Kompetenzentwicklung hat. Führung nach Schema F funktioniert nicht. Der Wille zur Weiterentwicklung und zur Professionalisierung des eigenen Handelns garantiert dagegen, den richtigen Weg gewählt zu haben.

All die existierenden Leitfäden zum Führen haben gewiss aus irgendeinem Blickwinkel heraus ihre Berechtigung. Hinterlassen sie den Eindruck des Deskriptiven oder gar des Normativen, muss der Nutzen angezweifelt werden. Jede Art von Handbuch will etwas an die Hand geben zum Machen, deswegen will dieses Manual zur Führung mehr Baukasten sein, dessen sich diejenigen bedienen, die ihr Führen von Mitarbeitern weiterentwickeln wollen. Dies geschieht hier mittels der vielen Impulse zu den verschiedensten Führungsinhalten und ganz nach dem jeweiligen Bedarf. Das Angebot dieses Manuals bleibt dennoch kein Sammelsurium, da es zentrale Navigationspunkte gibt, zwischen denen der Lernende zu seinem Ziel navigiert. Im Zentrum dessen steht die Persönlichkeit, die in einer ganz engen Beziehung zu Verhalten und Sicherheit steht. Vor allem die Selbstsicherheit bildet den Dreh- und Angelpunkt in der Ausübung von Führung. In den meisten Fällen dürfte das selbstsichere, angst- und zweifelsfreie Verhalten der Führungskraft zugleich das erfolgskritischste Moment seiner Führung sein. Die weiteren Navigationspunkte binden sich entweder direkt an Persönlichkeit und Sicherheit oder weisen Verbindungslinien dorthin auf. Zu den weiteren Eckpunkten der Führung gehören Kommunikation, Vertrauen und Kontrolle, Kultur und Kollektiv, Management, Dynamik und Lernen, Qualität und Verantwortlichkeit.

Um die Navigationspunkte herum gruppiert sich eine kaum überschaubare Zahl an Kompetenzen. Diese können sehr spezifisch sein (z. B. Delegieren), während andere (z. B. Kommunikation) sehr weit gefächert sind. Bei der näheren Betrachtung der im Weiteren folgenden Auswahl von Führungsmerkmalen wird klar, dass der Kompetenzbegriff zu erweitern ist. Führungskompetenz muss inhaltlich durch Anforderungen, Fertigkeiten, Fähigkeiten und Aufgaben ergänzt werden, damit sich all die Erwartungen erfassen lassen.

Zweiter Teil: Über die Praxis und das Verstehen zum Anwenden

Theorie und Praxis müssen nicht widerstrebende Perspektiven auf die Führung sein, allerdings muss bewusst zwischen der Erörterung theoretischer Merkmale von Führung und dem praktischen Anwenden von Hilfen, Instrumenten, Ratschlägen oder Empfehlungen getrennt werden. Deshalb wird an dieser Stelle ein Schnitt vollzogen und bewusst der Perspektivwechsel vorgenommenen. Ein Manual ist kein Lehrbuch, ein Handbuch will praktischer Begleiter sein. Um diesen Anspruch zu erfüllen, wird der zweite Teil in die Praxis des Führens, in den Alltag der Führungskraft hinabsteigen. Blaupausen können Handlungsmuster der Führung sein, jedoch muss jede Führungskraft seine eigenen Handlungsmuster auf der Grundlage von Erfahrungen erproben und verfeinern. Beschleunigung beim Aufbau eines handlungswirksamen Repertoires bringt dabei nicht allein die Aufnahme wie die Interpretation vorhandener Muster. Die bewusste Integration von Wissen, das aktive Ausprobieren und besonders die Anpassung von Erprobtem auf die eigenen Belange vollenden die Adaption und die Assimilation neuen Wissens. In jedem Fall führt dies vor, dass Auf- wie Ausbau von Fertigkeiten ein aktiver Prozess ist und dass es keine schicksalhafte Fügung darstellt, wenn Mitarbeiter das tun, was sie tun sollen. Dies mag etwas beiläufig klingen oder es mag der Rede nicht wert sein, so etwas zu erwähnen, doch das würde wiederum dem Bewusstsein abträglich sein, dass nur so der Weg der Entwicklung zur professionellen Führung aussehen kann: Handeln und Mitnehmen. Erfahrungen und das Erproben prägen und bestimmen die Entwicklung der Führungskompetenz.

Somit muss klar sein, dass all die Schlussfolgerungen, Kausalzusammenhänge, Anregungen, Impulse oder Vorschläge keinen Anspruch auf Allgemeingültigkeit erheben. Es wird stets einen Blickwinkel geben, der die allgemeingültige Ableitung auszuhebeln vermag, indem das Besondere oder die Ausnahme dagegengestellt wird. Die Gültigkeit der Beispiele und die eng daran geknüpften Erfahrungen aus dem Führungsalltag helfen, für Führungswege zu sensibilisieren und Lösungen aufzuzeigen, um eine Grundlage für das Handeln zu schaffen. Die handelnde Führungskraft ist immerhin das Leitbild dieses Manuals. Den Weg dahin zeigen beispielhafte Situationen aus der Praxis auf. Sie sind zugleich Aufforderung, denn es lernt sich am Beispiel nur, wenn das Gelernte zur Umsetzung findet. Der Weg zur Anwendung führt über die selbst gesteuerte Kompetenzentwicklung, die ihrerseits Nachhaltigkeit fordert. Erst wenn Gelerntes zur Anwendung gebracht wird, hat Veränderung eine Chance, denn erst im Tun findet Veränderung die Vollendung. Führung erfordert mehr als das reflexionslose Nachahmen von Beispielen. Abstraktion sowie Transformation bilden den intellektuellen Kern des Transfers, beides sind typische notwendige Fähigkeiten, wenn am Beispiel gelernt wird.

In dieser Praxis des Führens hat die Psychologie gleicherweise einen Platz verdient, zumal beim Zusammenwirken von Menschen ständig psychologische Momente einwirken. Im Rahmen einer praxisorientierten Annäherung an die moderne Führung erhält die Psychologie des

Führens demgemäß einen gebührenden Raum. Mit den Impulsen aus der Praxis, dem Blick aufs Operative und der Einbeziehung der Führungspsychologie entsteht eine Gesamtheit und parallel dazu ein komplexes Bild der Führung, was alles zusammen einen Setzkasten befüllt, der in den individuellen Führungsalltag mitgetragen werden kann. Dieser Setzkasten zu den individuell ausgesuchten Einzelteilen der Führungskompetenz vermittelt Eckpunkte, zeigt Ecken zum Optimieren auf und gibt Gelegenheit, immer wieder zu kontrollieren, welchen Fortschritt die eigene Entwicklung nimmt. Durch die Gestaltung nach dem persönlichen Bedarf wird sichergestellt, dass Erkanntes und Verstandenes dann zur Anwendung gebracht werden können.

4 Ganz konkret – Führung verstehen, Führung zur Wirkung bringen

Diejenigen, die ein Manual zur Hand nehmen, stellen den Anspruch an dieses, grundsätzlich eine Unterstützung für den Führungsalltag zu erhalten. Diese Handreichung will der praxisbezogene Teil dieses Buches bieten. Die Beispiele aus der Führungspraxis helfen dabei, Führung zu verstehen und zur Anwendung zu bringen. Die Sammlung praktischer Bezüge ist breit gefächert – ausgehend von den vermittelten Grundlagen werden die unterschiedlichen Kernelemente mittels der einzelnen praxisorientierten Facetten fassbar gemacht. Es beginnt mit der Selbstsicherheit als einem prägenden Moment der Persönlichkeit und reicht bis zum Meistern von Krisen. Ein Handlungsleitfaden darf nicht präskriptiv sein, er ist allenfalls deskriptiv, wenn dieser beschreibt, welche Situationen Führungskräfte im Alltag antreffen. Daher ist der praktische Teil dieses Manuals eher ein Impulsgeber und die einzelnen dargestellten Führungssituationen wie ein Baukasten handzuhaben. Das heißt, dass die Abschnitte nicht seriell nacheinander abzuarbeiten sind, sondern dass gemäß dem persönlichen Vorgehen die Führungskraft sich Impulse zusammenstellt oder nach konkretem Bedarf sich Handreichungen aussucht. So ist ein modernes Handbuch zur Führung außer Begleiter gleichzeitig ein Baukasten, aus dem Inhalte herausgenommen und in einen persönlichen Setzkasten eingesetzt werden. Im Sinne eines Leitfadens sind die Beschreibungen Brücken hin zum Verstehen, das im Sinne einer Vollendung zum Handeln werden muss.

Die im Vorangegangenen gesteckten Eckpunkte von Führung wollen Orientierung geben, was nicht suggerieren soll, es wären die einzigen Faktoren, die Führung bestimmen. Bei genauer Betrachtung von Führung und dessen Wirkungsraum zeigt sich unmittelbar eine ganze Reihe unterschiedlicher Wirkungsrichtungen. Aus einem anderen Blickwinkel betrachtet können die Wirkungen von Führung als Faktoren betrachtet werden. Das heißt, es rückt in den Vordergrund, was von einer Führungskraft erwartet wird, was diese bewegen und was sie machen soll. Die dazugehörige Grafik (siehe Abb. 13) vermittelt, wo Führung hineinwirkt und welche Themen wie Inhalte auf den Führungsplan gehören. Diese Annäherung gibt einen Ausschnitt wieder und verdeutlicht dadurch erneut, wie die Perspektivität Inhalte in den Fokus nimmt.

Die Prioritäten sowie die Intensität, mit der Führungskräfte an die Inhalte herangehen, variieren nach Aufgabenbereich, nach Situation und zu guter Letzt nach dem Ausprägungsgrad der vorhandenen Kompetenz. Diese erste Erweiterung der Kernelemente von Führung schafft die notwendige Sensibilisierung dafür, dass Führung sehr vielschichtig ist und als etwas Polymorphes verstanden und nicht als etwas Einheitliches aufgefasst werden darf. Aus der Zerlegung von Führung ergeben sich die einzelnen Kompetenzinhalte, denen sich Führungskräfte zuwenden, wenn sie ihre Führung professionalisieren wollen.

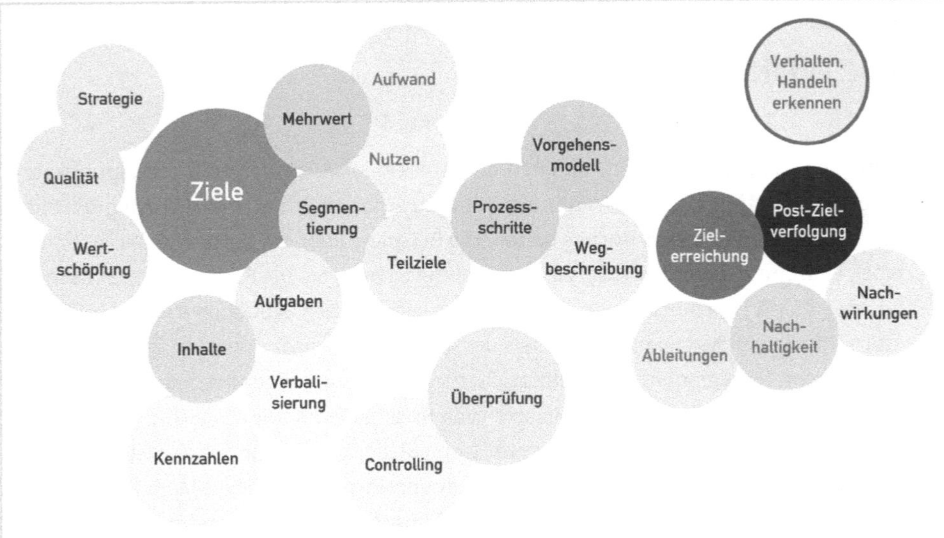

Abb. 13: Einfluss- und Wirkungshorizont von Führung

Mit den Grundlagen als Rüstzeug ausgestattet kann die Lernreise beginnen. An den einzelnen Stationen warten beispielhafte Ausschnitte, die erlebt werden und in Erinnerung bleiben. Die Merksätze, kurz und knapp formuliert, geben Orientierung und dienen als eine Art Navigationslinie. Der schnelle Blick darauf ruft unmittelbar die Erinnerung auf und animiert zur Anwendung. Der Bogen ist weitgespannt, denn Führung ist kein isolierter Ausschnitt im Alltag einer Unternehmung. Es werden Zusammenhänge hergestellt, der Wirkungshorizont von Führung ist weitgespannt und Nebenwirkungen des Handelns müssen im Auge behalten werden. So reicht der Bogen, den es zu spannen gilt, von der Führungskraft als Persönlichkeit bis zum Lesen der Unternehmenskybernetik und dem Schaffen von Synergien.

Wird nun auf den ersten Blick eher der Eindruck vermittelt, dass Kompetenzen zum Führen Stückwerk seien, soll unvermittelt darauf hingewiesen sein, dass die einzelnen Bauteile durchaus zusammengehören und zusammenwirken. Wie die Einzelnen sich der Führungskompetenz und den deren Bausteinen nähern, das ist zweifelsfrei sehr individuell. Die hier präsentierte Systematik will lediglich die Zusammenhänge und das Bedingungsgefüge von Führungskompetenzen vorführen. All das will insbesondere dafür sensibilisieren, dass Führen eine Kybernetik innewohnt, die den Wirkungshorizont von Führungsverhalten vermittelt. Damit dabei nicht der Überblick verloren geht, wird im Folgenden der weiter oben erwähnte rote Faden gezogen, der das Ganze nicht nur zusammenhält, sondern zudem das Ineinandergreifen hervorhebt. Das Progressionsmodell verdichtet nochmals diese Entwicklungslinie (siehe Abb. 14).

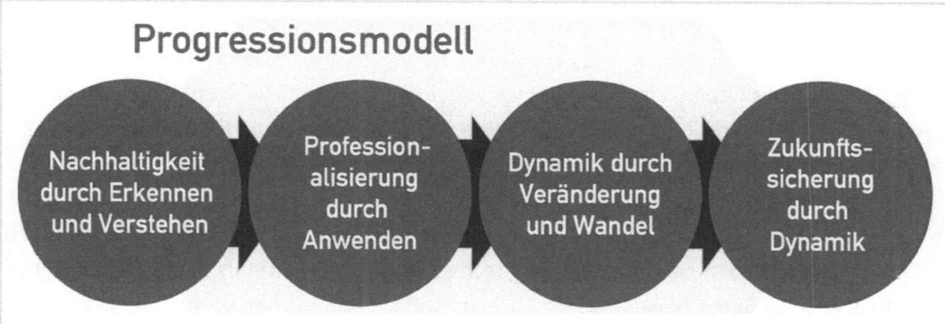

Abb. 14: Progressionsmodell

Das Ineinandergreifen der einzelnen Kompetenzen stellt kein Bedingungsgefüge dar. Das heißt, es werden hier keine unabdingbaren Wirkungszusammenhänge vorgezeichnet, es wird veranschaulicht, wo und wie Führungsqualitäten zusammenwirken können oder sich je nach Situation gegebenenfalls bedingen. Überdies veranschaulicht die Perspektivität sowie die Vielfalt der Sichten, dass trotz aller Unterschiedlichkeit von Sichtweisen das Wesen, also der Kern von Führungskompetenz unverändert bleibt. In der Abstraktion und in der genauen Betrachtung werden die Kernelemente erfolgreicher Führung immer wieder erscheinen. Gleichzeitig stehen sie in einer direkten Beziehung zu den bestimmenden Funktionen von Führung aus betriebswirtschaftlicher Sicht.

4.1 Persönlichkeit – Persönlichkeit zeigen, Selbstsicherheit gewinnen

Die Qualifizierung zur Führungskraft ist eine zweischneidige Sache oder eine Gratwanderung, je nachdem, wie man sich der Sache annähert, denn Führung steht in einem engen Bezug zu Persönlichkeit. Dies erfährt in dem Moment Bedeutung, wenn charakterliche Eigenschaften ins Spiel kommen. Daran muss sich unweigerlich die Frage anschließen, inwieweit sich solche Eigenschaften schulen lassen, wenn Defizite zutage treten. Es ist nicht die eher theoretische Diskussion zur Veränderbarkeit von Charakter, es interessiert mehr, welche charakterlichen Stärken zur Führung gehören sollen und inwieweit sowie auf welchem Wege diese sich ausprägen lassen.

Wer erklärt, verliert. Die Tiefe dieser banalen Formel zu erfassen, gelingt am besten, indem man sich in die Situation hineinbegibt und sich hinterfragt, sobald man selbst ins Erklären verfällt. Es nicht das Erklären gemeint, was dazu dient, zum Beispiel jemandem etwas vorzuführen, das neu ist. Es ist das Erklären, das damit beginnt, etwas zu rechtfertigen. Geht man in die Situation hinein und analysiert, warum man gerade in Erklärungen verfällt, wird schnell zutage treten, dass höchstwahrscheinlich Unsicherheit oder ein schlechtes Gewissen einen antreiben. Diejenigen, die sich ihres Handelns, Denkens und Wissens sicher sind, werden nicht das Bedürfnis haben, etwas zu erklären oder sogar zu rechtfertigen. Wenn jemand etwas nicht versteht, dann kann eine Erklärung zweifelsfrei helfen. Es ist wieder einmal weniger die Allgemeingültigkeit, die eingefordert wird, sondern die Sensibilität für die Beweggründe eines bestimmten Verhaltens, die Beachtung verlangt. Taktisch und eher mechanistisch kommt die Formel zum Einsatz, sobald es zu verhindern gilt, dass andere die Unsicherheit und Schwäche wahrnehmen. Strategisch gesehen dient die Erkenntnis dazu, an der Selbstsicherheit und am Selbstbewusstsein zu arbeiten. Dazu kann schon verhelfen, dass in Momenten der Unsicherheit bewusst für sich selbst reklamiert wird, das eigene Handeln oder die eigene Sicht zu hinterfragen.

Aus Sicherheit entsteht Entschiedenheit, daraus Geradlinigkeit und alles zusammen ergibt ein Qualitätenbündel, wie in einem eng verflochtenen Netz. Dieses Netz funktioniert wie ein Bedingungsgefüge – kommt dieses Netz in Bewegung, werden die unterschiedlichen Netzknoten über Kanten (Verbindungslinien) verbunden. Sicherheit festigt die Entschiedenheit, die sich in Entscheidungsfreude wandelt, wodurch Klarheit und Transparenz für die Kollegen entsteht. Alles wirkt in einem kybernetischen System zurück auf das Selbstbewusstsein. Einzelne Momente dieses Geschehens besitzen die Wirkkraft, damit der Vorgesetzte Vorbild werden kann.

Kurz und knapp

... Sicherheit ist die Keimzelle erfolgreicher Führung, deshalb führt der Weg zur Führungspersönlichkeit nur über die Auseinandersetzung mit Ängsten und der eignen Selbstsicherheit.

Spüren die Mitarbeiter die Unsicherheit ihres Vorgesetzten, werden sie dies im ungünstigsten Falle ausnutzen. Das kann mit dem Anzweifeln von Entscheidungen beginnen und zum Zurückfahren des Einsatzes auf das Notwendigste führen. Andere behindernde oder destruktive Formen sind durchaus denkbar. Dies macht wiederholt deutlich, wie Selbstbewusstsein und die darüber gewonnene Sicherheit auf die Zusammenarbeit einwirken. Zu den natürlichen Hilfsmitteln zählen Körperhaltung und Stimme, noch tiefer wirkt die entschiedene Haltung. Selbst wenn nicht ausgeschlossen werden darf, Entscheidungen zurückzunehmen, schadet es dem Ansehen als Vorgesetzter ungemein, wenn der Eindruck von Unentschlossenheit und Wankelmut vermittelt wird. Angst hat in diesem Szenario zur Führung keinen Platz. Da sie sehr oft ein Produkt von Interpretation, Vorstellung, Emotionalisierung und unterstellten Zusammenhängen ist, fehlt an dieser Stelle die kritische Distanz. Nicht selten fehlt es sogar an Zusammenhängen. Mitarbeiter in ihrem Verlangen nach Halt werden dies eher als Führungsschwäche empfinden. In jedem Fall sind Emotionen hinderlich bei der Lösungssuche. Dagegen erfordern solche Situationen eine eingeschlagene Richtung sowie beschrittene Wege konsequent fortzusetzen, damit die gesteckten Ziele erreicht werden.

Kaum der Erwähnung bedarf, dass konsequente Umsetzung, klare Entscheidungen und geradliniges Agieren Souveränität spürbar machen. Die Übersicht zu bewahren, Emotionen weitestgehend auszuklammern und auf Sachlichkeit zu fokussieren, das erzeugt auf der einen Seite Ruhe und macht Gelassenheit spürbar, zum anderen wirkt sich diese Umsicht auf die Mitarbeiter aus, die dadurch selbst Sicherheit verspüren.

4.2 Sicherheit – Sicherheit zeigen und Sicherheit geben

Spitzfindig könnte man zwischen Selbstvertrauen und Selbstsicherheit unterscheiden und dem Selbstvertrauen zuschreiben, dass es ein Vertrauen ist, das auf sich selbst gerichtet ist. Dadurch erhält das Ganze eine gewisse Distanz und es wirkt so, als ob das Vertrauen von außen, fast schon etwas abgespaltet vom Selbst bewertet wird, während Selbstsicherheit von einem inneren Gefühl ausgeht und demgemäß eng angebunden, eher eingebunden in die Persönlichkeit ist. Dadurch, dass die Selbstsicherheit deutlicher nach außen wirkt, erscheint sie aktiver, während das Selbstvertrauen eher kontemplativer wirkt. Eine derart scharfe Abgrenzung wird dadurch überwunden, dass Selbstsicherheit und Selbstvertrauen als eine Kraft verstanden werden, eine Kraft, die einen entscheidenden Einfluss auf die Führungspersönlichkeit hat.

Das Gefühl von Sicherheit ist zweifelsohne ein veritabler Energiespender. Aus diesem Grunde ist es sinnvoll, im Entwicklungsprozess der Führungskraft dem Thema *Sicherheit* Bedeutung zuzumessen und bestenfalls sogar in den Mittelpunkt zu stellen. Das findet dann in gewisser Weise seine Fortsetzung, indem die Führungskraft ihre eigene Sicherheit an ihr Team weitergibt. Sicherheit hat dabei einen sehr breiten Wirkungshorizont. Entscheidungen fallen leichter und die Entscheidungsfreude kann auch die Bereitschaft fördern, kalkulierbare Risiken einzugehen. Ein Risiko im Handeln muss ja nicht grundsätzlich abgelehnt werden oder ausgeschlossen sein. Dementsprechend darf die Risikobereitschaft nicht grundsätzlich negativ gewertet werden. Jede Veränderung hat ein unkalkulierbares Moment. Wenn dies zu einer übertriebenen Vorsicht führt, entsteht eine Starre, die Prozesse zum Stoppen bringt oder sie erst gar nicht in Gang kommen lässt. Manche Entscheidungen, manche Prozesse bedürfen einer gewissen Bereitschaft zum Wagnis, damit Handeln in Bewegung gesetzt wird.

Die Sicherheit gibt in solchen Situationen nicht nur den Mut zum Handeln, sondern auch die Übersicht und die Souveränität, das eigene Handeln kritisch zu begleiten sowie fortgesetzt zu überprüfen. Mit einer ausreichenden, fest verankerten Sicherheit entsteht nicht die Gefahr, dass Emotionen und Ängste den Überblick und die Kontrolle behindern. Verstehen führt zum Handeln – falls das Tun ausbleibt, kann davon ausgegangen werden, dass die Situation nicht richtig verstanden wurde. Auch Angst vor dem Handeln zeugt von einem Nicht-richtig-Verstehen. Solange Angst und Unsicherheit das Nicht-Handeln begründen, also die Situation mit Passivität beherrschen, kann nicht verstanden werden. Verstehen, das zum Handeln führt, lässt sich durch nichts aufhalten. Die Selbstsicherheit darf als Keimzelle einer professionellen Führung angesehen werden, denn von dort aus wird der Wirkungshorizont des Führens bestimmt.

Kurz und knapp

... Sicherheit heißt nicht, dass man alles kann, sicher zu sein besagt vielmehr, dass man keine Angst hat, etwas falsch zu machen.

4.3 Überzeugen – eine ganz besondere Führungsstärke zeigen

Es gibt verschiedene Aspekte des Überzeugens. Im Wesentlichen lässt es sich nach Überzeugen mit Worten und Überzeugen mit Taten differenzieren. Die Konsequenz oder besser, die Folge, ist, dass andere mitgehen, Sachen angepackt und Ziele erreicht werden, die Richtung klar wird, Einverständnis besteht, Orientierung verschafft worden ist und vieles mehr. Wenn das Mitnehmen der Mitarbeiter mit Worten geschehen soll, darf dies nicht mit wortgewaltigem Reden verwechselt werden. Mitarbeiter können sehr wohl erkennen, wann Aufforderungen zum gemeinsamen Handeln Substanz haben, und unterscheiden zwischen Substanziellem und bloßer Wortgewalt. Im Überzeugen steckt die psychologische Kunst, anderen eine Gelegenheit zu geben, das Tun mit Sinnhaftigkeit zu verknüpfen. In der Fortsetzung ermöglicht dieser persönliche Mehrwert die Identifikation mit der Tätigkeit. Das hat noch nichts mit *Corporate Identity* zu tun, dafür muss das Unternehmen Werte anbieten, die in die Wertesysteme der Mitarbeiter passen. Es mag hin und wieder reichen, Ideelles mit Materiellem zu überlagern, was bedeutet, dass manches Mal der pekuniäre Anreiz allein ausreicht, Mitarbeiter in Bewegung zu versetzen.

Zunächst überzeugt die Führungskraft durch ihr Verhalten. Sei es Zuverlässigkeit, Durchsetzungsstärke oder Ernsthaftigkeit, Mitarbeiter werden daran die Überzeugungskraft ihres Vorgesetzten messen. Im nächsten Schritt muss die Führungskraft den Zugang zu ihren Mitarbeitern finden. Dafür muss sie wissen, wie und womit sie ihre Kollegen erreichen kann. Ihre (An-)Sprache muss also angemessen sein, was wiederum eine gewisse Sorgfalt und ggf. Vorbereitung erforderlich macht.

Kurz und knapp

... Handeln und Authentizität gehören zu den überzeugendsten Momenten der Führung.

4.4 Rollen – Rollenbewusstsein entwickeln

Vortrefflich ließe sich streiten, ob Rollenbewusstsein bereits vorhanden sein sollte, wenn jemand die Führung antritt, oder ob sich das Verständnis für die Rolle entwickeln darf. In der Regel wird es so sein, dass neue Führungskräfte in ihre Rolle hineinwachsen müssen. Das geht – wie bereits oben erwähnt – weit über das Delegieren und Verteilen von Aufgaben hinaus. Sobald die Führungskraft die Rolle eines Vorgesetzten übernimmt, werden verschiedene Erwartungen an ihn herangetragen, die an die neue Rolle geknüpft sind. In arbeitsrechtlicher Hinsicht mag dies sehr hierarchisch wirken, was etwa auf das Weisungsrecht bezogen sein kann. Die Asymmetrie macht dennoch nicht den Kern einer Führungsrolle aus. Es gibt obendrein weitere Rollenmerkmale, die ein Vorgesetzter zum Ausdruck bringen muss. Verantwortlichkeit, Sicherheit und Objektivität sind einige davon, die Mitarbeiter in der Rolle des Vorgesetzten wiedererkennen wollen. Überlegenheit und Unantastbarkeit macht mithin keine Führungsrolle aus. Wer Mitarbeiter erreichen will, wer ihnen Motivationsanreize bieten und wer Leistungserwartungen erfüllen will, braucht sowohl die Kommunikation als auch die Techniken der Führung sowie die Erfahrungen in der Psychologie des Führens.

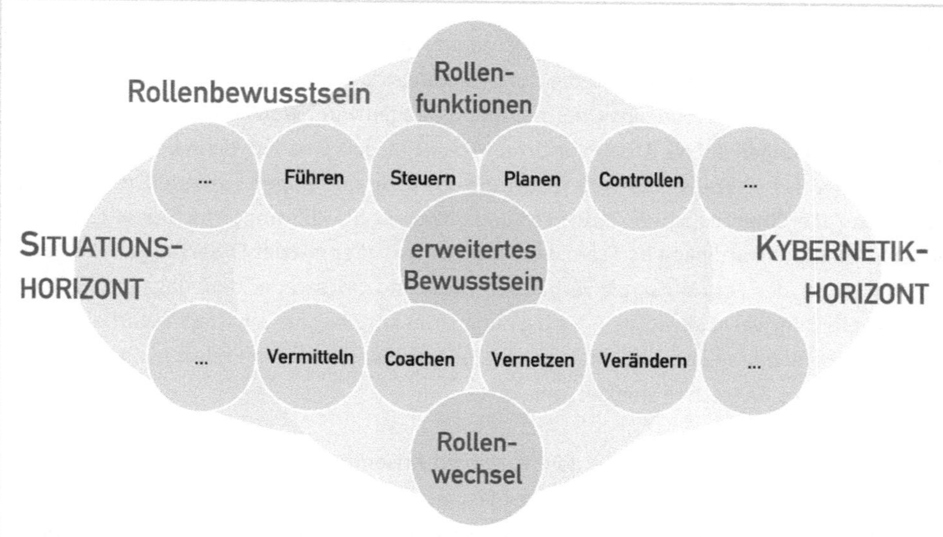

Abb. 15: Rollenbewusstsein und Rollenwechsel

Die Modellierung zum Rollenbewusstsein in einem engen Bezug zum Rollenwechsel (siehe Abb. 15) vermittelt die Vielfalt, die vom Führenden in Bezug auf sein Rollenverhalten gefordert wird. Dies muss nicht abschrecken, da dies nichts mit einem formalisierten Lernen zu tun hat. Das meiste geht zurück auf ein mehr intuitives Handeln, auf internalisierte Erfahrungen.

Kurz und knapp

... Führung ist kein starres System, ganz im Gegenteil – es zeichnet sich durch einen fortgesetzten Rollenwechsel aus, wobei die Führungskraft in die unterschiedlichsten Rollen hineinschlüpft.

Zur Rolle als Führungskraft gehört es, einerseits homogen im Auftreten zu sein, andererseits der Vielfalt der Situationen gerecht zu werden, sodass das Verhalten dementsprechend anzupassen ist. Im Grunde genommen handelt es sich um ein Rollenspiel, denn die Rolle als Führungskraft hat keinen starren Rahmen. So müssen verschiedene Rollen angenommen und ausgefüllt werden. Erfahrungen und Fingerspitzengefühl schreiben das Drehbuch zu den entsprechenden Sequenzen der Zusammenarbeit. Obschon die Führungskraft unterschiedliche Rollen einnehmen kann und muss, bleibt sie am Ende der Regisseur.

4.5 Standpunkt – Position beziehen und Eigenständigkeit vorleben

Führung ist nie losgelöst, sie ist Teil eines Systems und sie ist mit diesem System verdrahtet. Für die Führungskraft bedeutet dies, dass Entscheidungen stets in einem Bezug zu diesem System stehen, ob sie konform zu den Systemstrukturen sind oder eben nicht. Manch einem, der gern die Herausforderung angenommen hat, eine Arbeitseinheit zu führen, fällt es dabei schwer, seine Persönlichkeit zu wahren. Wenn Anweisungen, Anordnungen, Verordnungen und Richtlinien einfach reflexionslos weitergegeben werden, leidet der Respekt als Führungspersönlichkeit. Eine wichtige Eigenschaft, die jemanden in die Führungsposition gebracht haben sollte, ist doch die Selbstsicherheit, die Durchsetzungsstärke. Es muss nicht alles hinterfragt werden, was als Entscheidung ins Unternehmen getragen wird. Wenn solche Entscheidungen jedoch Auswirkungen auf die Arbeit vor Ort und die Mitarbeiter haben, dann besteht allein aus der Fürsorgepflicht heraus eine Verantwortung, Wirkung und Angemessenheit zu prüfen. Es bleibt dann allerdings nicht beim Bewerten und Abwägen, die Führungskraft muss Position beziehen – der Glaubwürdigkeit im Team wegen. Meist wird dies mit der Erwartung an die Durchsetzungsstärke der Führungskraft verbunden. Durchsetzungsstärke darf dagegen nicht mit Überlegenheit verwechselt werden. Sie beruht auf der argumentativen Kraft. Mitarbeiter *überrollen* oder *kleinhalten* hat nichts mit Durchsetzungsstärke zu tun, zumindest nicht, wenn man sich sachlich an eine solche Fähigkeit annähert.

Eine besondere Herausforderung entsteht, sobald Krisenmanagement gefordert ist. Auf der untersten Stufe der Eskalationsskala steht beispielsweise die Kritik der Geschäftsführung an der Produktivität. Bereits der Umgang mit diesen möglichen Vorboten einer Krise will gelernt sein. Weitere Stufen sind:

- Einschränkungen im Budget
- Wegfall von Arbeitsmitteln
- Personalanpassung
- Betriebsteilschließung

Insbesondere eine Personalanpassung oder die Schließung eines Betriebsteiles, die die Kündigung eines Mitarbeiters oder mehrerer Kollegen zur Folge haben kann, fordert die Souveränität von Führung heraus. Möchte der Führende nicht als willfähriger Vollstrecker von Entscheidungen der Obrigkeit wahrgenommen werden, hat er Klarheit in Bezug auf die Angemessenheit sowie Tragweite einer Unternehmensentscheidung und vor allem bezüglich weiterer Entwicklungen einzufordern. Eine gestärkte Position ist demzufolge kein Zufallsprodukt – zu den erlernbaren Fähigkeiten, die die eigene Position stärken, zählt dann noch die kritische Distanz. Sie sorgt dafür, dass eine objektivierte Sicht auf die Dinge gewonnen und Transparenz hergestellt wird. So lässt sich ein sicherer Stand für die eigene Meinung finden.

Kurz und knapp

... Positionen und Beiträge anderer aufgreifen, um selbst Position zu beziehen, das ist nicht nur aufmerksam, sondern genauso selbstbewusst.

4.6 Verantwortung – übernehmen, statt hin- und herzuschieben

Die Entscheidung, Verantwortung zu übernehmen, zieht bestimmte Anforderungen nach sich. Verantwortlichkeit mag in der ersten Annäherung eine klare Vorstellung hinterlassen von dem, was damit verbunden ist. Bei der näheren Betrachtung wird schnell klar, dass verschiedene Aspekte auseinanderzuhalten sind. Das, was zu verantworten ist, kann zum einen auf das Personal, zum anderen auf die Teamleistung bezogen sein, kann genauso für Materialien oder Produktionsprozesse gelten, womit sowohl Abläufe als auch Kontrollen gemeint sind. Damit Verantwortung zu übernehmen nicht bloßer Führungsanspruch bleibt, müssen diejenigen, die führen wollen, das bewusste Übernehmen von Verantwortung fortwährend unter Beweis stellen. Schließt ein verantwortliches Handeln auch das Abwägen ein, darf nicht vergessen werden, dass Abwägen und Prüfen noch kein Tun sind. Erst im Handeln kommt Verantwortung richtig zum Tragen.

Verantwortlichkeit wird erst da ein Problem, wo die Sicherheit und das Selbstvertrauen fehlen. Den deutlichsten Hinweis darauf liefern Situationen, in denen ein Handeln problematisiert wird und Argumente gegen ein Handeln zusammengetragen werden, statt nach Lösungen zu suchen. Dort kann die Vorbildfunktion zum Tragen kommen, und als Vorbild zeigt die Führungskraft, wie sie Verantwortung übernimmt. In diesem Augenblick ist Verantwortlichkeit ganz eng mit Sicherheit verknüpft. Diese wollen Mitarbeiter spüren, um verantwortlich handeln zu können. Darauf läuft im Übrigen die Übernahme von Verantwortung hinaus, dass etwas getan wird. Verantwortung und Handeln offenbaren so ihre symbiotische Natur, denn Verantwortung zu übernehmen setzt zugleich das Handeln in Gang, und aktiv zu werden, das lässt spüren, dass Verantwortung übernommen worden ist.

Kurz und knapp

… wer sich seiner sicher ist, wird kein Problem haben, Verantwortung zu übernehmen, sobald er sich eine Aufgabe oder eine Herausforderung zutraut.

4.7 Handeln – durch Machen überzeugen

Führung zeigt sich als ein weitverzweigtes System – das wird nach den ersten Annäherungen bewusst. Vielfalt und Verschiedenartigkeit der bestimmenden Faktoren dürfen unterdessen nicht darüber hinwegtäuschen, dass das Beschreibende noch lange kein Führen ist. Das Machen macht Führung aus und den Weg dahin kreuzt die Entscheidung. Führungskräfte müssen ständig Entscheidungen treffen, damit u. a. Veränderungen stattfinden können. Die Entscheidungsfreude bestimmt somit den Umfang des Machens, und alles, was zaudern lässt, schränkt demnach das Machen ein. Bewegung entsteht erst durch das Tun, Aufgaben lassen sich nur durch das Machen erledigen und Probleme verschwinden, wenn sie angepackt werden. Diese Argumentation redet nicht irgendeinem Aktionismus das Wort. Handeln muss implizit sein, dass bewusst sowie zielgerichtet agiert wird. In jedem Falle grenzt sich das Machen vom Beschreiben und vom Diskutieren ab. Beides wird nicht selten zum Verhindern von Tun und zur Abwehr von Verantwortung eingesetzt.

Abb. 16: Orientierungspunkte des Handelns

Die operative Ausrichtung einer Führungskraft gibt zugleich einen Wesenszug des Führens wie eine Anforderung an die Position wieder. Obschon das Tun als Wirkfaktor des Führens den meisten bewusst sein wird, schaffen sich Zögerlichkeit, Unentschiedenheit, ausgedehnte Problembeschreibungen wie ergebnislose Problemdiskussionen hin und wieder ihren Raum. Die Bedeutung von Handeln darf nicht unterschätzt werden. Darin steckt das Wesentliche des Führens, das macht den Kern von Führung aus. Dadurch wird erst sichtbar, was Führung (aus-)macht, und dadurch entsteht geradewegs Bewegung. Woran orientiert sich das Handeln? Die Anzahl der Orientierungspunkte (siehe Abb. 16) bleibt willkürlich, während Punkte wie Mehrwert und Nachhaltigkeit eine übergeordnete Bedeutung haben. In jedem Fall wird dem Handeln eine Wirkung zugesprochen, die – betriebswirtschaftlich betrachtet – einen Wert haben muss. Der bestimmt dann die Bewertung des Handelns, schließlich muss der Erfolg des Handelns überprüfbar sein. Alles betriebswirtschaftliche Handeln will einen Mehrwert erkennen lassen.

Kurz und knapp

… Machen macht Erfahrung und Erfahrung zu machen, das hält in Bewegung.

4.8 Übersicht – mit Souveränität Bindung schaffen

Selbstbestimmung und Selbstbewusstsein gehören zusammen, sie stehen in einer interdependenten Beziehung. Es ist nicht allein so, dass das selbstbewusste Handeln Ausdruck der Selbstbestimmung ist. Selbstbestimmtes Handeln oder selbst organisiertes Lernen kann in gleichem Maße Selbstbewusstsein erzeugen bzw. nach sich ziehen. In jedem Falle gibt die eigene Sicherheit den Kollegen ebenfalls Sicherheit. Wird Souveränität vielleicht gern als Attitüde verstanden, darf dabei nicht vergessen werden, dass die in der Haltung verborgene Sicherheit ein

Bezugspunkt für die Mitarbeiter darstellt. Das bedeutet, sie können sich an dieser Sicherheit orientieren und daraus sogar für sich selbst Sicherheit ziehen. Immer wieder wird gefordert, dass Mitarbeiter Orientierung brauchen. Unabhängig von der Diskussion, was diese Sicherheit ausmacht und wie individuell sie sein mag, folgen Mitarbeiter ihren Vorgesetzten eher mit Überzeugung und Vertrauen. Sie wollen erkennen, dass diejenigen, die die Führung innehaben, wissen, was sie tun. Der Selbstwert und das Selbstbewusstsein sind als Gesamtheit einer der wegweisenden Stellgrößen der erfolgreichen Führung, denn sie prägen das eigene Verhalten, treiben das Handeln voran und bestimmen die Wahrnehmung durch die anderen.

Kurz und knapp

... heraustreten aus der Situation und im Handeln zeigen, dass man über den Dingen steht.

Souveränität und Übersicht sind eng verknüpft und Determinanten der (Selbst-)Sicherheit, wie sie außen wahrgenommen wird. Drohender Unsicherheit kann Übersicht entgegengesetzt werden. Ein erster Schritt aus einer vermeintlichen Bedrängung oder sich anbahnendem Druck kann das Relativieren sein. Diese Relativierung darf nicht mit Gleichgültigkeit verwechselt werden. Relativieren bedeutet in diesem Zusammenhang, nicht in der Situation verhaften, den Blickwinkel wechseln und Lösungen erkennen oder die Ausweglosigkeit überwinden. Verhaftet man in der Situation, wird der Blick verstellt und man beginnt, sich mit seinem Schicksal zu arrangieren. Der Perspektivwechsel kann dementgegen Lösungen hervorbringen und den Weg zum Handeln aufzeigen. Sich vom Problem zu lösen, ist zugleich, ein Stück Sicherheit gewinnen und Unsicherheit überwinden. Von anderen wird dies als Übersicht und Souveränität wahrgenommen.

4.9 Fakten – mit kritischer Distanz bewerten und auf Tatsachen zurückgreifen

Im Grunde genommen bedarf es nicht der Erörterung, dass die Orientierung an der Sachlichkeit und der Blick auf die Tatsachen eine unabdingbare Voraussetzung für die kritische Distanz sind. Kritische Distanz besagt dabei, dass diejenigen, die etwas bewerten wollen, aus dem jeweiligen Sachverhalt heraustreten und versuchen, sich ein Bild von außen zu machen. Das hilft, der Sachlichkeit den Vorzug vor der Subjektivität zu geben. Ist es nicht immer leicht, Distanz zu finden, muss gleichwohl etwa bei Entscheidungen die Objektivität eine unabdingbare Maßgabe sein. Bewusst sich rauszunehmen, um Übersicht zu gewinnen, kann ein erster Schritt sein. Im zweiten Schritt sollte versucht werden, verschiedene Blickwinkel zu wählen. Dazu braucht es ein wenig Übung.

Emotionen sind wichtig, sie geben das Gefühl, lebendig zu sein, allerdings sind sie bei anderer Gelegenheit eher etwas wie eine Sonnenfinsternis der Vernunft. Emotionen saugen, bildlich beschrieben, das Licht und die Klarheit von Vernunft und Verstand auf und machen das Handeln unberechenbar. Das heißt, entsprechend einem Antagonismus setzt der Verstand aus, wenn die Emotionen toben. Mag diese Wertung pauschal und arg polar klingen, steckt darin viel

Wahrheit. Allenfalls ist die Eskalation im emotional geführten Diskurs berechenbar. Leicht wie zuverlässig lässt sich in derartigen Konfrontationen voraussagen, wo die Kommunikation enden wird. Salopp ausgedrückt muss die Losung lauten *Nerven behalten*, wenn der Dialog allzu sehr ins Emotionale abgleitet. Wie ein Anker fungiert die ständige Rekursion auf das Faktische. Tatsachen und Fakten sind ein fester Haltepunkt, solange keine sachgemäße sowie angemessene Lösung gefunden ist oder ein Konflikt auszubrechen droht.

Heraustreten aus der Situation und die Tatsachen isolieren, so können neue Perspektiven gewonnen werden. Dies kann zudem erreicht werden, indem bewusst die Blickrichtung, z. B. zu der der Gesprächspartner, gewechselt wird. Der Wechsel des Blickwinkels bedeutet nicht zwingend, seine Meinung oder seine Entscheidungen zu ändern. Dinge oder Sachverhalte aus einer anderen Perspektive zu betrachten bzw. sich so einer Lösung anzunähern, braucht gleichwohl eine gewisse Übung. Ein *Stop*-Signal, das Heraustreten mit dem Wechsel der Perspektive, die bewusst gewählte kritische Distanz, das Identifizieren wie Herausfiltern von Tatsachen und einen Schritt weiter denken, all das zusammen umschreibt zugleich die Grundhaltung und die Handlungsmaxime. Handlungsorientiert weiter denken, nicht möglichkeitsorientiert, das will besagen, dass selbst das Weiterdenken durch das Machen charakterisiert sein muss. Weiterdenken bezieht seinen Sinn daraus, dass ein Weg zum Tun gefunden wird. Selbst die Szenariotechnik bezieht nicht ihre Wirksamkeit daraus, allein Szenarien zu entwerfen und Möglichkeiten zu sammeln. Es wird nicht bei der Abwägung von Szenarien bleiben – es wird immer das Ziel sein, sich für ein Szenario zu entscheiden und dies in Gang zu bringen. Bei der Entscheidung für ein Szenario wirkt wieder einmal die Sicherheit ein. Unsicherheit wird Unentschlossenheit nach sich ziehen und das Entscheiden hinauszögern. Zögerlichkeit untergräbt dann Souveränität, die von der Führungskraft erwartet wird. An dieser Stelle und mit Blick auf die Entschlossenheit wird nicht Aktionismus propagiert. Entscheidungen bedürfen durchaus des Abwägens. Aber irgendwann müssen sie getroffen werden, sodass der Fluss des Handelns nicht zum Stehen kommt.

Kurz und knapp

... Mutmaßungen und Behauptungen von Tatsachen zu trennen, das hilft, das Emotionale einzudämmen und einen klaren Blick für Entscheidungen zu gewinnen.

Durch die kritische Distanz können Situationen umfassend betrachtet, Perspektiven währenddessen gewechselt und Entscheidungen resp. Bewertungen objektiviert werden. Tatsachen wie Fakten sind dann das notwendige Rüstzeug, damit Behauptungen nicht den Blick auf das Wesentliche verstellen.

4.10 Vorausdenken – einen Schritt weiter gehen

Es mag als bekannte und nunmehr oft zitierte Weisheit aufgefasst werden, wenn man die Aufforderung erhält, einen Schritt weiter zu denken. Doch hinter dieser Banalität steckt trotz allem eine wertvolle, zielführende Handreichung. In einer ersten Reaktion beispielsweise auf eine unerwartete Herausforderung zeigt sich ggf. die Neigung, sowohl Emotionen aufkommen zu lassen als auch den Fokus zu eng auszurichten. Solche Situationen erfordern dagegen, den Blick nach vorn und ggf. zur Seite zu richten. Nur so wird man sich der Wirklichkeit annähern. Das Vorausdenken bildet dabei keine besondere Fähigkeit ab, es genügen bereits ein paar Hilfestellungen und vornehmlich die Bereitschaft, sein Blickfeld zu erweitern. Ein erster Schritt besteht darin, in einer neuen Situation, beim Aufkommen eines Problems oder bei der Konkretisierung einer Herausforderung sich das schon erwähnte *Stop*-Signal zu setzen und sich aufzufordern, herauszutreten. Diese kritische Distanz, die in diesem Moment eingenommen wird, hilft dabei, zum einen Emotionen zu isolieren, zum anderen neue Blickwinkel zu gewinnen.

Kurz und knapp

... zur Souveränität der Führung gehört es, aus Situationen heraustreten zu können, um auf diese Weise einen objektivierten Zugang zu erhalten und Entwicklungen vorausdenken zu können.

Der Wechsel des Blickwinkels bedeutet nicht zwangsläufig, seine Meinung oder seine Entscheidung zu ändern. Dinge oder Sachverhalte aus anderen Perspektiven zu betrachten bzw. sich so einer Lösung anzunähern, das braucht Übung. Das *Stop*-Signal und die bewusste Erweiterung des Blickfeldes, Raustreten und Distanz aufbauen, so lässt sich das Vorgehen zusammenfassen.

4.11 Strategie – aktiv mitgestalten und immer nach vorn schauen

Führungskräfte sind keine willfährigen Erfüllungsgehilfen, sie sind Gestalter in einem dynamischen Umfeld. Dieses Bewusstsein mag nicht naturgegeben sein, deshalb muss es nötigenfalls explizit den Führungskräften mit auf den Weg gegeben werden. Eine starke operative Ausrichtung, die im Grunde genommen keine falsche Ausrichtung im Handeln von Führenden ist, kann zuweilen den Blick auf das Strategische verstellen. Trotz allem Tagesgeschäft muss Raum geschaffen sein, vorauszuschauen und Veränderungen vorauszudenken. Eine hohe Dynamik, sei es im Unternehmen oder generell von außen einwirkend, macht es erforderlich, das strategische Denken im Handeln von Führungskräften zu verankern.

Vernetztes Denken mag in der oberflächlichen Betrachtung eine leicht zu erfüllende Anforderung sein. Ähnlich wie bei all den anderen Beispielen lässt sich die Vernetzung jedoch nicht einfach mit der Theorie aufsaugen. Situationen mit Möglichkeiten wie Lösungen zu erfassen, verlangt einiges an Übung. Muster helfen auch hier wenig, wenn das Wesentliche nicht erkannt wird. Was sind nun hilfreiche Empfehlungen? Es beginnt beim Erkennen, d. h. beim Zerlegen der Situation. Standard ist wie immer, auf Tatsachen und Fakten zurückzugehen, wohlgemerkt, die Begriffe *Fakten* und *Tatsachen* ernst zu nehmen. Eine statistische Zahl beispielsweise ist zum einen auf statistische Gültigkeit zu prüfen, zum anderen muss geschaut werden, ob der Statistikwert überhaupt im Zusammenhang mit dem gegebenen Sachverhalt steht und eine echte

Bedeutung für diesen hat. Von der Assoziation als ein Vorausdenken hin zur Antizipation als ein Vorwegnehmen künftiger Entwicklungen führt der Weg hin zur Zukunftsorientierung. Auch dies ist ein Bestandteil der operativen Führungskompetenz. Zumindest im Konzept einer modernen Führungskraft darf die Dynamik, das Gespür für Wandel und dessen Initiierung nicht fehlen.

Kurz und knapp

... die Gestaltung der Zukunft einer Unternehmung liegt nicht allein bei der Unternehmensleitung – jeder Mitarbeiter ist mit seinen Ideen wie Impulsen ein Teil der Zukunftsgestaltung und damit ein Teil der Unternehmensstrategie.

4.12 Orientierung – Ziele geben Halt

Führung hat Gemeinsamkeiten mit Aufgaben wie Projekten an den Stellen, wo Ziele gefragt sind, die das Handeln tragen. Die Ziele geben Sinnhaftigkeit, Orientierung und die Gelegenheit zur Identifikation. Darin steckt, dass Führung mehr beinhaltet als die Weitergabe von Anordnungen. Modernes Führen hat nichts mit Gehorsam gemein, modernes Führen ist Gestalten, und das gemeinsam im Team. Ziele, deren Inhalte und ihre Definition erfordern Erfahrung im Umgang damit. Die Führungskraft sieht sich der Forderung gegenüber, das, was erreicht werden soll, klar und transparent zu formulieren. Nur so finden die Mitarbeiter eine Orientierung und können sich mit ihrem Tun identifizieren. Die Identifikation brauchen sie, um Engagement zu entwickeln und Motivation freisetzen zu können. Über die Sinnhaftigkeit ihres Handelns werden die Mitarbeiter zugleich notwendiges Vertrauen aufbauen, das zu den Wirkkomponenten der Leistungsbereitschaft zählt.

Die Ziele im Verbund mit der Strategie verdeutlichen nochmals, wie wichtig Transparenz ist, welche Bedeutung in diesem Zusammenhang die Kommunikation hat und wie alles zusammenwirkt. Insbesondere die Transparenz bekommt bei der Orientierung eine gewichtige Aufgabe, weil erst mit ihr gesteckte Ziele von den Mitarbeitern angenommen werden können. Transparenz beinhaltet wiederum Klarheit, denn eine Führungskraft kann erst Orientierung geben, wenn sie selbst weiß, was sie will. Wankelmut, Unentschlossenheit oder ausbleibende Entscheidungen können schnell Orientierungslosigkeit vermitteln sowie hinterlassen.

Kurz und knapp

... die Führungskraft als Kompass gibt Orientierung und damit Sicherheit.

4.13 Richtung – mit Richtung Orientierung geben

Die Strategie des Unternehmens an die Wand zu projizieren, reicht nicht aus, Mitarbeiter mitzunehmen. Damit sich Mitarbeiter orientieren können, brauchen sie klare Aussagen und Transparenz im Hinblick auf ihre Aufgaben und den damit verbundenen Zielen. Dazu wiederum ist es vonnöten, dass Vorgesetzte wissen, was sie tun und warum sie das tun. In dieser Situation muss die Unternehmensstrategie bis auf den Arbeitsplatz runtergebrochen und in die Sprache des Teams übersetzt werden. Führungskräfte übernehmen hierbei eine in der Tat richtungsweisende Funktion, indem sie Orientierung geben. Dafür müssen Führungskräfte die Strategie kennen, klare Ziele für ihr Team haben und wissen, was sie wie erreichen wollen. Gibt es da an irgendeiner Stelle einen Bruch, dann werden die Mitarbeiter dies bemerken. Es gilt für beide Seiten gleichsam – für Vorgesetzte und Mitarbeiter –, dass sie die Ziele kennen und sie verstehen sollen. Orientierung und Richtung erscheinen hier nebeneinander, ein gegenseitiges Abgrenzen der Inhalte ist weniger sinnvoll, da die Inhalte miteinander verwoben sind. Während Orientierung noch eher etwas Passives anhaftet, wird mit der Richtung das Handeln in Gang gebracht. Richtung ist in dem Sinne ein Ergebnis der Orientierung und ein erster Schritt hin zur Umsetzung.

Kurz und knapp

... wenn die Führungskraft weiß, was sie will, wissen die Mitarbeiter am ehesten, was sie machen sollen.

Eine Kleinigkeit ist noch daran geknüpft, nämlich, dass der Vorgesetzte mit diesem Wollen Entscheidungen trifft und bestenfalls darüber redet, also den Mitarbeitern erklärt, was sie warum machen sollen.

4.14 Vertrauen – als Ding mit zwei Seiten verstehen

Beliebt ist es bei einfach gestrickten Führungspersonen, dass sie Loyalität einfordern. Das heißt, dass bedingungsloses Vertrauen erwartet wird. Nicht dass ein Missverständnis entstehen mag, Loyalität ist im Grunde genommen ein Kulturwert. Loyalität darf dennoch nicht missbraucht sein, um kritiklose Gehorsamkeit und kritikloses Folgen zu erzeugen. Vertrauen entsteht vor allem durch Offenheit, Respekt und Kommunikation. Gerade bei Asymmetrie hilft das Miteinanderreden, Vertrauen zu schaffen. Es wird damit hervorgehoben, wie Vertrauen sich zu einem Werkzeug wandelt, wenn zum Beispiel loyales Verhalten hergestellt werden soll.

Transparenz und Offenheit

Auf den ersten Blick hinterlassen Transparenz und Offenheit nicht den Eindruck, dass sie entscheidende Faktoren einer erfolgreichen Führung sind. Dies täuscht, denn gerade die vermeintlich wie Nebensächlichkeiten daherkommenden Faktoren entfalten im Zusammenspiel mit anderen Faktoren ihre volle Wirkkraft. So wirkt etwa die Transparenz bei Entscheidungen nach, indem sich die Mitarbeiter einbezogen fühlen und sich mit der Tragweite identifizieren können. Die Identifikation zeigt sich dann im Verständnis für die Entscheidung und im Vertrauen in das

Handeln der Führungskraft. An diesem Beispiel wird deutlich, wie sich ein Netz von Faktoren über die Führung spannt und wie das kybernetische System *Führung* in Bewegung gerät.

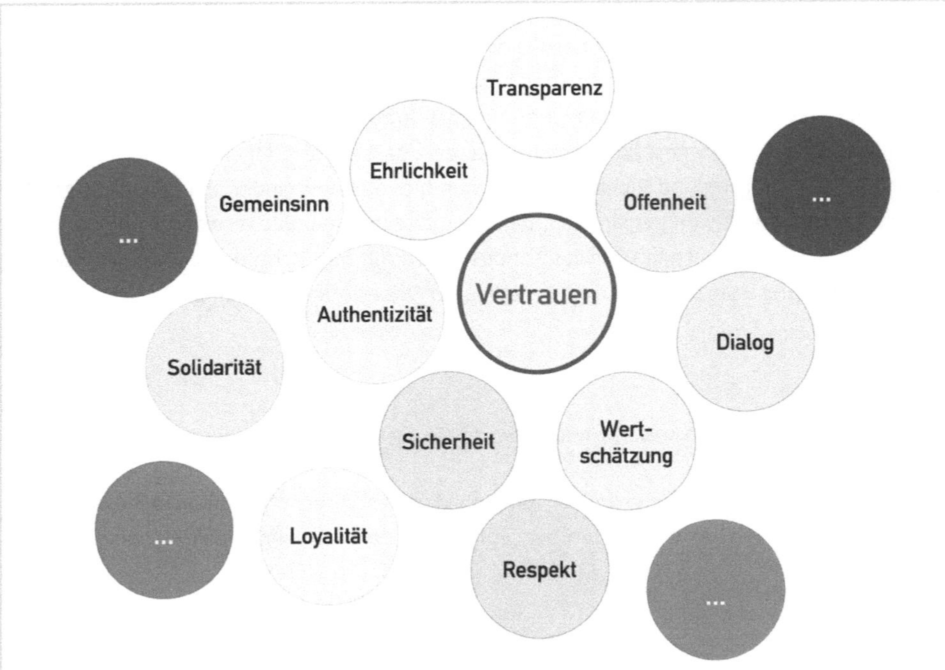

Abb. 17: Faktorennetz Vertrauen

Ein Faktorennetz zum Vertrauen (siehe beispielhaft Abb. 17) mit Stellgrößen und der dazugehörigen Kybernetik führt vor Augen, welche Bedeutung der Transparenz zuzuschreiben ist. Transparenz nimmt Offenheit ins Gefolge und beide stoßen Vertrauen an, das wiederum füllt einen Energiezylinder, der bei genügend Füllung durch einen Funken zur Motivation wird, die Engagement sowie Leistungsbereitschaft freisetzt. Beide sind wiederum Energieträger, die den Motor der Dynamik in Gang halten, eine Dynamik, die im Dienste des Wandels steht. Transparenz und Offenheit sind aber nicht einförmig in ihrer Wirkrichtung, zugleich befeuern sie die Führungskultur im Unternehmen, die zu einer Stellgröße für die Unternehmenskultur im Allgemeinen wird.

Transparenz und Offenheit beinhalten darüber hinaus noch einen weiteren Aspekt, denn Transparenz darf nicht übers Ziel hinausschießen und darin enden, dass man bestrebt ist, alles Mögliche zu formalisieren und bis ins kleinste Detail zu strukturieren. Dann entsteht schnell die Gefahr, sich vom Bedarf und von der Angemessenheit von Strukturen zu entfernen. Strukturieren wird dann zum Selbstzweck und hat nichts mehr damit zu tun, Kollegen Klarheit zu verschaffen. Offenheit bedeutet in diesem Sinne, für andere Blickwinkel und in den Strukturen offen zu sein. Auch dies kann Transparenz erzeugen.

Verlässlichkeit

Ein manchmal vernachlässigter Bestandteil des Vertrauens ist die Verlässlichkeit. Mögen Vertrauen und Verlässlichkeit nicht als unmittelbar zusammenhängend empfunden werden, lässt sich dagegen leicht nachvollziehbar ein mittelbarer Bezug feststellen. Verlässlichkeit beinhaltet aus der Sicht der Mitarbeiter, dass sie sich verlassen können. Im Innenverhältnis von Führung und Mitarbeitern gilt Verlässlichkeit als starkes Bindeglied. Da – wie erwähnt – das gegenseitige Vertrauen etwas Bilaterales ist, handelt es sich nicht um eine Bringschuld beider Seiten. Verlässlichkeit muss dabei nicht idealisiert werden und sie darf nicht blindes Vertrauen zum Ziel haben. Ganz einfach sich auf Gesagtes, Versprochenes oder Angekündigtes verlassen zu können, das knüpfen Mitarbeiter an das Verhalten ihrer Vorgesetzten.

Kurz und knapp

... erfolgreiche Kooperation und Kollaboration basieren auf Vertrauen. Es ist das Vertrauen der anderen und das Vertrauen in die anderen, wodurch Energie freigesetzt wird.

Vertrauen hat sehr viel Mittelbarkeit, was aussagen will, dass Vertrauen sich nicht einfach bemessen oder vorbestimmen lässt. Vertrauen ist keine quantifizierbare Größe, was die Steuerung von Vertrauen erschwert. Es sind die Faktoren, wie z. B. Authentizität, Offenheit, Transparenz, Ehrlichkeit, Solidarität oder Gemeinsinn, die Vertrauen in entscheidenden Situationen sichtbar werden lassen.

4.15 Entscheidungen – treffen und Umsetzung gewährleisten

Entscheidungen sind Tagesgeschäft und es werden tagtäglich ganz viele getroffen. Oft wird das alles sogar protokolliert und erhält auf diese Weise vorab den Nachruf. Denn es ist eine weitverbreitete Realität, dass nach vielen Entscheidungen eine Phase des Harrens und der Starre folgt. Vielleicht ist es der unumstößliche Glauben daran, dass sich vieles sowieso von selbst erledigt. Daher ist es ein herausragendes Merkmal moderner Führung, dass die Verantwortlichen nach den Entscheidungen für Umsetzung sorgen. An dieser Stelle offenbart sich die Kybernetik in der Dynamik. Im Hinblick auf die zu steuernde Energie in einem Team sind es gerade Entscheidungen ohne Umsetzung, die in einem Team als Energiebremse wirken. Die Erfahrung, dass Entscheidungen folgenlos bleiben, hinterlässt fast zwangsläufig die Einstellung, sich erst gar nicht auf irgendetwas einzulassen. Entscheidungen zu treffen, hat die Besonderheit, dass damit Sicherheit vermittelt wird, dass so eine Umsetzung in Gang gebracht und Bewegung erzeugt wird. Entscheidungen zu treffen suggeriert gegebenenfalls Entscheidungsfreude, das kann schnell missverstanden werden und mit Voreiligkeit sowie Unüberlegtheit gleichgesetzt werden. Gewiss kann Entscheidungsfreude dazu verführen, hin und wieder eine Entscheidung zu schnell zu treffen. Doch im Grunde genommen soll die Freude zum Ausdruck bringen, dass eine Struktur vorhanden ist, die dabei hilft, Entscheidungen rasch herbeizuführen.

Kurz und knapp

… entscheiden, handeln, schon kommt Bewegung in die Sache.

Wie sollen sich Mitarbeiter motivieren und sich für etwas engagieren, wenn nicht gewiss ist, dass Projektiertes zur Umsetzung gelangt? In dem Moment, wo Mitarbeiter erleben, dass dem angekündigten Vorhaben ein Handeln folgt, finden Mitarbeiter einen Anreiz, sich zu engagieren.

4.16 Leistung – nur mit Leistungsbereitschaft

Leistung fällt nicht vom Himmel, und selbst wenn die Führungskraft mit Leistungsbereitschaft beseelt ist, wird das Ergebnis am Ende wahrscheinlich von der Gesamtheit des Teams, der Gruppe, der Abteilung abhängen. Die eigene Art der Motivation darf nicht allen im Team unterstellt werden, jeder hat sein individuelles Motivraster. Wenn alle im Team erreicht werden und alle genug Anreize finden, liegt der Idealzustand vor. Soll die Leistungsbereitschaft von Mitarbeitern angeregt oder erhalten bleiben, muss ein Motivraster vorliegen. Die Führungskraft muss wissen, wie die Mitarbeiter *ticken*. Mitarbeiter sind Energielieferanten und Katalysatoren zur gleichen Zeit, was Ideen, Innovationen und am Ende den Wandel im Allgemeinen betrifft. Bewegung ins Team bringen setzt voraus, zu wissen, wie die einzelnen mitgezogen werden können, und das Wirken von Motivation zu kennen. Zum Grundverständnis von Motivation gehört, dass sich Mitarbeiter nicht motivieren lassen, sondern dass nur sie selbst sich motivieren können. Das bedeutet auf der anderen Seite, dass die Vorgesetzten die Anreize kennen müssen, wodurch die Motivation der Mitarbeiter angekurbelt wird. Anreize und Werte sind im Sinne der Energieerzeugung die Zündfunken. Sie sind also ein hinreichender Bestandteil des Motors, der auch den Wandel antreibt. Der Wermutstropfen liegt darin, dass es kein zwingendes Kausalverhältnis von Anreiz und Motivation gibt. Es lässt sich nicht zuverlässig voraussagen, ob mit einem bestimmten Anreiz zweifelsfrei die erwartete Motivation angestoßen wird.

Die eigene Leistungsbereitschaft, die vielleicht aufgrund der Verantwortung als Führungskraft, der besonderen Position oder eines übergreifenden Ehrgeizes entstanden ist, kann schon wegen der individuellen Besonderheit nicht auf andere übertragen werden, also nicht bei ihnen vorausgesetzt werden. Der Teamleiter wird gezwungen sein, auf die einzelnen Motivraster zurückzugreifen. Es muss sich in der Praxis erweisen, wie sicher ein Anreiz eine Motivation freisetzt. Subsumieren lässt sich die Arbeit mit Anreizen zur Erzeugung von Leistungsbereitschaft unter dem Begriff *Mehrwert*. Die einzelnen Mitarbeiter wollen für sich einen Mehrwert erkennen. Der persönliche Mehrwert ist dann die Zusammenfassung wirkender Anreize. Die Konsequenz für die Führungskraft: Motivraster kennen und Mehrwert für Leistung vermitteln.

Kurz und knapp

... Leistungsbereitschaft braucht Anreize, Punktum!

4.17 Controlling – Nachhalten, nicht wahnhaft überwachen

Kontrolle birgt allein als Begriff eine Menge Zündstoff. Das Spektrum reicht ja auch vom buchhalterischen Zahlenmaterial bis zur Überwachung. Letzteres erzeugt schon von der Bedeutung her Unbehagen bei den Betroffenen. Vorgesetzte sollten mit der Begrifflichkeit sowie mit den Formen von Kontrollen nicht nur deshalb behutsam umgehen. Zu viel Kontrolle kann derart verunsichern, dass Mitarbeiter eher reaktiv auf genaue Anweisungen warten, statt aktiv das eigene Tun zu gestalten. Übertriebene Kontrolle kann genauso dazu führen, dass das Wesentliche, nämlich die Wertschöpfung, aus den Augen verloren wird. Es ist wichtig, dass Transparenz herrscht, wenn Kennzahlen oder Leistungswerte eingefordert werden. Mitarbeiter müssen die für sie wichtigen Kennzahlen kennen und verstehen. Besonders das Verstehen erfordert eine offene wie tiefergehende Kommunikation, damit alle über dasselbe reden. Eines sollte der Führungskraft dabei bewusst sein: Nicht allein das Unternehmen agiert auf der Basis von Aufwand-Nutzen-Mehrwert, Mitarbeiter tun dies oft in gleicher Weise. Funktionieren Mitarbeiter nicht wie Maschinen, denen man nur sagen muss, was sie tun sollen, dann ist es umso wichtiger, Mitarbeiter die persönlichen Vorteile eines wirtschaftlichen Erfolgs des Unternehmens erkennen zu lassen.

Für die Führungskräfte ergibt sich im Hinblick auf das Controlling noch eine weitere Herausforderung, denn auch deren Handeln sollte der Abwägung von Aufwand und Nutzen gehorchen, sodass der angestrebte Mehrwert am Ende entsteht. Dies reicht bis in die unscheinbare Mitarbeiterbesprechung. Eine einstündige Zusammenkunft muss am Ende einen Nutzen erkennen lassen, sodass das Gespräch einen Mehrwert hat. Dieser Hinweis ist besonders ernst zu nehmen, da bei der Abwägung von Aufwand und Nutzen hier und dort die Faktenwelt ausgegrenzt erscheint. Es sind Tatsachen und Fakten, die Entscheidungen zu begründen haben. Emotionales oder eine allzu pauschale Einschätzung gefährden das objektivierte Abwägen. Nicht selten dienen emotionale Sichten oder ungeprüfte und damit vermeintliche Tatsachen nur dazu, Entscheidungen zu beeinflussen, oder halten schlimmstenfalls vom Tun ab. In solchen Diskussionen sind Führungskräfte gefordert, trotz vorhandenen Redebedarfs und unterschiedlicher Standpunkte sich nicht von Entscheidungen und der konkreten Handlungsanweisung abhalten zu lassen.

Kurz und knapp

... auch wenn Kontrolle besser sein soll als Vertrauen, brauchen Mitarbeiter das Vertrauen ihrer Vorgesetzten, um ihre Energie, ihre Schaffenskraft umfänglich einzusetzen.

Controlling statt Überwachungswahn, das ist wohl die zielführende Richtung, die sich eine Führungskraft selbst vorgeben sollte. Das Überprüfen von gemeinsam erarbeiteten Vorgaben wie Zielen schafft eine hinreichende Basis für Produktivität. Erst Kooperation bringt Bewegung auf der Strecke hin zum Ziel.

4.18 Erkennen – schnell erfassen, vernetzt denken und konsequent handeln

Operativ gesehen sind das schnelle Erfassen und das konsequente Handeln die kardinalen Stärken einer modernen Führungskraft. Es ist sogar so, dass alle anderen *Soft Skills* und die Fachkenntnisse dahinter schlechthin verblassen. Das operative Wirken einer Führungskraft wird viel zu selten in den Vordergrund gerückt und es wird ihm nicht die gebührende Aufmerksamkeit geschenkt. Das meist in den Mittelpunkt gestellte Delegieren ist am Ende nur eine Instrumentalisierung der Auffassungsgeschwindigkeit und Entscheidungsfähigkeit wie -freude. Delegieren ist damit weniger Kompetenz, sondern mehr Umsetzung. Es ist allerdings nicht infrage gestellt, dass auch das Delegieren ein paar Kompetenzmomente besitzt. Schließlich soll das Zuweisen von Arbeitsaufträgen den Vorgaben durch Qualität, Effizienz, Zielorientierung und Zuverlässigkeit folgen.

Vernetztes Denken unterstützt sowohl beim Erkennen von Zusammenhängen als auch bei der Entscheidungsfindung. Somit ist das Vernetzen von Informationen in gleichem Maße eine Teilfunktion des Erkennens. Es scheint daher verfehlt, vernetztes Denken als besondere Fähigkeit aufzufassen und mit diffusen wissenschaftlichen Inhalten zu verbrämen. Über den Tellerrand zu schauen, was das eigene Handeln betrifft, hat weder etwas von Genialität noch bedarf es außergewöhnlicher Fähigkeiten. Es reicht vollkommen, bewusst wahrzunehmen, wie und wie weit das eigene Tun wirkt und was es bewirkt. Handeln hat stets Nebenwirkungen. Das reicht hinein bis ins kommunikative Handeln. Von daher muss es interessieren, wie weit das eigene Handeln wirkt. Was das vernetzte Denken nicht darf, ist die Umsetzung zu behindern. Schließlich wird ein Lernprozess dadurch vollendet, dass die Lernenden nach dem Erkennen und Verstehen das Gelernte anwenden.

Kurz und knapp

… Wirkung erfassen und Reichweite erkennen, das hilft, Fähigkeit, Erfahrung wie Wissen noch besser einzusetzen und den Wirkungshorizont des eigenen Handelns zu erweitern.

4.19 Delegieren – eine größtmögliche Wirkung erzielen

Dass ein Team seine größtmögliche Wirkung erzielt, mag dann gegeben sein, wenn alle das machen, was sie am besten können. Nun ist das Tagesgeschäft kein Wunschkonzert und so müssen Aufgaben verteilt werden. Der Führungskraft obliegt es, die einzelnen Aufgaben adäquat zu verteilen. Das beinhaltet, dass die Führungskraft eine genaue Vorstellung von der Leistungsfähigkeit der Teammitglieder hat. Nur so können die Einzelnen am wirkungsvollsten eingesetzt werden. Was das Verteilen von Aufgaben auf keinen Fall hinterlassen darf, das ist der Eindruck, dass willkürlich und ohne Abwägung Arbeiten zugeordnet werden.

Das Delegieren mag oft als die zentrale wie spezifische Kompetenz des Führens verstanden werden – die bisherigen Ausführungen mögen dagegen deutlich herausgestellt haben, dass Führung ein komplexes Wirkungssystem ist. Offenheit, Klarheit, Organisation und Wandel sind nur einige Einflussfaktoren auf das Delegieren. Kurz gefasst: Vorgesetzte verteilen nicht in einer statischen Form anstehende Aufgabe an die Mitarbeiter. Ob Kooperation oder Kollaboration, das Zusammenwirken von Menschen bei der Erledigung von Aufgaben ist sehr vielschichtig und macht mehr als die Kunst des Verteilens erforderlich. Delegieren geht einen Schritt weiter als bloßes Verteilen, indem die Fähigkeiten der Einzelnen im Verteilungsplan berücksichtigt werden. Das bedeutet, dass es dazugehört, Mitarbeiter und deren Fähigkeiten einschätzen zu können.

Kurz und knapp

... Delegieren will mehr als das Verteilen von Aufgaben sein, optimalerweise werden Aufgaben so delegiert, dass die Aufgaben zu denjenigen passen, die sie übernehmen sollen und deren Fähigkeiten optimal nutzen.

4.20 Probleme – lösen statt Problemverschiebung

Handlungskompetenz und damit Problemlösekompetenz gehören notwendigerweise ins Repertoire der Führungsfähigkeiten. Im Endeffekt prägen sie das Verhalten einer Führungskraft, die proaktiv, lösungsorientiert, entscheidungsfreudig und zielgerichtet an die Arbeit geht. Die Problemlösung ist streng von der Problemverschiebung abzugrenzen, denn nicht jede eiligst geschmiedete Lösung verdient es, als Problemlösung bezeichnet zu werden. Erwähnt wird dies, da ab und zu der Druck, eine Problemlösung zu finden, Alternativen hervorbringt, die bei genauer Betrachtung das Problem nur verschieben. Wenn etwa Termine regelmäßig nicht eingehalten werden, scheint die Bestrafung dafür keine Lösung zu sein, denn dadurch wird ja nicht die Lösung herbeigeführt. Offenkundig lassen sich die Ursachen bei wiederholten Terminversäumnissen mit Sanktionen darauf nicht beheben. Dies bedeutet, dass Probleme ein genaues Hinschauen erforderlich machen. Mit diesem Bewusstsein kann wirksam der Problemverschiebung vorgebeugt werden.

Im Grunde genommen ist die Wahrnehmung eines Problems bereits eine Gefahrenquelle, denn wird nicht unmittelbar die Lösung eines Problems angegangen, kann es passieren, dass das Problem sich in den Vordergrund drängt. Sobald Problembeschreibung und Problempermanenz Überhand nehmen, kann nachher keine Lösung mehr gefunden werden. Auf diese Weise nutzen manche die Gunst der Stunde, sich vor der Verantwortung zu drücken oder eine Aufgabe zu übernehmen. Dann muss erst recht Sorge dafür getragen werden, dass das Handeln wieder an Bedeutung gewinnt. Da sich die Problemerzeuger und -konservierer manchmal als sehr geschickt erweisen, erfordert die Problemauflösung ein hartnäckiges wie unnachgiebiges Vorgehen. Dass Probleme ansonsten Ressourcenfresser sind, sei nur am Rande vermerkt.

Kurz und knapp

... mögen Probleme auch eine echte Herausforderung sein, müssen sie unmittelbar angegangen werden, da sie sich sehr gern festsetzen zur Vermeidung von Handeln.

4.21 Reden – ist mehr als Gold. Die Bedeutung von Kommunikation erkennen

Es mag eine regionale Weisheit sein, dass das Ausbleiben von Tadel und das Nichtreden bereits Lob sei, jedoch braucht Führung schon etwas mehr Kommunikation. Kommunikation ist ein Erfolgsmoment in der Führung. Eine moderne Führungskraft ist eine redende Führungskraft, was heißen soll, dass das Reden im Team ein zentrales Moment sein muss. Das wird vor allem dadurch deutlich, dass das Reden unterschiedliche Funktionen übernimmt. Rückt Fachkompetenz in den Hintergrund, wird Reden umso wichtiger, weil dann Worte das Geschehen lenken und nicht rein sachliche Vorgaben. Fassbarer wird dies, sobald die Herausforderungen klar sind. Mit Reden lassen sich Situationen klären, Missverständnisse ausräumen und Spannungen lösen. Die entsprechenden Formate dazu können das Mitarbeitergespräch oder die Krisenintervention sein. Kommunikation, aus diesem Blickwinkel betrachtet, zeigt sich als ein Mittel, als Werkzeug der Führung. Damit wird ausgedrückt, dass in der Kommunikation mehr steckt als die Beschreibung einzelner Bestandteile des Redens. Kommunikation kann als Hilfsmittel zweckorientiert eingesetzt werden, sei es mithilfe gängiger rhetorischer Stilmittel oder mit psychologischen Kunstgriffen.

Das Gespräch, der Dialog mit den Mitarbeitern wird in der Regel einer Absicht untergeordnet. Erst die Klarheit in Bezug auf die Ziele, die mit dem Gespräch verknüpft sind, gewährleistet, dass die Gesprächspartner einander verstehen. Klarheit allein erfüllt noch lange nicht alle notwendige Anforderungen an eine erfolgreiche Kommunikation. Schließlich gilt es genauso, den Gesprächspartner in der Weise ernst zu nehmen, dass ihm ein Wert beigemessen wird, dass es eine Gesprächsvorbereitung gegeben hat und dass die Gesprächsteilnehmer aufeinander eingehen. Dazu ist es nicht notwendig, alle Eventualitäten einzubeziehen, Gesprächsziele und notwendige Informationen sollten dennoch vorhanden sein. Zusätzlich leisten Mitarbeitergespräche einen Beitrag zur Entwicklung von Mitarbeitern, sei es durch Rückmeldungen oder ganz spezifisch durch Qualifizierungsvereinbarungen, die aus Personalentwicklungsgesprächen hervorgehen können. Wie es Dialogen und Gesprächen eigen ist, zeigen sich Mitarbeitergespräche statt ablauforientiert mehr inhaltsorientiert, mit einer klaren Ergebnisorientierung (siehe auch Abb. 18). Es müssen keine Prozessbausteine abgearbeitet werden, vielmehr wird ein Inhalt entwickelt und die Führungskraft nutzt die Gelegenheit, Wertschätzung und Achtsamkeit zu vermitteln.

Abb. 18: Mitarbeitergespräche führen

Versprechen sind im Rahmen solcher Gespräche dagegen Teufelswerk. Versprechungen sind unnötig und nutzlos, sodass sich die Frage stellt, ob man sie unter Kommunikation fassen sollte. Da sie eine gewisse Realität im Arbeitsalltag darstellen, finden sie mit dem Bezug zur Kommunikation Erwähnung. In einer vertrauensvollen Zusammenarbeit müssen Mitarbeiter nicht mit Ankündigungen gelockt werden. Außerdem sagt die Logik, dass nach dem Versprechen eine Folge eintritt, es der verbalen Vorwegnahme demzufolge nicht bedarf. Teufelswerk wird das Ganze jedoch dann, wenn das in einem Versprechen Angekündigte ausbleibt. So etwas zerstört mühsam aufgebautes Vertrauen in Windeseile. Das ist genug Anlass, von Versprechen Abstand zu nehmen. Weitaus konstruktiver zeigen sich Fragen. Mit Fragen führen ist mehr als ein Spielwerk der Verhandlung, es ist zugleich eine Machtdemonstration. Ganz so negativ muss das Führen über Fragen dennoch nicht verstanden werden, denn mit Fragen kann beim Gegenüber genauso Bewusstsein für etwas geschaffen werden. Darüber hinaus lässt sich mit der Erkenntnis aus dem Beantworten von Fragen eine Struktur zur Lösung eines Problems finden.

Die sprechende Führungskraft

Die sprechende Führungskraft als (Vor-)Bild mag im ersten Moment etwas irritieren, weil im Allgemeinen angenommen wird, dass Führungskräfte mit ihren Mitarbeitern reden. Das Gegenteil, also dass Führungskräfte nicht ausreichend reden, ist nicht so selten. Zu alledem reicht Kommunikation viel weiter und ist mehr als Gespräch, Dialog und Diskussion. Kommunikation braucht eine Struktur. Damit ist nicht die Art des Sprechens gemeint. Es ist vielmehr Gewicht auf die Zielgerichtetheit von Gesprächen zu achten. Ein formaler Plan hilft bereits bei der Verteilung von Kommunikation, der ist dadurch erleichtert, dass einige Anlässe vorgegeben sind (z. B. Personalgespräche, Bürobesprechungen oder Teamsitzungen). Sie passen sogar in den Terminkalender und geben auf diese Weise eine erste Struktur, die darüber hinaus einen Zielhorizont benötigt, der stets übergreifend ist. Dieser Horizont lässt sich am besten in einer weiteren Struktur abbilden: strategische Ziele, operative Planung, individuelle Passung und Kollektivität. Obschon die Navigationspunkte als formales Gerüst kursgebend sind, ist es hier die Agilität, die den Handlungsrahmen liefert und gleichzeitig bestimmt. Selbst die stereotyp anmutende Bürobesprechung muss ein komplexes Gerüst haben. Gesprächsanlässe in der betrieblichen Kommunikation sind keine Plauderstunden, die Bemessung nach Aufwand-Nutzen schlägt gleichsam unbarmherzig zu, wenn es um die Sinnhaftigkeit von Besprechungen geht.

Zunächst gibt in einer Teambesprechung der Abgleich aktueller Aufgaben mit den gesteckten Zielen resp. den definierten Vorgaben den Kurs vor. Allein bei dieser simplen, gerahmten Kommunikation schafft es die emotionale oder wenig sachbezogene Argumentation, die Begrenzungslinien zu sprengen. Subordiniertes Ziel eines Projektcontrollings ist demnach die Sachbezogenheit. Sie soll Effizienz und Angemessenheit gewährleisten. Nicht-sachbezogene Argumente oder abweichende Darlegungen gehören verbannt, all das sind enorme Zeitfresser. Die einzigen emotionalen Elemente, die Bestandteil solcher Besprechungen sein dürfen, sind Anerkennung, Wertschätzung und Achtsamkeit. Kritik, wenn sie negativ ist, muss dagegen erst recht objektiviert und streng sachbezogen sein. Hauptsächlich die Wertschätzung verlangt mehr als ein banales, einfach dahingegebenes, bezugsloses Lob.

Das feine Schnittmuster von Besprechungen setzt sich zusammen aus der sorgfältigen Vorbereitung, die z. B. Störungen ausschließt und die Angemessenheit von Inhalten berücksichtigt. Selbstredend ist das wertschätzende Moment ebenfalls eine Gelegenheit, dem Engagement der Mitarbeiter neuen Brennstoff zuzuführen, denn die Wertschätzung soll ja nicht das Gefühl vermitteln, dass genug getan sei. Bei aller den Mitarbeitern innewohnenden Energie brauchen dieselben hin und wieder die Funken, die das Feuer für anstehende Aufgaben auf Flamme halten. Wandel will immer wieder entzündet werden, damit er in Bewegung bleibt und Dynamik nicht versiegt.

Mit Sachlichkeit die Leitplanken setzen

Kommunikation gewissermaßen *entemotionalisieren*, das hört sich zunächst sehr nüchtern und einfach umsetzbar an. Der Teufel steckt dabei im Detail, da sich Emotionen nicht immer so leicht kontrollieren resp. eindämmen lassen. Gefahr droht dann, sobald die emotionale Betrachtung einer Situation allein Behauptungen produziert, anstatt sich auf Tatsachen zu berufen. In vielen Arbeitssitzungen, Diskussionen und Besprechungen drängt sich immer wieder der Anspruch nach vorn, auf den Weg der Sachlichkeit zurückzufinden. Die Gelegenheiten, sich auf Pfaden der Emotionalität zu verlieren, offenbaren sich auf vielfältigste Art. In Planungssitzungen verdrängt das Hypothetische und Mögliche das Faktische, sodass die aktuelle Situation aus dem Blickfeld rückt. In Diskussionen konterkarieren subjektive Wahrnehmungen den Versuch, objektiv zu bleiben. In Besprechungen wird mehr interpretiert als auf Fakten geschaut. Es ist nicht immer leicht, alle auf der Linie der Sachlichkeit zu halten und ohne Zweifel dürfen emotionale wie subjektive Äußerungen vorkommen. Aber solche Situationen dürfen nicht auf Abwege führen und die objektivierte Handlungsplanung oder Lösungssuche ins Aus drängen.

Kommunikation ist eben alles

Das Reden, also ganz allgemein die Kommunikation, ist ein Schlüssel zum Erfolg, wenn es um Zusammenarbeit, um Kooperation und Kollaboration geht. Ein Team kann nicht erfolgreich zusammenwirken, ohne dass miteinander geredet wird. Ansonsten handelt es sich um einen mechanistischen Prozess, der zudem eher maschinenorientiert ist. Voraussetzung für das kommunikationsorientierte Zusammenwirken ist es, dass die Möglichkeit zum Kommunizieren gegeben ist und diese tatsächlich genutzt wird. Im Grunde genommen müsste es also reichen, wenn die Vorgesetzten Sprachanreize schaffen. Kommunikation am Arbeitsplatz gestaltet sich hingegen etwas anspruchsvoller, da die Kommunikationsformen zum Teil recht unterschiedlich sind. Für die Führungskraft stellt sich aus formaler Sicht die Anforderung, strukturierte Mitarbeiter-/Personalgespräche zu führen. Darüber hinaus ergibt sich weiterhin das Gebot, in verschiedensten Situationen über das Kommunizieren Einverständnis zu erzielen. Dazu kann das Verhandeln gehören oder ganz bedarfsorientiert das Aushandeln von Kompromissen. Aus operativer Sicht steht vor allem im Vordergrund, über das Reden Lösungen zu finden und so das Handeln zu begründen. Die Konflikte, die bestenfalls auf kommunikativem Wege gelöst werden, gehören dagegen eher zu den Kommunikationsanlässen, denen gern aus dem Wege gegangen wird. Der vermeintlich leichteste Weg mit dem geringsten Widerstand erzeugt am Ende stattdessen die größten Probleme. Insofern gilt es, das Miteinanderreden als Chance zu nutzen. Auf diese Weise kann mit Worten gelenkt werden und daher gilt das Reden als eine zentrale Führungskompetenz. In der Kunstfertigkeit des Redens liegt ein besonderes Erfolgsmoment. Es lohnt der Mühe, an der eigenen kommunikativen Kompetenz zu arbeiten.

Kurz und knapp

... Reden ist nicht Silber, es ist eher Gold wert, das freigiebig verteilt wird, denn Reden muss durchgängig und häufig als Führungsinstrument genutzt werden.

Weitere Ausführungen zur Bedeutung der Kommunikation können nur Wiederholung sein, weil am Ende sich alles auf das Reden reduzieren lässt. Die Technik ist dabei mehr der Garant für die Kunstfertigkeit. Das Wollen, also die Bereitschaft, ins Gespräch zu kommen, das ist der Kern einer gelebten kommunikativen Kompetenz. Nur aus dem Praktizieren von Kommunikation entsteht ziel- wie leistungsorientiertes Handeln. Worte lenken genauso wie Prozessvorgaben und Arbeitsanweisungen. Allerdings verlangt es etwas Kunstfertigkeit, die richtigen Worte zu wählen. Das Reden als Kommunikation hat viele Bedeutungsdimensionen im Hinblick auf das Führen. Sie alle können Bände füllen. Für die sich entwickelnde Führungskraft scheint es zunächst angezeigt zu sein, dass sie sich dessen bewusst wird, dass Kommunikation ein wesentlicher, erfolgskritischer Bestandteil der Führung ist.

4.22 Verhandeln – will gelernt sein

Verhandeln und Führen mögen auf den ersten Blick wohlmöglich nicht so recht zusammenpassen. Im Grunde genommen ist dies so, denn die Erledigung von Aufgaben und der Beitrag des Teams zur Wertschöpfung des Unternehmens nicht verhandelbar ist. Andererseits wird es dann doch an einigen Stellen notwendig, Verhandlungsgeschick unter Beweis zu stellen. Die im Folgenden ausgeführten Grundkomponenten des Verhandelns erheben weder den Anspruch, eine Grundlagenschulung zu sein, noch können sie das beachtliche Spektrum des Verhandelns vollumfänglich abdecken.

Über Struktur zur Versiertheit

Das Verhandeln als Ganzes füllt Monografien zum Thema und Seminarkataloge erst recht. Daher ist nachfolgend sehr stark darauf fokussiert, welche psychologischen Momente in das Verhandeln hineinspielen und was eine Führungskraft im Blick haben sollte, wenn sie erfolgreich verhandeln will. Selten taucht das Verhandeln bei Übersichten zu Führungskompetenzen auf, trotzdem verdienen Verhandlungssituationen im Kontext der Führung Beachtung. Eine Struktur des Verhandelns hilft, adäquat auf die Herausforderungen beim Verhandeln vorbereitet zu sein. Mithilfe einiger ausgesuchter Aspekte erfolgt ein kurzer Überblick (siehe Abb. 19).

Abb. 19: Verhandeln im Überblick

Grob und zweifellos sehr pauschalisiert lassen sich zuallererst folgende Typen voneinander abgrenzen:

- der Verhandlungspartner, der nach dem *Win-win-Prinzip* vorgeht;
- der Gegenüber, für den es nur Gewinnen oder Verlieren gibt.

Dies kann nur ein erster Einstieg sein, ein Verhandlungsgespräch zu systematisieren, denn die Vielfalt lässt sich nicht so einfach in eine Struktur pressen. So variieren die *Win-win-Verhandler* und auch manch Gewinner-Typ ist wohl grundsätzlich in der Lage, je nach Situation Kompromisse einzugehen. Ebenfalls gibt es unzählige Verhandlungssituationen, sodass ein Verhandlungserfolg kaum zuverlässig planbar ist, solange allein auf den Verhandlungstyp geschaut wird. Ein anderer Blick auf die verschiedenen Charaktere eröffnet einen weiteren Zugang. Demnach lassen sich voneinander unterscheiden:

- die Gewissenhaften, die sich penibel auf die Verhandlung vorbereiten und die alle notwendigen wie möglichen Fakten bereithalten;
- die Psychologen, die in ihrer Vorbereitung die Verhandlungspartner analysieren und u. a. versuchen, Stärken und Schwächen herauszuarbeiten;
- die Dominatoren, die durch ihre Präsenz, ihr Gebaren und ihren Führungsanspruch danach streben, von Beginn an das Geschehen an sich zu reißen;
- die Weisen, die durch ihre Zurückhaltung und eine gewisse Überheblichkeit den Eindruck vermitteln wollen, dass sie die besten Lösungen parat haben;
- die Spaßmacher, die mit ihrer Art zum einen Spannung rausnehmen und Gelassenheit reinbringen wollen, die jedoch zum anderen auf diese Weise gleichermaßen das Geschehen führen wollen;
- die Unnachgiebigen, die bereits zum Einstieg in die Verhandlung den Eindruck vermitteln wollen, dass mit ihnen gar nicht zu verhandeln ist, da ihre Position unveränderlich ist;
- ...

Das Spektrum ließe sich ohne Weiteres ausbauen, doch die Kunst des Verhandelns lässt sich nicht in der Vollständigkeit einer Typologie begründen. Die Betrachtung der Typen steht beispielhaft dafür, wie wichtig eine sorgfältige Vorbereitung ist. In ähnlicher Weise wie beim Typologisieren von Gesprächspartnern lassen sich Verhandlungssituationen systematisieren, je nach persönlichem Empfinden sogar leichter. Es kann unterschieden werden:

- die Ausgangsposition der Verhandlungspartner ist klar und definiert;
- weder die Positionen noch die möglichen Ergebnisse sind festgelegt, allein das eigene Ziel ist bekannt.

Darauf aufbauend kann dann weiter differenziert werden:

- das Verhandlungsergebnis hat einen bestimmten Wert für die Verhandlungsrunde;
- der Verhandlungsgegenstand ist zweitrangig, da dieses Ergebnis nur Teil eines Ganzen ist, bei dem gleichfalls die Beziehung, die Zukunft, die Einflussnahme und/oder Ähnliches im Vordergrund steht.

Aus dieser Sicht des Ablaufs ergeben sich weitere Aspekte, die für den Verlauf bestimmend sind:

- die Verhandlung soll/muss zu einem Ergebnis geführt werden;
- die Option, die Verhandlung auf mehrere Termine auszudehnen, ist den Verhandlern bewusst.

Solche Eckpunkte sind wichtig, da sie die Verhandlungsstrategie und die Vorgehensweise prägen. Daraus können sich Aspekte ergeben, die eventuell Recherchen zur Vorbereitung notwendig machen. Eine weitere Annäherung an das Verhandlungsgeschehen kann mit der Sicht auf das Formale erfolgen. Diesbezüglich bietet sich der Verhandlungsprozess an. Er lässt sich in Prozessteile zerlegen, die sich bei der theoretischen Betrachtung der Verhandlung etabliert haben:

- Begrüßung mit Small Talk, der bestimmte Themen ausgrenzt resp. ausgrenzen sollte (z. B. Politik, Religion, geschlechtsspezifische Themen, Sexualität, Alter und Vorurteile/Klischees),
- Verhandlungseröffnung,
- Verhandlungsführung,
- Abschluss/Ergebnis,
- Verabschiedung.

Insbesondere der letzte Punkt verdient Aufmerksamkeit, da er fälschlicherweise als Nebensache verstanden werden könnte. Doch gerade die Situation, wie Verhandlungspartner auseinandergehen, kann die weitere Kooperation und die Geschäftsbeziehungen bestimmen. Das Wichtigste in einer zielorientierten Verhandlung ist der Anspruch auf Sachlichkeit. Mag es eventuell vertretbar sein, die Emotion aus taktischen Gründen einzusetzen, birgt das Emotionale stets die Gefahr der Eskalation. Es empfiehlt sich, in der Verhandlung umsichtig mit Emotionalisierungen umzugehen. Dagegen erweisen sich eine sorgfältige Vorbereitung und eine zuverlässige Einschätzung des Verhandlungspartners als echte Erfolgsgaranten. Die Sorgfalt begründet den Verhandlungserfolg, andernfalls wird Verhandlung zu einem Überraschungspaket. Das Verhandeln ist zielgerichtet und das Ergebnis sollte nachhaltig sein.

Die eigene Gehaltsverhandlung

Dass Verhandeln gelernt sein will, trifft im besonderen Maße auf die Gehaltsverhandlung zu, weil für den einen oder anderen der Einsatz für eigene Belange eine zu große Herausforderung darstellt. Es gelten selbstredend dieselben Regeln wie für alle Verhandlungen, dazu gehören u. a. die Vorbereitung und die genaue Studie des Verhandlungspartners. Außer dass die üblichen Eckpunkte des Verhandelns ebenfalls für das Gehaltsgespräch ihre Gültigkeit behalten, sind ein paar Besonderheiten zu beachten. Soweit sich der Zeitpunkt steuern lässt, kann der günstige Moment manchmal entscheidend sein. Und wie bei jeder Verhandlung muss argumentativ darstellbar sein, welchen Mehrwert der Verhandlungspartner hat, denn warum soll er für dieselbe Leistung mehr aufwenden. Widerstand darf währenddessen nicht zum Rückzug führen, denn ein erster Widerstand gehört gewissermaßen zum guten Verhandlungston. An solchen Stellen kommen die Argumente des Mehrwerts zum Zuge.

Kurz und knapp

... Verhandeln ist Kommunikation, ist aber auch Wahrung eigener Interessen, sodass es lohnt, sich mit dem Wesen des Verhandelns auseinanderzusetzen.

Erfolgreiches Verhandeln heißt, immer bereit zu sein, sich auf die Perspektive des Verhandlungspartners einzulassen, und beim Verhandeln darauf achten, das Ziel nicht aus den Augen zu verlieren und bei der Sache zu bleiben.

4.23 Konflikte – direkt und konsequent auflösen

Moderne Führungskräfte sind mehr Partner als Befehlsgeber, ohne dass mit aller Gewalt Asymmetrie infrage gestellt werden soll. Hierarchien schaffen nicht zwangsweise Untergebene. Befehl und Gehorsam sind genauso wenig ein zwingendes Wesensmerkmal hierarchischer Strukturen. Die Motivation von Mitarbeitern wird eher konservierbar sein, wenn sich Führende als Coach oder auch als Mediator verstehen. Konflikte lassen sich in der Zusammenarbeit von Menschen nicht vermeiden – selbst in Programmierungen können Konflikte auftauchen. Für den Führungsprozess bedeutet dies, dass Führende hin und wieder aufgerufen sind, als Konfliktbrecher aufzutreten. An solchen Stellen wirkt das Vermitteln eher als irgendeine Weisung oder Entscheidung von Vorgesetzten. Andere Auseinandersetzungen können ebenso im direkten Verhältnis zum Mitarbeiter entstehen. Dann verlagert sich die Konfliktkompetenz dahin gehend, dass die Führungskraft von all dem Emotionalen, das Konflikten häufig eigen ist, selbst überrollt wird. Wie reagiere ich bei emotionaler Argumentation meines Gesprächspartners? Wie gehe ich mit Empörung um? Wie wirkt sich Überheblichkeit auf Führung aus? Der Rückgriff auf die Sachlichkeit und das *Entemotionalisieren* helfen immer.

Ursachen für Konflikte sind mannigfaltig, Formen der Auseinandersetzung in demselben Maße. Dementsprechend hilft die Beschäftigung mit den Auslösern nur bedingt, weil noch weiter zurückgegangen werden muss. Diese Mühe lohnt erst bei manifesten, hartnäckig dahinschreitenden Konflikten. Die Situation sich genau anzuschauen, ergibt dagegen bei einem aktuellen Konflikt Sinn. Nicht jeder ist ausgebildeter Mediator, trotzdem müssen die Verantwortlichen die Möglichkeit nutzen, sich die Konfliktsituation genau anzusehen, und sich bemühen, hinter die Kulissen zu schauen. Auf diesem Wege eröffnet sich die Tiefgründigkeit von Beziehungssystemen. Ähnlich wie in mediatorischen Verfahren sind die Positionen hinter den vordergründig vorgetragenen Argumenten herauszufiltern. Während das Einsortieren die analytische und eher beschreibende Klärung darstellt, erfordert die Spannung in den Beziehungen eine zeitnahe Deeskalation. Allzu schnell verselbstständigen sich die Konfrontationen zwischen den Beteiligten und werden manifest, was die Auflösung erschwert. Zentrales Mittel der Schlichtung ist von Beginn an die Sachlichkeit und der Rückgriff auf Fakten. Da Streitigkeiten indes in der Regel sehr emotional geführt werden, müssen die Verletzungen resp. Empfindsamkeiten gleichermaßen Berücksichtigung finden. In jedem Fall darf die Intensität der Auseinandersetzung nicht dazu führen, die Lösung vor sich herzuschieben.

Direkt ins Geschehen, so lautet die Devise. Diffuse Befürchtungen oder konstruierte wilde Szenarien sind Ausflüchte, sind ohnedies schädliche Fluchten. Außer dass eine Klärung herbeigeführt wird, kann doch nicht viel mehr passieren, solange Fakten das Geschehen bestimmen. Je länger ein Konflikt schwelt, desto mehr Energie wird den Arbeitsprozessen entzogen. Die Klärung mit Fakten herbeizuführen, zeigt sich als überschaubare Herausforderung. Empfindsamkeiten aufzulösen, gestaltet sich deutlich schwieriger. Zum einen kann da etwas ganz tief sitzen, zum anderen erfordert das Handeln neben Einfühlungsvermögen noch psychologisches Gespür. Diesbezüglich wird es erforderlich sein, einen längeren *Heilungsprozess* zu verfolgen. Der Handlungsrahmen zur Konfliktlösung lässt sich mit einigen Kernsätzen abstecken:

- Konflikten direkt und mit Nachdruck begegnen;
- das Konfliktgeschehen auf Tatsachen sowie Fakten zurückführen;
- Konflikte sind Energieräuber und dürfen daher nicht nachlässig behandelt werden;
- das Emotionale in Konflikten hat meist eine lange Geschichte, ist oft zudem komplex und demnach tiefgründig;
- eine sachliche Klärung anstreben;
- eine einvernehmliche Schlichtung herbeiführen.

Es lohnt, Konflikte ernst zu nehmen und vorbereitet zu sein, denn konfliktfreie Zonen in der beruflichen Zusammenarbeit sind eine Illusion. Folglich ist es sinnvoll, bei der Bearbeitung der Spannungsfelder seine eigene Regieanweisung parat zu haben (siehe auch Abb. 20).

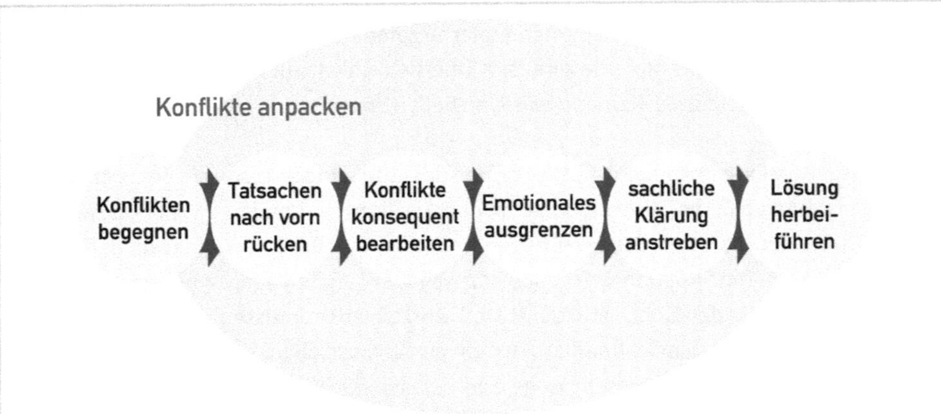

Abb. 20: Konflikte anpacken

All dies lässt sich noch weiter aggregieren, was in dem nachfolgenden Merksatz mündet, sodass die Regieanweisung immer parat ist.

Kurz und knapp

... Konflikte sind unmittelbar, schnell und mit verfügbaren Fakten aufzulösen, wobei der Blick auf die Psychologie der Beteiligten nicht fehlen darf.

Konflikte sind nicht grundsätzlich etwas Störendes oder Schlechtes. Es steckt in ihnen auch positive Energie. Letztlich zeigen sie Punkte auf, wo Klärungen herbeizuführen sind, oder offenbaren Problemstellen, die schnell zu Animositäten führen können. Es deutet sich bereits an, dass Auseinandersetzungen nicht unbeachtet bleiben dürfen. Die Spezifität eines Konflikts geht auf eine Ursache zurück, die nicht immer aufgelöst werden kann. Aber die Kenntnis der Wirkungszusammenhänge hilft dabei, die Beteiligten durch den Konflikt zu führen und diesen zumindest vordergründig aufzulösen. Das wiederum kann helfen, künftige Streitigkeiten zu vermeiden oder von den Arbeitsbeziehungen der Mitarbeiter abzuspalten. Aber noch wesentlicher scheint für die Konfliktbewältigung, dass solche Konfrontationen aktiv bearbeitet werden. Nicht, dass dies mit der Beseitigung der Ursachen verwechselt wird. Eine Konfrontation kann auf Befindlichkeiten oder Animositäten zurückgehen, die sich nicht auflösen lassen. Der konkrete Anlass für einen Ausbruch eines Konflikts kann dagegen bearbeitet werden. Er kann in der Weise entschärft werden, dass z. B. dafür gesorgt wird, Dinge, die als Auslöser wirken und die bekannt sind, für die Zukunft auszugrenzen. In jedem Falle wird deutlich, dass die Konfliktlösung wie -bewältigung mehr ist, als sich zusammenzusetzen und miteinander zu reden. Es darf vor allem keine einseitige Parteinahme stattfinden, selbst wenn sich dies auf den ersten Blick anbieten mag.

Über ein gehöriges Maß an Diplomatie verlangt die Konfliktbewältigung den nötigen Raum – einen Raum, in dem die Konfliktparteien zu Wort kommen, in dem in mediatorischer Weise die Ursachen wie Gründe hinter den Argumenten hervorgeholt werden, in dem alle Parteien in ausreichendem Maße zu Wort kommen und in dem über allem das Ziel dominiert, Emotionalitäten auszugrenzen. In diesem Zusammenhang muss bewusst werden, dass Konflikte als Entwicklungspotenziale genutzt werden können, statt sie ungelöst, unkontrolliert als Gefahrenquelle für den Teamgeist im Untergrund wabern zu lassen (siehe auch den Abschnitt 6.18 im Kapitel 6).

4.24 Krisen – in der Krise Stärke zeigen und Krisen meistern

In der Krise eröffnet sich ein Moment, in dem Größe gezeigt werden kann. Ist die Krise mit Trennung von Personal verbunden, sind nämlich Stärke, Rückhalt und Fairness gefordert. Die Führungskraft darf nicht zum Spielball anderer werden, sie muss die eigenen politischen Ziele verfolgen. Sie muss sich nachweislich für die zugeordneten Mitarbeiter einsetzen und darf nicht emotionaler Einflussnahme erliegen. Dabei muss ihr klar sein, dass sie es nicht allen recht machen kann. Anforderungen mit ansteckender Ruhe und aufmerksamer Gelassenheit zu begegnen, gehört deswegen zum umfangreichen Kompetenzrepertoire in der Krise. Klare Ansagen und Entschlossenheit sind ebenso notwendige Führungsattitüden, die nichts mit Überheblichkeit gemein haben.

Zu selten wird in derartigen Krisensituationen die Lösungsorientierung im Sinne von Kreativität genutzt. Produktionsüberhang oder Auftragsrückgänge müssen nicht zwangsweise in Personalanpassung enden. Sind Szenarien durchgespielt, die Entlassungen vermeiden? Wie kann das Team zum Meistern der Krise beitragen? Sind Fördermöglichkeiten zur Überbrückung von Krisen abgefragt? Mitarbeiter verdienen in gleichem Maße Loyalität. Diese Form von Rückhalt zeigt ihnen, dass sie wertgeschätzt werden und nicht einfach austauschbar sind. Künstlich oder radikal gelöste Krisen bergen stets die Gefahr, dass sie sich wiederholen. Der Verlust von *Know-how* kann nachhaltiger sein als eine Einsparung im Personalbereich. Mit Informationen zu einem möglichen Stellenabbau kann an die optimale Neugestaltung von Prozessen herangegangen werden. Die verbleibenden Mitarbeiter wollen derweil sehen, dass mit den Betroffenen angemessen umgegangen wird. Schließlich sollen diejenigen, die weiter am unternehmerischen Erfolg mitarbeiten dürfen, motiviert sein, Leistung zu bringen. Leistungsbereitschaft baut jedoch auf Vertrauen, das genauso bei der Erfahrung des Stellenabbaus unter Beweis gestellt werden muss. Solange es an Identifikation seitens der Mitarbeiter mangelt, reicht es in Krisenzeiten bei Weitem nicht, alle aufzufordern, die Ärmel hochzukrempeln. Krisen zu meistern, will komplexer sein.

Kurz und knapp

… in Krisenzeiten sind Offenheit und Transparenz umso wichtiger, damit Vertrauen nicht verloren- und Leistungsbereitschaft nicht zurückgeht.

Betriebliche Umstrukturierungen, Krisenbewältigung und Personalanpassungen haben oft den Beigeschmack, dass sie von außen in eine organisatorische Einheit hineingetragen werden. Dabei wird doch vergessen oder unterschätzt, dass von den Betroffenen gleichsam Lösungen eingebracht werden könnten. Auf den Punkt gebracht: Bei allen Formen von Krisen und notwendigen Umstrukturierungen ist das Lösungspotenzial vollumfänglich auszuschöpfen. Es mag eher überheblich sein, wenn Einzelne in dem Glauben sind, nur sie könnten eine letztgültige Problemlösung herbeibringen. Sehr viel mehr Potenzial steckt in einem Ergebnis, das sich aus dem Zusammenwirken gebildet hat. Dies ist nicht mit einer basisdemokratischen Krisenbewältigung zu verwechseln, denn nicht die Abstimmung führt zum tauglichen Ergebnis, vielmehr die Einbeziehung der unterschiedlichen Lösungspotenziale und deren Zusammenführung helfen bei der Suche nach der optimalen Lösung.

4.25 Authentizität – den Wert der Authentizität schätzen

Wer Wertschätzung vermitteln will, braucht keine Muster, es gilt diesbezüglich die bekannte Formel dieses Manuals: Eigene Lösungen schaffen! Aufmerksamkeit und Achtsamkeit müssen nicht in irgendeine stereotype Form gepresst werden. Im Grunde genommen ist das Authentisch-Sein mehr eine Eigenschaft, die man nicht zu erlernen braucht. Ist die Eigenschaft indes nicht so ausgeprägt, ergibt die Sensibilisierung dafür durchaus Sinn. Das liegt vor allem an der Reichweite eines authentischen Verhaltens und an der negativen Auswirkung eines unnatürlichen Gebarens. Andere spüren in der Regel sehr schnell, wenn sich Vorgesetzte verstellen. Dies muss nicht unbedingt aus schlechter Absicht geschehen. Auch hier kann Unsicherheit hineinwirken, sodass vielleicht in einem affektierten Verhalten ein Weg gesucht wird, Befangenheit zu überspielen. Geschieht dies im Zusammenhang mit Richtungsvorgaben für ein Team, dann muss ein Vorhaben scheitern.

Es sollte grundsätzlich nicht so schwer sein, sich authentisch zu verhalten. Manchmal mag der Glaube an die Wirksamkeit von Echtheit fehlen, anders lässt sich nicht erklären, warum jemand auf das Künstliche vertraut, wenn das Echte, das Wesenseigene so nahe liegt. Wie sollen Mitarbeiter vertrauen können, wenn sie ihren Vorgesetzten nicht richtig kennen, sondern nur eine Fassade vorgehalten bekommen? Künstlichkeit kann kein Vertrauen herstellen. Dass Unsicherheit kaum überspielt werden kann, war erwähnt worden und sollte nach den bisherigen Ausführungen ernst genommen werden. Selbstsicherheit braucht kein Verstellen.

Kurz und knapp

... Vertrauen setzt Glaubwürdigkeit voraus, dem stehen Künstlichkeit im Verhalten und Verschlossenheit als Gegensätze gegenüber.

4.26 Werte – Wertevermittlung ernst meinen

Führungskräfte übernehmen in vielfacher Hinsicht die Rolle eines verbindenden Glieds. Sie verknüpfen die Prozesse im Arbeitsbereich und sie binden ihre Mitarbeiter zu einem Team zusammen. Sie haben darüber hinaus eine Schnittstellenfunktion, wenn die Vermittlung von Unternehmenswerten ansteht. Geschieht dies allein in der Art und Weise, dass die spezifischen Werte plakativ ausgegeben werden, dann fehlt die notwendige Authentizität. Wie sollen Kollegen Werte verinnerlichen, wenn die Führungskraft nicht deutlich Position bezieht in Anbetracht der propagierten Werte und wenn nicht dessen Handeln als werteorientiert empfunden wird? Wer etwa Rücksicht, Wertschätzung und Loyalität predigt, muss all dies im betrieblichen Alltag vorleben, ehrlich und glaubhaft. Mit Forderung oder Pathos wird sich der kritische Mitarbeiter nicht bewegen lassen. Der Vorgesetzte braucht demzufolge eine Rückmeldung, inwieweit sich eine Identifikation vollzogen hat oder Werte eventuell kritisch hinterfragt werden. Werte dürfen nicht als Werbebotschaften missverstanden werden, sie beeinflussen das Handeln, prägen Entscheidungen und bestimmen die Wahrnehmung des Unternehmens, von innen wie von außen.

Die Wertevermittlung selbst muss als etwas Wechselseitiges, etwas Reziprokes gestaltet sein, denn Werte sind nicht geschriebenes Manifest – sie sind genauso Ergebnis einer Interaktion mit den Mitarbeitern. Sie werden nicht nur als Orientierungspunkte vorgegeben, sie müssen in gleichem Maße gelebt werden. Ansonsten sind Werte nur etwas Statisches, etwas Hülsenhaftes, ohne Substanz und ohne Anbindung im Unternehmen. Werte und Kultur lassen sich nicht auseinanderdividieren. Sie haben nicht nur etwas Verbindendes, sondern gehören zusammen. Kultur vermittelt Werte und Werte machen die Kultur. Kultur fordert sogar Werte, damit Kultur ein Gesicht bekommt. Das Wichtigste daran ist die Lebendigkeit.

Kurz und knapp

... Werte sind stabile Größen im Handeln einer Unternehmung, da ist es angezeigt, entsprechende Botschaften bereitzuhalten und zu vermitteln, die die Mitarbeiter erreichen, so dass sie die Werte erkennen.

4.27 Rechte – Rechte wahren

Ein leitender resp. führender Mitarbeiter muss kein Arbeitsrechtsspezialist sein. Jedoch müssen Führende den rechtlichen Rahmen gewissermaßen im Auge behalten. Das wichtigste Hilfsmittel dabei sind die Fakten. Rechte spielen meist dann eine Rolle, wenn Konflikte entstanden sind. Dies darf nicht missverstanden werden, denn Rechte wirken selbstredend in gleichem Maße bei der Arbeitssicherheit, beim Schutz der Mitarbeiter und im Vertragswesen. Doch gerade in den Konfliktsituationen besteht die Gefahr, dass Emotionen den Blick verstellen und das Recht aus den Augen verloren wird. In solchen Situationen gilt es daher umso mehr, sich auf Fakten und Tatsachen zu konzentrieren und Behauptungen wie Vermutungen auszugrenzen. Ansonsten drohen nicht nur rechtliche Konsequenzen, sondern ebenfalls Störungen in den Abläufen. Doch es gibt nicht nur das Arbeitsrecht und all die anderen Gesetzesbücher. Menschenwürde und Moral beanspruchen in gleichem Maße Berücksichtigung. Wenn Vorgesetzte also Rechte wahren sollen, dann reicht dies bis zu einem menschenwürdigen Umgang. Das ist der Erwähnung wert, weil in asymmetrischen Beziehungen am Arbeitsplatz *Vorgesetzte* die eigene Position ab und zu nutzen, etwa andere Meinungen zu unterdrücken.

Das Rechtliche beginnt nicht erst bei der Kündigung. Zwischen Einstellungsvertrag und Ausscheiden eines Mitarbeiters werden ganz unterschiedliche Rechtsgebiete durchkreuzt. Ein paar rechtliche Orientierungspunkte auf diese Reise mitzunehmen, muss als selbstverständlich gelten. Für die Feinheiten sowie kniffligen Situationen ist entweder die Personal- oder Rechtsabteilung zuständig.

Kurz und knapp

... Führen will keine Gratwanderung zwischen Regattasieg und Schiffbruch sein, den rechtlichen Rahmen zu kennen, was geht und was nicht, hilft den Weg durch ruhige Gewässer zu finden.

4.28 Vorbild – Vorbild sein

Die einfache Forderung, Vorbild zu sein, führt vor Augen, wie die einzelnen Baukastenteile der Führung zusammenwirken. Das Wirkungsgeflecht, das sich bis zur Vorbildfunktion hinüberspannt, hat viele Bezugspunkte. Vorbild wird man nicht durch eine Rolle, die man spielt. Glaubwürdig wird man erst durch authentisches Verhalten und durch das Handeln. Darin zeigt sich wiederum die Souveränität, die ja aus der Selbstsicherheit, dem Selbstwert und dem Selbstbewusstsein gespeist ist. So wird Mitarbeitern die Sicherheit und zugleich die Orientierung vermittelt, die für deren Identifikation und am Ende für deren Engagement so wichtig ist.

Und erneut wird deutlich, dass es bei der Förderung von Führungsstärken und Kompetenzen nicht auf eine inhaltliche Abgrenzung oder eine differenzierte Vorgehensweise ankommt. Vielmehr leitet sich daraus ein übergreifendes Führungsmodell ab, dem Dynamik und Kybernetik immanent ist. Erst das Zusammenwirken verschiedener Führungsfaktoren komplettiert die Persönlichkeit einer Führungskraft. Doch wo soll der Vorgesetzte Vorbild sein? Aufrichtigkeit, Konfliktbewusstsein, Entscheidungsfreude, Respekt oder Achtsamkeit, das ist eine kleine Auswahl. Die Gelegenheiten, sozusagen Charakter und Format zu zeigen, sind mannigfaltig. Vielleicht ist es sinnvoll, hin und wieder die Werte der Zusammenarbeit im Team zu thematisieren und dann vorbildlich diese Werte mit Leben zu füllen. Dies kann ganz banal darin bestehen, dass in Diskussionen statt des unmittelbaren Widersprechens mit Respekt und Aufmerksamkeit das Zuhören vorgelebt wird.

Es ist weniger die Vielzahl von Beispielen, die einen lernen lässt, Vorbild zu sein, es ist vielmehr das Bewusstsein für die Vorbildfunktion, dass einen in vielen Situationen die Möglichkeit erkennen lässt, als Beispiel voranzugehen. Ein weiteres vorbildfähiges Merkmal einer Führungskraft besteht in der Zuverlässigkeit. Bereits im Hinblick auf die Kommunikation wurde herausgestellt, wie bedeutsam das Einhalten von Versprechen ist. Während dieses Führungsverhalten noch mehr deskriptive Anteile hat, weil es charakterliche Eigenschaften wiedergibt, gibt es zudem die Gelegenheit, mit Handeln Vorbild zu sein. Entscheidungen schnell sowie mit Freude zu treffen (Entscheidungsfreude) oder Mitarbeiter zu begeistern (Begeisterungsfähigkeit), sind von Handeln geprägt. So erzeugt dann das Nachahmen ein aktives Fortsetzen des Vorbildlichen.

Kurz und knapp

… Rattenfänger haben ausgedient, Vorbilder sind gefordert, damit sich Mitarbeiter bewegen.

4.29 Selbstbestimmung – Freiheiten schaffen und Selbstbestimmung zulassen

Im Spannungsfeld zwischen Vertrauen und Kontrolle entstehen ganz verschiedene Herausforderungen. Eine davon ist das Gewähren von Freiheiten, die nicht mit zugestandenen Sonderrechten zu verwechseln sind. Es ist vielmehr der Raum gemeint, der für die Selbstbestimmung und die Selbstorganisation geschaffen wird. Mit der Freiheit, Arbeitsplatz wie Aufgaben selbstbestimmt gestalten zu können und das betriebliche Lernen selbst zu organisieren, entsteht eine Selbstständigkeit, die positiven Einfluss auf die Unternehmensentwicklung nimmt, indem Energie für die Veränderungsdynamik freigesetzt wird. Durch das selbstbestimmte Handeln verspüren Mitarbeiter eine motivierende Autonomie, erkennen nicht zuletzt die Sinnhaftigkeit ihres Handelns.

Dass die persönliche Erfahrung von Freiheit und Selbstbestimmung einen weiteren Wirkungshorizont besitzt, drängt sich unverzüglich auf. Denn in einer derartigen Arbeitsumgebung fühlen sich Mitarbeiter wertgeschätzt, spüren das ihnen entgegengebrachte Vertrauen und sind bereit, Verantwortung zu übernehmen. Sie gewinnen an Zufriedenheit und identifizieren sich mit ihrer Arbeit. Mitarbeiter müssen nur auf diesen Weg hingeführt werden. Was jetzt als kinderleicht verstanden werden könnte, verlangt dagegen nach einem strukturierten Vorgehen. Selbstbestimmung bis zum selbst organisierten Lernen hat etwas Vorbildliches, das genutzt werden kann. Vorgesetzte können oder sollen Vorbilder sein, und das reicht dann bis zu der Art, wie Vorgesetzte sich selbst, ihre Arbeit und ihre Weiterentwicklung organisieren. Allerdings muss dieser Vorgesetzte dasselbe bei seinen Mitarbeitern zulassen, sogar bewusst wie gezielt fördern.

Kurz und knapp

... Fremdbestimmung behindert Kreativität, Selbstbestimmung nährt Kraft zur Veränderung und setzt Leistungsbereitschaft frei.

4.30 Zufriedenheit – Zufriedenheit stiften und Rückhalt geben

Zufriedenheit ist ein prägender Zustand hinsichtlich der Motivation. Motivation steht indes keinesfalls in einem monokausalen Beziehungsverhältnis zur Zufriedenheit, diese ist ja genauso Faktor wie die individualspezifischen Werte und Anreize, wie z. B. Selbstbestimmung oder Verantwortung. Der zufriedene Mitarbeiter ist noch lange kein Unternehmensziel, dieser Zustand ist das Ergebnis und das Produkt einer professionellen Führung. Kann sie ihre Wirkung entfalten, ist leicht eine Verbindungslinie herzustellen zur Qualität, besser zum Qualitätsbewusstsein. Dieses Bewusstsein ist etwas Individuelles und braucht deswegen diese persönlichen Bezüge. Ist die Qualität dann bewusst und sozusagen ein intrapersonales Moment, ist die Voraussetzung erfüllt, dieses Qualitätsbewusstsein von der Qualität der eigenen Leistung auszudehnen bis zur Produkt-/Dienstleistungsqualität der Unternehmenswertschöpfung und auf diese Weise bis in das Qualitätsmanagement einzubinden.

So unscharf der Begriff *Zufriedenheit* auch sein mag und so schwierig es auch ist, den Weg hin zur Zufriedenheit zu finden, so zentral ist es, sich damit auseinanderzusetzen – sowohl hinsichtlich der eigenen Zufriedenheit als auch in Bezug auf die Zufriedenheit von Mitarbeitern. Damit Zufriedenheit richtig verstanden wird, muss die Transzendenz des Begriffs einbezogen sein. Zufriedenheit ist nicht allein ein konkreter Zustand nach einer Befriedigung, z. B. irgendeines Bedürfnisses. Zufriedenheit umfasst neben den konkreten Bezügen ein losgelöstes Gefühl, das einen inneren Zustand der Ausgeglichenheit beschreibt und eine Art Glücksgefühl sein kann.

Kurz und knapp

... Zufriedenheit ist eine der großen Triebfedern im Motor der Motivation.

Sehr häufig wird von Führungskräften unterschätzt, wie wichtig der Rückhalt ist. Emotional gibt es kaum negativere Erfahrungen, als zu spüren, wie die Führungskraft einen notwendigen Rückhalt versagt. Der Bezug zur Zufriedenheit kann da nur mittelbar sein und wird nicht direkt wahrgenommen, es ist in diesem Falle die Unzufriedenheit, die das Zusammenspiel und die Motivation der Mitarbeiter beeinträchtigt.

4.31 Aufmerksamkeit – kleine Aufmerksamkeiten haben große Wirkung

Ganz generell gehören Respekt und Achtsamkeit zum vorbildlichen Verhalten. Dies zeigt wiederum, wie alles durchwoben ist und dass manches Thema im Rahmen von Führung an ganz verschiedenen Stellen und in unterschiedlichen Bezügen immer wieder auftaucht. Ob dann Wertschätzen ein Teil des Respektes gegenüber Mitarbeitern ist oder ein Instrument, die Motivation des Mitarbeiters zu begünstigen, muss unerheblich sein, denn Zuhören, Loben oder Rücksicht nehmen als Formen der Wertschätzung einen festen Platz im ganz normalen Führungsverhalten ein. Zu klären bliebe, was normal ist, da es dazu wieder einmal ganz unterschiedliche Auffassungen gibt. Mitarbeiter verdienen Aufmerksamkeit, das verleiht der Achtsamkeit als ein Führungsprinzip die gebotene Lebendigkeit. Welche Formen dies annimmt, bleibt unerheblich – die Wirkung zählt. Das wiederum sensibilisiert nochmals dafür, dass Führungskräfte ihre Mitarbeiter kennen müssen. Wer Vertrauen herstellen will, aus dem wiederum Motivation geschöpft werden kann, der muss Wertschätzung fühlbar machen. Je nachdem reicht es schon, sich ein wenig Zeit zu nehmen – Zeit, die nicht vergeudet ist. All das macht die Haltung, die die Mitarbeiter von ihren Leitenden erwarten. Daran können sie sich ein Vorbild nehmen.

Kurz und knapp

... trotz aller Turbulenzen des Tagesgeschäfts und trotz drängender Aufgaben darf all dies nicht dazu führen, es an Achtsamkeit den Mitarbeitern gegenüber mangeln zu lassen.

4.32 Unternehmerisches Denken und betriebswirtschaftliches Handeln

Dass leitende Mitarbeiter unternehmerisches Denken vorleben und betriebswirtschaftliches Handeln vorführen, steht außer Frage. Im Grunde genommen sind diese beiden Anforderungen zugleich Arbeitsmaximen im Rahmen der Führung. Doch dies muss in gleicher Weise in die Köpfe der Mitarbeiter. Das unternehmerische Denken findet sich in vielen Handlungen wieder, sei es bei der Optimierung oder sei es bei der Erzeugung von Dynamik. In ähnlicher Weise verhält es sich beim betriebswirtschaftlichen Handeln. Allein das Nachhalten und somit die Nachhaltigkeit bilden einen Kern der Wirtschaftlichkeit. Das wiederum steht in engem Zusammenhang mit Prüfung und Controlling, die deutliche Indikatoren für die Gewährleistung von Betriebswirtschaftlichkeit sind. Die Führungskraft muss sich mehr als bewusst sein, dass Wirtschaftlichkeit zu seinem Handeln und Denken gehören muss.

Das Mitdenken erfüllt eine der grundsätzlichen Anforderungen an die Führung. Wenn also die Wirtschaftlichkeit damit in Zusammenhang gebracht wird, dann liegen die Gründe dafür darin, dass es Situationen gibt, in denen der betriebswirtschaftliche Mehrwert verloren zu gehen droht oder der Blick über den Tellerrand fehlt. Dass die Betriebswirtschaftlichkeit des Handelns und die Zukunftsgestaltung zu den Führungsfunktionen gehören, wird nicht immer in dieser Deutlichkeit von Führungskräften eingefordert. Rückt die Wirtschaftlichkeit nur bei Budgetierungen ins Blickfeld von Führungskräften, dann handelt es sich um ein Missverständnis. Kosten und Nutzen sind durchgängig wie grundsätzlich Handlungskriterien.

Kurz und knapp

... Führungskräfte sind in ein betriebswirtschaftliches Mehrwertsystem eingebunden, das kontinuierlich das Abwägen von Aufwand und Nutzen einfordert.

Unternehmerisches Denken und betriebswirtschaftliches Handeln will mehr sein, als bloße Formel für Führungskräfte. In dieser Handlungsrichtlinie steckt eine klare Richtung, nämlich die hin zum Mehrwert. Dieser begründet, rechtfertigt, lenkt und treibt das Handeln voran.

4.33 Qualität – Image mittels Qualität sichern

Eine führende oder leitende Position geht über die Verantwortung für eine bestimmte Zahl von Mitarbeitern hinaus. Ob Wettbewerb in der Industrie oder im Dienstleistungsbereich, am Ende der Wertschöpfung steht ein Produkt, eine Dienstleistung, dessen Qualität in direktem Bezug zum Erfolg des Unternehmens steht. Bei Non-Profit-Unternehmen bestimmt die Qualität nicht minder den Erfolg, selbst wenn die Wertschöpfungskette andere Inhalte wie Gewichtungen aufweist. Qualitätskataloge, Prozessketten und Organisationsziele mögen unternehmensübergreifend vielleicht nur schwer zu vergleichen sein, Strukturen weichen stark ab, doch am Ende ist etwas entstanden, das hinsichtlich seiner Qualität bewertbar ist. Sobald Menschen bei diesen Prozessen mitwirken, bekommt jede Wertschöpfung ihren ganz eigenen Charakter, denn in der Prozesskette greifen nicht nur Rädchen ineinander, sondern Menschen ein. Sollen Mitarbeiter Qualität *leben*, dann müssen sie ein Konzept von Qualität haben und die Bedeutung dessen für die eigene Arbeitsleistung erkennen. Starre Vorschriften oder bis ins kleinste Detail präzisierte Prozesse geben den Glauben an Standardisierung wie Systematisierung wieder, ein Qualitätsbewusstsein bei Mitarbeitern kann auf diesem Wege aber nicht erreicht werden. Bewusstheit mag nicht zwingend einen direkten Zusammenhang zum Verstehen aufweisen, doch auf welchem Wege soll sonst ein bewusstes Handeln im Sinne von Qualität erreicht werden? Dezidierte Prozessbeschreibungen nehmen keine Rücksicht auf das Verstehen. Mitarbeiter wollen oft wissen, was sie tun und was ihr Beitrag am Erfolg ist.

Es ist klar, dass neben der Qualitätssicherung und dem standardisierten Qualitätsmanagement noch über die Führung sicherzustellen ist, dass Mitarbeiter Qualitätsbewusstsein entwickeln. Schaffen es die Mitarbeiter, sich mit ihrer Tätigkeit zu identifizieren, entdecken für sich eine Sinnhaftigkeit ihres Tuns und sehen sich integriert als ein wesentlicher Bestandteil eines Unternehmens, kann eher erwartet werden, dass sie sich an der Unternehmensentwicklung beteiligen. Sie werden höchstwahrscheinlich eher Optimierungspotenziale erkennen, Verbesserungsvorschläge entwickeln und Zukunft mitgestalten helfen.

Kurz und knapp

... statt in der eigenen Arbeitswelt zu verharren, dürfen Teams die Abnehmer von Produkten oder Dienstleistungen nicht vergessen – sie sichern immerhin und letztgültig den Arbeitsplatz.

4.34 Nachhaltigkeit – konstruktiv nachverfolgen

Nachhaltigkeit und Controlling werden an dieser Stelle einem anders gelagerten Aspekt unterworfen, deshalb sollte dieses Wiederaufgreifen nicht als Redundanz verstanden werden. Im kybernetischen Raum der Führung ist alles irgendwie miteinander verknüpft oder bedingt sich geradezu. Ob es sich nun um Wechselwirkungen oder einfachen, unilateralen Wirkungsverhältnisse handelt, hat wenig Bedeutung, wenn allein für die Zusammenhänge sensibilisiert wird. Das Nachhaken von Aufgaben oder das Nachverfolgen von Projekten, nachdem diese abgeschlossen wurden, zeugt nicht nur von Ernsthaftigkeit. Sowohl das Nachhaken als auch die Ernsthaftigkeit zeigen, dass Ziele verfolgt und erreicht werden, dass Strategie und Zukunftsplanung nicht nur Deklarationen sind, dass systematisch gehandelt wird und nicht das Reden alles beherrscht. Am Tun knüpft sich nicht zuletzt die Sinnhaftigkeit der eigenen Tätigkeit an. Der Schritt zur Identifikation vollzieht sich geradezu unmerklich. Mitarbeiter erkennen darin genauso die Professionalität und die Souveränität ihrer Vorgesetzten.

Das Umsetzen der Nachhaltigkeit ist weder Hexen- noch Kunstwerk. Bewusstsein und Wollen stechen dabei als treibende Kräfte hervor. Damit schließt sich einer der vielen Kreise: Handeln bringt Bewegung, Veränderung fördert die Weiterentwicklung, das Tun erfährt Sinnhaftigkeit, wodurch Identifikation möglich wird. Das allein will nicht die gesamte Kybernetik abbilden, macht es dennoch und nochmals deutlich, wie viele Zusammenhänge bestehen. Führungskräfte wollen mehr als Automaten sein. Gestalten und Verändern zählen auch zu den Aufgaben – das Nachhalten will eine logische Konsequenz sein. Ohne ein gewisses Maß an Kontrolle, eine umsichtige Überprüfung des eigenen Handelns und ohne das Verfolgen von Nachwirkungen des eigenen Handelns kann Führen nicht nachhaltig sein.

Verantwortlichkeit, Weitsicht, Angemessenheit und Controlling laufen u. a. im Begriff *Mehrwert* zusammen. Das Controlling laufender Aufgaben wie Projekte findet meist mit vorgegebenen Kennzahlen statt. Unscharfe Bedingungen sind dagegen in der Bewertung kniffliger. Solche Situationen können sich bei Investitionen ergeben. Was in jedem Fall ein Fixpunkt sein muss, das ist der Mehrwert. Alles Zahlenwerk, seien es Statistiken oder Kalkulationen, sind zuvorderst allein Berechnungen. Doch der wichtigste Bezugspunkt fürs Unternehmen ist der Mehrwert. Aufwand und Nutzen müssen in Relation gesetzt werden, weil nur so der entscheidungskritische Mehrwert Transparenz erfährt. Vorsicht ist dann trotz der Relation geboten, weil ein verbalisierter Mehrwert durchaus an der tatsächlichen Werthaftigkeit vorbeizielen kann. Selbst die

Zuordnung von Kennzahlen muss, wie bereits erwähnt, genau auf die Aussagegültigkeit geprüft sein. Objektivität und Validität bilden die unabdingbaren Grundfesten in der Messbarkeit, was dementsprechend für die Erfolgs- und Mehrwertbestimmung im selben Maße zutrifft.

Exemplarisch dafür ist folgendes Szenario konstruiert: Investitionsplanung zur Ausweitung der Präsenz in sozialen Medien. Erstes Argument lautet »Wir werden besser wahrgenommen«. Doch wie wird festgestellt, was das Unternehmen tatsächlich davon hat? Dazu müssen wesentliche Eckwerte isoliert und obligatorisch geprüft werden. Die Prüfung der Aussagekraft von Statistiken gehört dazu. Die Konsequenz sind dann eigene bedarfskonforme Modelle. Dazu wird Erfahrung vonnöten sein und deswegen kann nicht früh genug damit begonnen werden, den Blick für objektivierte wie zuverlässige Kennzahlen zu entwickeln. Nachhaltigkeit als ein modularisiertes System reicht von den herkömmlichen *To-do*-Listen bis zur eigenen Modellierung der Quantifizierung.

Kurz und knapp

... jede Maßnahme, jede Umsetzung, jedes Ziel erhält seinen Wert erst dadurch, dass die Nachhaltigkeit nicht aus den Augen verloren wird.

4.35 Vorausschauen – auf dem Tellerrand tanzen und Visionen entwerfen

Außerhalb des operativen Führungsgeschäfts ist das Vorausschauen eine der wichtigen Schlüsselkompetenzen von Führenden. Die Nähe zur kritischen Distanz ist durchaus nicht zufällig, in gewisser Weise ist beides eng verknüpft. Die Führungskraft muss die Fähigkeit besitzen, bei einem Problem oder bei einer vermeintlichen Tatsache herauszutreten und sich das Ganze von außen anzuschauen. Nicht viel anders gestaltet sich das beim Blick über den Tellerrand. Dinge infrage zu stellen oder aus einem anderen Blickwinkel zu betrachten – auf diesem Wege werden wertvolle Impulse für Veränderungen und damit für den Wandel gewonnen. Das kann sogar den Charakter einer Vision haben, das wiederum heißt, dass das Vorausschauen bis in die Zukunft reichen kann und so Strategiequalität hat.

Handeln hat eine Wirkung, daher sollte das eigene Tun nicht losgelöst gesehen werden. Unter diesem Aspekt will Vorausschauen mehr sein als eine Betrachtung der Zukunft – es sind die direkten Auswirkungen, die es verdienen, im Auge behalten zu werden. Sicherlich hat dies etwas Kybernetisches, doch Modellierung steht an dieser Stelle nicht im Vordergrund. Das Vorausschauen, das auf unmittelbare Konsequenzen des Handelns konzentriert sein soll, gibt eine Kompetenz wieder, die in einem engen Bezug zur Übersicht steht. Aufträge zum Handeln oder zum Abarbeiten dürfen nicht stur erledigt oder weitergegeben werden. Die Führungskraft muss die Fähigkeit und das Bewusstsein haben, zu schauen, wie weit das Handeln wirkt, wo es hineinwirkt, wen es einbezieht und was es bewirkt. Diese Bewusstheit verschafft Überblick, gibt dem Handeln Sinnhaftigkeit und schafft die Voraussetzung dafür, Veränderungsmöglichkeiten zu erkennen. Vorausschauen ist somit ein Heraustreten und ein Weiterdenken. Es soll den Blick schärfen und Souveränität mitformen. Es mag nicht allen gegeben sein, kritisch und vorausschauend zu agieren, als Führungskraft sollte man sich dann das Hinterfragen angewöhnen, um auf diesem Wege vorauszuschauen und mitzugestalten. Es gibt dazu keine Muster, nur Gelegenheiten zum Innehalten, Hinschauen und Vorausschauen, die es zu nutzen gilt. Dazu kommt das Bewusstsein, dass dieses Vorausschauen zu den Führungsqualitäten gehört. Nach vorn blicken, das hat etwas von einer vorweggenommenen Erfahrung, und Erfahrungen sind das Salz der Weiterentwicklung und des Wandels. Der Schritt, in die Zukunft zu schauen, ist ein kleiner, Visionen sind dann die Konsequenz des Weiterdenkens.

Kurz und knapp

... Entwicklungen zu antizipieren und Veränderungen vorauszudenken, das gehört auch zum operativen Handeln von Führungskräften.

4.36 Ideen – Mitarbeiter ernst nehmen

Dynamisieren reicht als Vorgabe der Unternehmensentwicklung bis in die Teams, denn die Mitarbeiter sind Energie- wie Ideenlieferanten. Die Konsequenz besteht darin, dass die Führenden in ihren Teams außer die Kooperation und den Wissenstransfer noch das Ideenmanagement fördern. *Change* wird bislang meist von außen oder von oben gesteuert. Doch das schließt die wohl größte Ressource für Innovation aus: die Mitarbeiter. Was spricht dagegen, Mitarbeiter zu *Change Agents* zu machen? Warum nicht deren *Know-how* und Erfahrungen aus dem Tagesgeschäft nutzen? Dazu müssen neue Strukturen geschaffen werden, die Mitarbeiter und deren Ideen ins *Change Management* stärker einzubinden (siehe weiter unten zur Bedeutung von *Change Agents* im Abschnitt 5.37).[7]

Eine der wichtigsten Botschaften für die Zukunft besteht darin, in Bewegung zu bleiben. Es leuchtet ein, dass wenn nur die Führungskraft Dynamik erzeugt und verbreitet, die Wirkung eingeschränkt bleibt. Erzeugung von Dynamik wird am wirkungsvollsten sein, wenn die Dynamik von allen im Team zusammengefügt wird. Die gemeinsame Erzeugung von Dynamik muss von allen als Zukunftsgarantie verstanden werden. Wer ein dynamisches Umfeld im Unternehmen schaffen will, muss Mitarbeiter und deren Ideen einbeziehen. Ideen für Veränderungen entstehen selten am Reißbrett und meist auch nicht auf Zuruf. Will man Ideenreichtum und Schaffenskraft von Mitarbeitern nutzen, muss genau auf die Mitarbeiter geschaut und deren Ideenproduktion genutzt werden.

7 Zur besonderen Rolle der Mitarbeiter als Change Agents siehe dazu Werner Bünnagel (2021): Mitarbeiter als Change Agents. Dynamik im Unternehmen neu denken, Strategie und Führung neu ausrichten, Berlin/Heidelberg: Springer Gabler.

Kurz und knapp

…. Ideen entstehen nicht am Reißbrett, wer die Ideen von Mitarbeitern einbeziehen will, der muss ihnen die Gelegenheit geben, ihre Ideen einzubringen.

4.37 Verändern – Veränderungen stets vor Augen, Wandel fortlaufend gestalten

Reorganisation ist Veränderung und Chance zugleich. Veränderung und damit Wandel sind notwendige Entwicklungsmomente im Unternehmen. *Change* ist mittlerweile mehr Alltag als Besonderheit, trotzdem müssen Veränderungen bei jedem Mitarbeiter ankommen. Erst wenn der Wandel und die Wandlungskultur in allen Köpfen ist, setzt sich die Veränderungsdynamik fort. Die Herausforderung besteht dementsprechend darin, die Mitarbeiter bei den Veränderungsprozessen zu erreichen und sie für die gemeinsame Gestaltung der Zukunft zu begeistern. Die Theorie zum *Change Management* bietet allerdings meist nur Beschreibendes, daher ist an die Führungskräfte die Anforderung gestellt, auf der Basis eines beschreibenden Reorganisationsplans selbst Aktionspläne für den eigenen Bereich und nach den eigenen Rahmenbedingungen zu erstellen. Der Austausch von Erfahrungen und die Sammlung von Impulsen ist dabei ein hinreichendes Werkzeug, die eigenen Aktionspläne zu bereichern.

Das Weiterdenken kann anfänglich über eine persönliche Szenario-Technik geschehen, später dann mit den Erfahrungswerten der erlebten Führung. Diese Erfahrungen zeigen auf, welche Räder sich im Räderwerk wie drehen. Im Nachgang zu diesen Erfahrungen lässt sich der Wirkungsbereich von Entscheidungen oder Handlungen sicherer vorhersagen und Szenarien zu möglichen Entwicklungen zeichnen. Das Vorausschauen muss hin und wieder über den eigenen Arbeitsbereich hinausreichen, weil Veränderungen außerhalb nicht minderen Einfluss auf die Unternehmensentwicklung haben. Die Digitalisierung steht beispielhaft hierfür: Sie führt vor, mit welcher Wucht manchmal Veränderungen Kometen von außen im Betriebsalltag einschlagen.

Kurz und knapp

… Führungskräfte sowie Mitarbeiter sind im Grunde genommen die zentralen Change Agents im Change Management.

4.38 Umgestalten – vom Wandel zur Reorganisation übergehen

Reorganisation ist Veränderung und Chance zugleich. Veränderung und damit Wandel sind notwendige Entwicklungsmomente im Unternehmen. *Change* muss allerdings in den Köpfen der Mitarbeiter ankommen. *Veränderung/Change – Dynamik – Qualifizierung – Mitarbeiter/Motivation* bilden dabei nur scheinbar eine Quadratur, eine runde Sache kann dennoch daraus werden. Eine Annäherung an die Zukunft erfolgt währenddessen wieder über Fragen, die sich unmittelbar stellen:

- Was hat ein Unternehmen bei der Reorganisation zu bieten?
- Wie lässt sich der Mehrwert für Mitarbeiter vermitteln?
- Welche Anforderungen werden bei der Flexibilisierung mit den angebotenen Tätigkeitsfeldern an die Mitarbeiter gestellt?
- Wie stabil und sicher ist das Neue?
- ...

Daraus folgen weitere Fragen:

- Wie sieht ein *Profiling* aus, das aussagekräftige Antworten auf Stärken und Schwächen gibt, das aber genauso Entwicklungsmöglichkeiten und Qualifizierungswege für Mitarbeiter aufzeigt?
- Welche Angebote werden bereitgehalten?
- Wie sieht die Wirklichkeit vor Ort aus?
- Welche Problemstellungen/Herausforderungen sind noch nicht erfasst?
- ...

Den Fokus auf die Mitarbeiter und die Veränderungsbereitschaft gerichtet, müssen die vorangegangenen Fragen ergänzt werden:

- Welche Qualifizierungsangebote stehen zur Verfügung?
- Welche Anreize können gegeben werden?
- Inwieweit können die Anreize Motivation bei den Mitarbeitern freisetzen?
- Welcher Bedarf an Unterstützung zur Flexibilisierung ist nicht erfasst?
- Wie sehen Konfliktbrecher und Frustrationsvernichter aus?
- ...

Das IST findet seine Fortsetzung darin, dass weitergedacht wird und für den Wandel Impulse gesammelt werden. Der Blick wird dabei auf die Flexibilisierung von Mitarbeitern (z. B. durch Qualifizierung) gerichtet. Die entsprechenden Fragen, die sich hierzu stellen, lauten:

- Wie sieht eine allgemeine Veränderungsstruktur aus, die Mitarbeiter an neue Aufgaben heranführt?
- Was sind die Kernelemente dieses Veränderungsprozesses?
- Wie nimmt der Mitarbeiter die Veränderung auf und wie kann er in Bewegung gebracht werden?
- Was sind Erfolgsfaktoren dieses Veränderungsprozesses und wie entsteht Motivation beim Mitarbeiter für Veränderung und für Qualifizierung?
- Welche Möglichkeiten und Mittel stehen zur Verfügung, damit all das kein Wunschkonzert wird?
- Wie sieht die Partitur aus, damit Harmonie ins Konzert kommt?
- ...

Es ergibt genauso Sinn, sich Fragen zu stellen, wie die Reorganisation bei den Mitarbeitern ankommt und wie am besten mit der Reaktion umzugehen ist:

- Wen betrifft es und was steht zur Verfügung?
- Wie schaffen wir Transparenz über das vorgegebene Kommunikationssystem hinaus?
- Wo entsteht Frust?
- Wie entsteht Misstrauen?
- Was wissen wir über die Bereitschaft?
- Wo verhindern Ängste die Veränderungsbereitschaft?
- Wie können wir Ängste abbauen?

Eines geht deutlich aus all dem hervor, dass nämlich ein Umgestalten nicht einfach als ein *Top-down*-Prozess verstanden werden darf. Konfliktpotenziale müssen vorausgedacht und Missverständnisse ausgeschlossen werden. Letzteres kann dadurch bewerkstelligt werden, dass Führungskräfte Botschaften ausbringen, die die Mitarbeiter verstehen. Chancen und Perspektiven stehen dabei an erster Stelle. Auf der anderen Seite schult der Umgang mit Konflikten und fördert darüber die Kompetenz als Konfliktbrecher. Reorganisation muss weder Drama noch Teufelswerk noch Bedrohung sein, sie entsteht in der Regel aus einer Notwendigkeit und dient der Unternehmenssicherung – so schafft Reorganisation Perspektive und letztlich Zukunft.

Kurz und knapp

... mit allen zusammen umgestalten, reorganisieren als Verantwortung im Tagesgeschäft und in Bewegung bleiben.

4.39 Dynamik – am Ende Dynamik entstehen lassen

In streng hierarchischen Organisationen wird die Beweglichkeit, sei sie geistiger Natur oder äußert sich in Innovationskraft und Interesse an Veränderungen, möglicherweise kritisch beäugt, wenn nicht sogar unterdrückt. Ein modernes Personalkonzept negiert nicht eine hierarchische Ordnung, es fordert hingegen einen offenen Umgang mit Kreativität, Schaffenskraft, Initiative und Einsatzfreude der Mitarbeiter. Der Weg dahin lässt sich nicht verordnen. Er muss gegebenenfalls mühsam erarbeitet werden, falls die Amtsinhaber im Unternehmen sich gegen Neuerungen, den Verlust der Vorherrschaft oder den Verfall von Obrigkeitsdenken wehren, falls die vorhandenen Strukturen stark verkrustet sind und ein Aufbrechen enorm viel Kraft erfordert. Damit Dynamik wirken und Wachstum entstehen kann, müssen Führungskräfte dafür sorgen, dass Rahmenbedingungen geschaffen und berücksichtigt werden. Aktiv gestalten kann die Führungskraft damit, dass sie für Kollektivität und Solidarität sorgt. Darin ist die Veränderungskraft eines Teams begründet. Weitere Aspekte von Dynamik und Wachstum werden dadurch belebt, dass die Vernetzung aus der Kollektivität hervorgeht oder der Wissenstransfer aus Solidarität erfolgt. Daraus erwachsen Impulse für Optimierungen. Prozessoptimierungen und verbesserte Workflows sorgen in der Fortsetzung für Wandel und Wachstum, die in dasselbe Netzwerk zurückwirken (siehe Abb. 21). All das erzeugt u. a. Stärke, Modernität und Entwicklungsdynamik, die wieder in dieses spezifische kybernetische System einfließen.

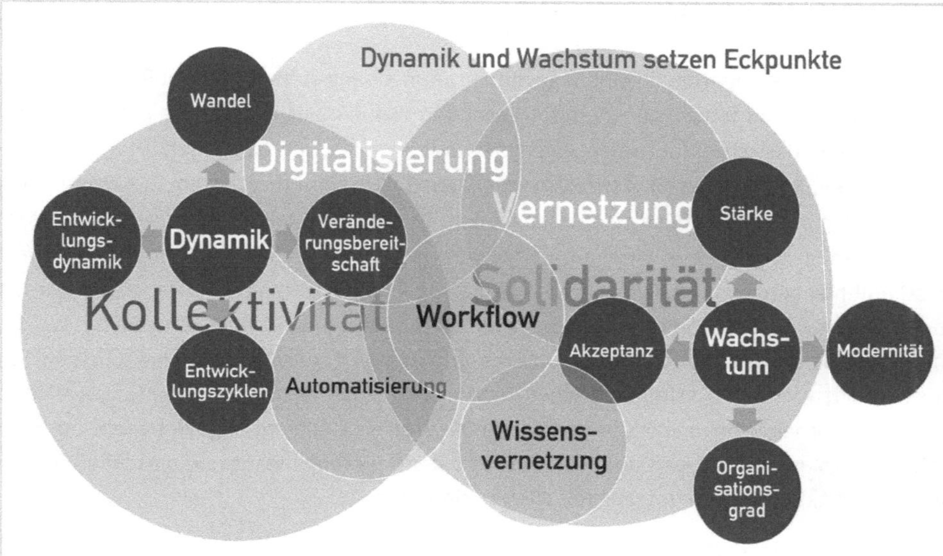

Abb. 21: Dynamik und Wachstum setzen Eckpunkte

Das Kollaborative steht beispielhaft für die zentralen Momente in der Dynamik einer Unternehmung. Kollektivität und Solidarität wirken bis in die Reorganisation. Stellen Reorganisationen als eine Form des Wandels in gewisser Weise eine Art Tagesgeschäft dar und soll die unternehmenseigene Dynamik genutzt werden, um Veränderungen sowohl in Gang zu bringen als auch zu beschleunigen, dann liegen Standardisierungen nahe. Beide Betriebsparteien müssen eine fortlaufende Reorganisation als unternehmensspezifische Realität wahrnehmen und die Sinnhaftigkeit der Standardisierung von Veränderungsprozessen erkennen. Wandel ist insofern die Existenzgrundlage von Unternehmen. Im modernen *Change Management*[8] entsteht Dynamik von innen heraus, was wiederum mit Lernen, Wissenstransfer und Kooperation eng verknüpft ist.

Dynamik erzeugt Bewegung, Bewegung erzeugt Dynamik. Kollektivität wie Solidarität erzeugen Dynamik von innen heraus und Dynamik von außen erfordert Kooperieren. Die Quellen für Bewegung können somit sehr unterschiedlicher Natur sein. Automatisierung, Wissensvernetzung, Vernetzung im Allgemeinen oder Digitalisierung übernehmen insofern die Funktion als Stellschrauben, dass sie die Intensität der Dynamik bestimmen. Die Dynamik tritt darüber in Wechselwirkung mit dem Wachstum. Am Ende entsteht Bewegung in Richtung Zukunft. Allerdings muss dafür Dynamik im Zielhorizont fixiert sein.

8 Siehe auch Werner Bünnagel (2021): Mitarbeiter als Change Agents. Dynamik im Unternehmen neu denken, Strategie und Führung neu ausrichten, Berlin/Heidelberg: Springer Gabler, Kap. 2, »Modernes Change Management«, S. 7–15.

Kurz und knapp

... Dynamik ist Bewegung und Bewegung braucht Raum – starre Strukturen fesseln.

4.40 Wissen – proaktiv Wissen anwenden

Da Lernen und Veränderung in einem engen Zusammenhang stehen, steht außer Frage, dass die Anwendung von Wissen zu einem fortgesetzten Wandel beiträgt. Für die Führungskräfte bedeutet dies, dass sie dafür sorgen, eigenes Wissen zu teilen, und dass Mitarbeiter die Bereitschaft zeigen, ihr Wissen an andere weiterzugeben. Sofort kommt in diesem Zusammenhang der Gedanke auf zum Einfluss der Wissenshoheit. Es darf nicht leichtfertig davon ausgegangen werden, dass jeder sein Wissen bereitwillig einsetzt oder freiwillig weitergibt. Mehrwert bestimmt hier genauso wie beim wirtschaftlichen Abwägen das Handeln. Die meisten werden hinterfragen, was sie davon haben, wenn sie ihr Wissen weitergeben. Alles rund um das Wissen im Unternehmen ist essenziell für die Unternehmenszukunft, deshalb zählt das Managen von Wissen zu den zentralen, erfolgskritischen Führungsaufgaben von Führungskräften. Den Mehrwert für Mitarbeiter beim Transfer von Wissen müssen sie dabei im Auge behalten. Operativ geht dieses Management weit über eine simple Datensicherung hinaus und umschließt unterschiedliche Aktivitäten im Umgang mit Wissen (siehe Abb. 22).

Abb. 22: Wissen managen

Wissenstransfer hat viele Formen, neben der informellen Weitergabe im Team kann Wissen in formalisierten Unterweisungen vermittelt, in Dokumentationen aufbewahrt oder von Älteren zu Jüngeren weitergegeben werden. Diejenigen, die Wissen besitzen, müssen zum einen animiert werden, ihr Wissen weiterzugeben, zum anderen müssen sie überhaupt bereit sein, ihr Wissen einzusetzen. Der Transfer von Wissen ist dabei nicht auf Arbeitsbereiche beschränkt, er kann genauso gut interdisziplinär stattfinden. Wissen ist heutzutage Wettbewerbsfaktor, das nötige Bewusstsein dafür macht eine moderne Wissenswirtschaft im Unternehmen unausweichlich.[9] Sie schließt auch ein, Wissen richtig zu bewerten, denn nicht jedes Wissen hat zwangsläufig einen Mehrwert fürs Unternehmen. Es muss genau hingeschaut werden, welches Wissen essenziell und welches Wissen unbedingt zu sichern ist.

Zum produktiven Wissensmanagement zählen in jedem Fall all die Modelle und Maßnahmen, die den Wissenstransfer zwischen Alt und Jung, zwischen erfahrenen und neuen Mitarbeitern organisieren und die für eine lebendige Wissensvernetzung sorgen. Sie gewährleisten, dass kein Wissen im Unternehmen verloren geht und dass wichtiges, prozesskritisches Wissen transferiert wird. Wissen muss als Dynamikfaktor einen festen Platz in der Strategie haben und sich bei Führungskräften als ein Richtwert ihres Handelns etablieren. Wie und inwieweit sie daraus ein operatives Wissensmanagement machen, hängt von der Situation und dem persönlichen Erfahrungshorizont zum Wissensmanagement ab. Dass das Managen von Wissen nicht beiläufig betrieben werden kann, zeigt die Annäherung daran, Wissen im Unternehmen in einer Relation mit den Koordinaten *digitale Transformation* und *Kommunikation* zu setzen. Wissen schafft Zukunft, wenn Wissen verfügbar ist und wenn Wissen transferiert wird (siehe Abb. 23). Wissen in den Koordinaten von Transformation und Digitalisierung rückt die unterschiedlichen Aspekte und Ausformungen nach vorn, die Wissen haben kann.

Abb. 23: Wissen in der Aufwand-Nutzen-Mehrwert-Relation

9 Siehe Werner Bünnagel (2010): Handbuch zur Einführung einer modernen Wissenswirtschaft. Das Unternehmenswissen im Visier, München/Mering: Hampp.

Im Alltag des Führens geschieht Wissenstransfer und Wissensmanagement meist informell und nicht selten intuitiv. Das darf nicht daran hindern, für sich ein klares Konzept zur Nutzung und Sicherung von Wissen zu entwickeln und ein paar Richtlinien zum Umgang mit Wissen bereitzuhalten.

Kurz und knapp

... Wissen macht stark, mehr Wissen macht stärker.

4.41 Kybernetik – Kybernetik lesen

Kybernetik ist kein Zauberwort in der Organisation der Führung. Die meisten Wirkungslinien innerhalb des Teams sind offenkundig und so ist allein gefordert, sich die Mühe zu machen sowie die Zeit zu nehmen, den Wirkungshorizont des eigenen Handelns immer wieder bewusst zu machen. Wissenswandel und sich ständig verändernde Anforderungsstrukturen erfordern mittlerweile mehrschichtige Wissensmanagement-Modelle. Wissen muss mehr als dynamisches Kontinuum und von seiner Vernetzung her betrachtet werden. Es ist nicht mehr das Wissen des Einzelnen, das zählt. Es ist das Geflecht, das Bewegung transportiert und auf diese Weise neue Bewegung erzeugt. Das Ineinandergreifen erweitert Netze. Die bereichsinternen Beziehungsgeflechte haben ähnlich wie die Sichten-Modelle verschiedene Ebenen. Die Formalste davon ist die Organisationsstruktur, die im Normalfall von Hierarchien geprägt sein dürfte. Ein weiteres Beziehungsgeflecht entsteht aus den Führungsfunktionen – sie wirken wie Stellschrauben im gesamten Führungssystem (siehe Abb. 24). Je nach Ausprägung wirken einzelne Stellschrauben auf die anderen.

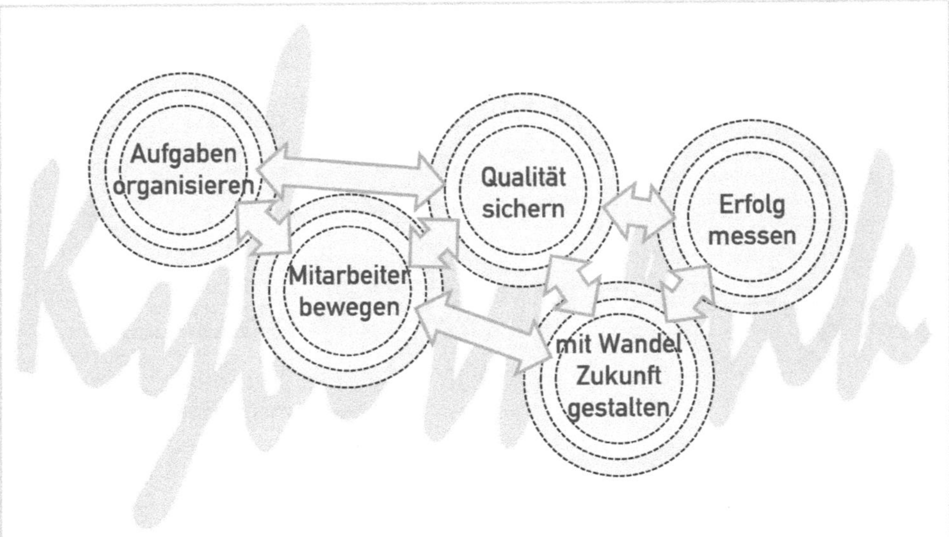

Abb. 24: Führungsfunktionen als Stellschrauben

Dabei steht nicht ein starres Wirkungsgefüge im Vordergrund, vielmehr will die Systematik aufzeigen, dass einzelne Führungsfunktionen unterschiedlich stark ausgeprägt sein können, daher in unterschiedlicher Stärke auf andere Funktionen einwirken. Die Wirkung kann hemmend sein auf die benachbarten Merkmale, sie kann aber gleichsam aktivierend sein. Aus diesem Grunde können anhand einer derartigen Modellierung keine Vorhersagen getroffen werden. Sie will zunächst nur beschreiben und erklären, damit Wirkungen wie Reaktionen besser verstanden werden können. Der jeweilige unterschiedliche Grad der Ausprägung der unterschiedlichen Funktionen macht zudem die Individualität aus, je nachdem wie beispielsweise Aufgaben organisiert sind. Sind sie z. B. klar und transparent formuliert und beinhalten Mehrwerte für die Mitarbeiter, wirkt das wahrscheinlich stark ein auf die Leistungsbereitschaft. Nimmt damit beispielsweise die Bereitschaft zu, Ideen zu entwickeln, wird in einem gewissen Maße Wandel angestoßen, je nachdem in welchem Umfang Ideen eingebracht werden.

Die Wirkung auf benachbarte Faktoren ist demnach nicht konstant, sie variiert und ist unberechenbar, weil es keine festen Stellgrößen gibt. Mal wirkt ein Faktor, also eine Fähigkeit allgemein oder eine spezifische Kompetenz stärker auf eine benachbarte Führungsfähigkeit ein, mal etwas schwächer. Davon hängt dann ab, wie stark der benachbarte Führungsfaktor zur Geltung kommt. Zwar entsteht so eine Wechselwirkung, aber diese ist nicht streng physikalisch, denn der Einfluss eines Führungsfaktors auf den anderen sowie die Intensität der Reaktion lassen sich nicht genau bestimmen. Sie variieren, was die Vermutung nahelegt, dass bei einer Wechselbeziehung von zwei Führungsfaktoren immer noch andere Faktoren den Umfang der Wirkung mitbestimmen.

Systemisches und Kybernetik

Systematik der Führung ganz unter dem Aspekt des Systemischen zu betrachten, ist ein Erfolgsprinzip. Darin spiegeln sich das Bewusstsein sowie der Blickwinkel wider, dass Führung immer systemische Momente hat. Diese ordnende Kraft ist jedoch keine Prozessbeschreibung, vielmehr wirken Einflussfaktoren in der Weise zusammen, dass sie ähnlich der Kybernetik durch die Veränderung von Parametern ganz unterschiedliche Situationsbilder erzeugen können. Systemisches und Führung bedingen sich im Führungsprozess gegenseitig, sind aber nicht ausschließliche Wirkungsfaktoren. Das kybernetische Modell ist mehr die Chance, eine Faktorenkomplexion realitätsnah abzubilden. Die wichtigste Erkenntnis ist dabei, dass das eigene Handeln als Führungskraft nicht einfach und nicht allein eine Reaktion umfasst, dieses Handeln hat eine weitverzweigte Wirkung, dessen man sich zumindest bewusst sein sollte.

Gehen Führungskräfte rücksichtsvoll mit dem anvertrauten Personal um, dann offenbart dies gleichfalls Achtsamkeit, die Bestandteil einer mitarbeiterorientierten Unternehmenskultur sein kann. Zudem kann dies die Bereitschaft der Mitarbeiter fördern, sich einzulassen und sich mit Tätigkeit wie Unternehmen zu identifizieren. Identifikation kann wiederum ein hinreichender Anreiz für die Motivation sein. Situationen dynamisieren dieses funktionale Modell, sodass die Ausprägung einzelner Merkmale je nach situativem Bedarf variiert. Ein Ergebnis ist die Individualität der Führung, deshalb kann es keine Idealisierung oder einen Idealtypus der Führung geben, allein einzelne Werte, einzelne Orientierungspunkte und einige spezifische Anforderungen ergeben ein unscharfes Gesamtbild. Die Führungskraft bedient im Entwurf einer Kybernetik die Stellschrauben und prägt so das Erscheinungsbild und die Wahrnehmung von Führung.

Kurz und knapp

... und sie bewegt sich doch, die Führung.

4.42 Zusammenhalt – Mitstreiter finden und Ausgrenzungen verhindern

Teamgeist kann ein diffuses Gebilde bleiben, wenn es eher auf Zufall beruht. Genauso gut kann der Zusammenhalt bewusst gesteuert werden. Einen Weg stellen die allgemeinen Maßnahmen zur Teambildung dar. Eine weitere Möglichkeit ergibt sich dann, wenn es gelingt, sozusagen Gleichgesinnte zu identifizieren und sie als Mitstreiter zu gewinnen. Der interne Verteilungskampf ist leider keine Seltenheit und immer wieder anzutreffen. Dies erschwert die Aufgabe, Zusammenhalt herzustellen. Etwas verallgemeinernd formuliert: Wenn alle sich um ihre Aufgaben und Arbeiten kümmern und sich dort engagieren, ist sehr viel fürs Unternehmen gewonnen. Führungskräfte sind hierbei besonders gefordert, vor allem in der Hinsicht, dass Unruhe Zusammenhalt behindert. Verselbstständigt sich diese Unruhe, kann sie zur Gefahrenquelle werden. Die öffentlichen, meist in kleinen Lobbyrunden diskutierten Unzulänglichkeiten anderer dienen weniger konstruktiven Lösungen. Sie offenbaren eher Unsicherheit oder Furcht, selbst in den Fokus zu geraten. Das treibt einige an, sich in den Tätigkeitsbereich von anderen einzumischen. Wenn jemand tatsächlich etwas besser weiß, dann ist es unbestritten angeraten, dass diesem die Verantwortlichkeit für die Lösung zugesprochen wird. Es ist jedoch genauestens darauf zu achten, dass nicht allein mit irgendwelchen fadenscheinigen Argumenten eine Treibjagd eröffnet wird. Das ist in jedem Fall der Punkt, wo sich die souveräne Führungskraft aus der Eskalation verabschiedet und dafür sorgt, dass alles wieder in die Bahn eines konstruktiven Zusammenseins geführt wird.

Kurz und knapp

... das beste Mittel gegen das Reden über andere ist Offenheit gepaart mit Unmittelbarkeit, also Gerede unterbinden und unmittelbar Unstimmigkeiten ansprechen.

4.43 Teambildung – ein Team zusammenschweißen

Erscheint die Teamentwicklung ganz weit hinten in dieser Auflistung von Führungskompetenzen, muss bewusst sein, dass im Operativen die Bildung eines Teams eine der zentralsten Führungsfunktionen ist. Ohne Mitarbeiter, ohne Team gibt es keine Führung. Das philosophische Terrain, ob Teams überhaupt Führung benötigen, wird an dieser Stelle nicht betreten und beiseitegelassen.

Team Spirit darf nicht zu bloßem Schlagwort verkommen. Dieser Geist braucht dann allerdings Gehalt und so weit als möglich Originalität. Leere Sprüche oder unverbindliche Zukunftsideen sind im Handumdrehen entlarvt. Da bleibt dann nur noch, sich den Geist des Zusammenhalts sowie die Teamkollektivität einzureden. Kollektivität hat etwas Originäres, etwas Ursprüngliches, was sich darin äußert, dass sich daraus der Zusammenhalt in einem Team entwickelt. Eine weitere Kernkraft in der Teamentwicklung geht auf das Vertrauen zurück. Das Bilaterale beim Vertrauen wurde weiter oben herausgestellt. In der Teamarbeit kommt dies dadurch zum Tragen, dass Vertrauen sowohl gegeben wird als auch verdient sein will, damit ein Team sich entwickelt. Erst Kollektivität und Vertrauen schaffen die Grundlage für Synergien. Fähigkeiten verbinden oder beispielsweise Wissen teilen sind synergetische Momente, die erst entstehen, wenn Vertrauen vorhanden ist und wenn ein Mehrwert den entsprechenden Anreiz zum kollaborativen Arbeiten gibt. Die *Elf-Freunde*-Theorie oder der Glaube an das Familiengefühl haben etwas Utopisches und gehören nicht in ein Konzept der Teamentwicklung. Das Ideal eines Teams als verschworene Gemeinschaft hat sehr viel Romantisches, in der Realität der beruflichen Welt bestimmt dagegen das Faktische die Arbeitsbeziehungen. Der freundschaftliche Umgang mag währenddessen nicht ausgeschlossen sein, darf auf der anderen Seite aber nicht überbewertet werden.

Teambildung hat weite Felder und jedes Feld ist anders. Wie die Felder aussehen, dazu gibt es unzählige Beschreibungen und endlose Hinweissammlungen. Doch wie in der Natur muss man diese Felder bestellen, bepflanzen, man muss also darauf arbeiten. Weniger bildlich ausgedrückt, trotz all der möglichen Handreichungen und hilfreichen Beschreibungen zu Teambildung und -entwicklung gilt es vor allem, die Zusammenarbeit aktiv und fortwährend zu gestalten, weiterzuentwickeln und ggf. anzupassen. Ein weiterer wichtiger Teil der Teamentwicklung ist überdies die Integration und die Rekrutierung neuer Teammitglieder. War der Auswahlprozess sorgfältig durchgeführt und die Entscheidung wohl überdacht, gestaltet sich die Integration ohne Zweifel einfach. Da das Auswahlverfahren von solch immenser Bedeutung ist, gebührt ihm ein eigener Abschnitt.

Kurz und knapp

... ohne Team ist Führung bedeutungslos, erst mit einem Team entfaltet Führung seine Wirkung und trägt zur Zukunftssicherung bei – gemeinsam Ziele erreichen.

Stärke und vielgestaltige Bewegung entsteht erst im und mit einem Team. Wenn diese Bewegung ein erfolgskritisches Moment ist und Unternehmensentwicklung Dynamik erfordert, müssen Führungskräfte Sorge dafür tragen, dass alle in deren Teams Veränderungswille und -kraft freisetzen können. Moderne Führung braucht sich nicht um den Erhalt und die Sicherung von Macht zu kümmern, muss keine Rivalen abwehren oder Hierarchien hochhalten. Moderne Führung will Bewegung und Einsatzfreude und dazu brauchen die Führungskräfte Persönlichkeit und die entsprechenden Fertigkeiten, weil sie nur damit ihre Mitarbeiter und die gesteckten Ziele erreichen. Im direkten Zusammenwirken statt am Planungstableau gilt es, das Gemeinschaftliche herauszuarbeiten, das Rollenbewusstsein zu schärfen und Standardisierungen beim operativen Vorgehen mit Leben zu füllen.

4.44 Synergien – alles zusammenfließen lassen und zur Wirkung bringen

Synergien können überall entstehen oder wirken. Sie können zufällig entstehen, aber sie können genauso gut initiiert sein. Jedenfalls wirken sie dort, wo Menschen, Fähigkeiten oder Ideen zusammenkommen. Das alles sind sehr spezifische Gelegenheiten, wo Synergiemöglichkeiten wahrnehmbar werden. Damit aus Möglichem Wirklichkeit wird, muss Handeln folgen. Es sind nicht die Anleitungen, die das Ganze in Gang bringen, es ist die Handlungskompetenz mit der Fähigkeit, aber vor allem mit dem Willen, zusammenzukommen und -wirken. Wohnt nicht ein gewisser Charme der Vorstellung inne, wenn alle gemeinsam eine Lösung erarbeiten? Das verdeutlicht abermals, dass Lösungssuche und Lösungsfindung keine individuellen Prozesse sein müssen. Es zeigt sich an diesem Punkt die Stärke der Kollektivität.

Das Augenmerk liegt beim synergetischen Wirken nicht auf dem Zusammentreffen von Energien, sondern darauf, die neu entstandene Energie zu nutzen. Synergieorientierte Führung will über das Zusammenführen von Energie A und B hinaus die neu entstandene Energie C nutzen, zum Beispiel für das Veränderungsmanagement. Sind Synergien nicht auf ein physikalisches Wirken reduziert und wird einbezogen, dass Wissen von Mitarbeitern sich verbinden kann, eröffnen sich für den Wandel neue Entwicklungsräume. Synergie ist mehr als ein additives Verfahren, werden zwei Synergien zusammengezogen, entsteht nicht einfach eine Summe, es entsteht etwas Neues. Auf ein Team bezogen kann dieses Verbinden von Wissen als ein Kollektivwissen verstanden werden. Das hat dieselbe Qualität wie andere Synergien: Es wird etwas Neues geschaffen.

Kurz und knapp

... erst, wenn Wissen von mehreren zusammenkommt, entsteht ein Kollektivwissen, das imstande ist, neues Wissen entstehen zu lassen.

4.45 Kompetenzen anwenden

Von den Persönlichkeitsmerkmalen, die in einer spezifischen Führungssituation gefordert sein können, bis hin zu den Synergien – daraus mag für manche etwas Unüberschaubares entstehen. Umso mehr ist an dieser Stelle gefordert, sich die Bausteine zusammenzusetzen, die das eigene Bild von Führung ergeben. Schritt für Schritt, ohne sich von der Komplexität beeindrucken zu lassen, beschreitet dann die Führungskraft den ganz eigenen Weg zur Professionalität. Eine Sammlung von Kompetenzen bleibt eine Beschreibung, solange diese Kompetenzen nicht zur Anwendung gelangen. Die Führungskraft holt sich aus der Sammlung die notwendigen Impulse für die eigene Kompetenzentwicklung. Danach fehlt nur noch das Umsetzen, das Anwenden. Der Sammlung von Erfahrung steht in der Folge nichts mehr im Wege. Die Entwicklung von Fähigkeiten weist einen engen Zusammenhang zur Führungssituation auf und hat nichts gemein mit dem Abarbeiten eines Bildungskatalogs. Auf- wie Ausbau von Führungskompetenz kann sogar als eine zentrale Führungsfunktion verstanden werden, weil der Dynamik damit Rechnung getragen wird. Dieser funktionale Aspekt der Kompetenzentwicklung macht klar, dass Qualifizierung keine Nabelschau sein darf. Zweck und Ziel von Weiterbildung sind eine Notwendigkeit, Lernen will keine Selbstdarstellung sein und ist mehr als ein stures Auswendiglernen. Lernen ist ein Veränderungsprozess, der durch das Anwenden offenbar wird.

Von der Multidimensionalität hin zum Operativen:

Führung hat ganz viele Dimensionen, woraus eine noch größere Zahl an Aspekten hervorgeht. Zudem umgibt das Führen noch eine Kybernetik, die dann die unterschiedlichen Aspekte zusammenbringt und den Wirkungsraum einzelner Führungsaspekte erweitert. So hängt beispielsweise Souveränität eng mit Sicherheit zusammen, die wiederum gemeinsam das Entscheidungsverhalten beeinflussen, wenn nicht sogar determinieren. Ein Manual will jedoch keine Maßeinheiten von Wirkungsfaktoren vermitteln, Handreichungen müssen sich auf das operative Geschäft beziehen, damit deren Bedeutung einsichtig wird. Die wichtigsten Bausteine für den Aufbau von Professionalität beim Führen führt jeder Einzelne für sich selbst zusammen.

Die angebotenen Erfahrungen und Impulse werden wohlmöglich als speziell empfunden oder passen gegebenenfalls nicht in den persönlichen Erfahrungshorizont. Andernfalls gelingt es vielleicht, über eine Sentenz einen Impuls zu geben. Jedenfalls wird auf diesem Wege die Psychologie des Führungsalltags erfahrbar. Ein Handbuch zur Führung will Impulse, Anstöße geben oder Aufforderungen bereithalten. Dies führt dann zum Erkennen sowie Nachdenken – ein erster wichtiger Schritt, damit danach durch das Anwenden die Erfahrung sich festigt und auf diese Weise Sicherheit gefunden wird. Sicherheit haben ist der eine, Sicherheit suchen ist der andere Aspekt. Damit Mitarbeiter Sicherheit finden, brauchen sie einen Halt. Das ist die Orientierung, die Vorgesetzte mit ihrem Handeln und mit ihrem Verhalten vermitteln.

Solange die Darlegung von Führungsmerkmalen ohne konkreten Bezug zur Praxis erfolgt, bleibt eine Auswahl willkürlich, zumal die Gesamtheit kaum abgebildet werden kann. Das vollumfängliche Zusammenführen von allen möglichen Führungskompetenzen ist sowieso nur bedingt von Nutzen. Mit einem Manual zur Führung sollte keine Vollständigkeit angestrebt sein – es will Impulse geben und für Kompetenzen sensibilisieren, vor allem für die, die im eigenen Wirkungsbereich von Bedeutung sind. Damit das Wesentliche dabei schnell erfasst und behalten werden kann, ist das Wichtige in Merksätzen zusammengefasst. Jeder Merksatz hat seine eigene Seite, denn es ist sich davor zu hüten, eine Liste von Merksätzen mal schnell nebenbei auswendig zu lernen. Jede Sentenz braucht eine bewusste Wahrnehmung und den bekannten Prozess: Aufnehmen, Erkennen, Verstehen, Anwenden, Dranbleiben/Durchleben, Manifestieren. Populärwissenschaftlich ausgedrückt: Erst richtiges Verstehen setzt Wollen frei, was die Umsetzung und somit die Anwendung sichert, also das Machen.

5 Operative Führung

Da im Verlauf dieses Manuals immer wieder und mit Nachdruck das Machen als zentrale Führungskompetenz nach vorn gerückt wurde, muss fast zwangsläufig ein Abschnitt folgen, der dem Operativen gewidmet ist. Letzten Endes wird Führung resp. das Ergebnis der Führung am Machen gemessen. Das heißt, Führen will gestaltet, organisiert und koordiniert, das Ergebnis gesichert sowie kontrolliert und die Qualität gesichert sein. Nach einzelnen Aspekten des Operativen werden einzelne Bausteine dieser operativen Führung näher beleuchtet. Dieser Streifzug beginnt bei der Prozesssicht und endet in diesem Abschnitt beim Führungsbild. Auch das Bild, das Führung vermitteln will, hat durchaus etwas Operatives.

Führung ist weder Handwerk noch Zauberwerk. Außer Struktur, Techniken und Hilfsmittel gehören vor allem Erfahrung, Intuition und Beweglichkeit in den Werkzeugkasten des Führens. Für ein erfolgreiches Leiten gibt es keine generelle, standardisierte Blaupause, da Führen letzten Endes und in höchstem Maße individuell ist. Der Wille, sich fortlaufend weiterzuentwickeln, und das Interesse daran, die eigene Wirkung, die Effizienz des Handelns und den persönlichen Stil zu hinterfragen, prägen die Individualität und nicht zuletzt die Wirksamkeit wie den Erfolg des Führens. Während bei den Grundlagen das Elementhafte und Exemplarische im Mittelpunkt stand, rückt an dieser Stelle die prozessuale Sicht nach vorn. Schließlich ist Führung im besten Falle etwas Homogenes und auf Wirkung ausgerichtet. Während das Aspekthafte der einzelnen Führungskomponenten hilft, Führung zu verstehen und in sich aufzunehmen, will die Prozesssicht veranschaulichen, wie die Bausteine ineinandergreifen und an welcher Stelle sie in welcher Form zur Wirkung kommen.

5.1 Bausteine des Führens in der Prozesssicht

Selbst die Prozesssichten haben unterschiedliche Blickwinkel. Produktionsprozesse stellen dabei keine Herausforderung dar, da diese in der Regel vorstrukturiert und in qualitätsgesicherte Prozessbausteine zergliedert sind. Aus diesem Grunde werden im weiteren Verlauf mehr einzelne Führungsprozesse außerhalb produktionsspezifischer oder unternehmensbezogener qualitätssichernder Abläufe näher betrachtet. Eine Perspektive auf die Abläufe reicht von der Strategie bis zum Managen (siehe Abb. 25).

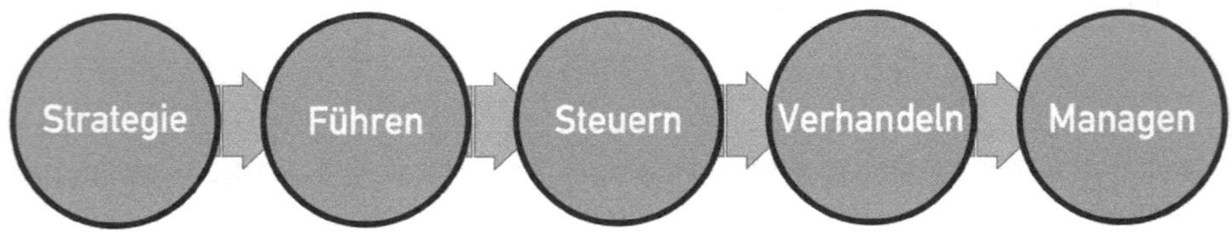

Abb. 25: Von der Strategie zum Managen

Ausgehend von dieser ersten Differenzierung können konkrete operative Bausteine zugeordnet werden (siehe Abb. 26). Auf diesem Wege kann das Machen veranschaulicht werden. Was diese Schematisierung nicht kann, dieses Tun vollumfänglich erfassen. Aus diesem Grunde ist jede Führungskraft dazu angehalten, diese Bausteine sich zu vergegenwärtigen und vielleicht schon Prioritäten für das eigene Tun auszumachen. Zugleich ergibt sich dabei die Gelegenheit, Stärken wie Schwächen bewusst zu machen.

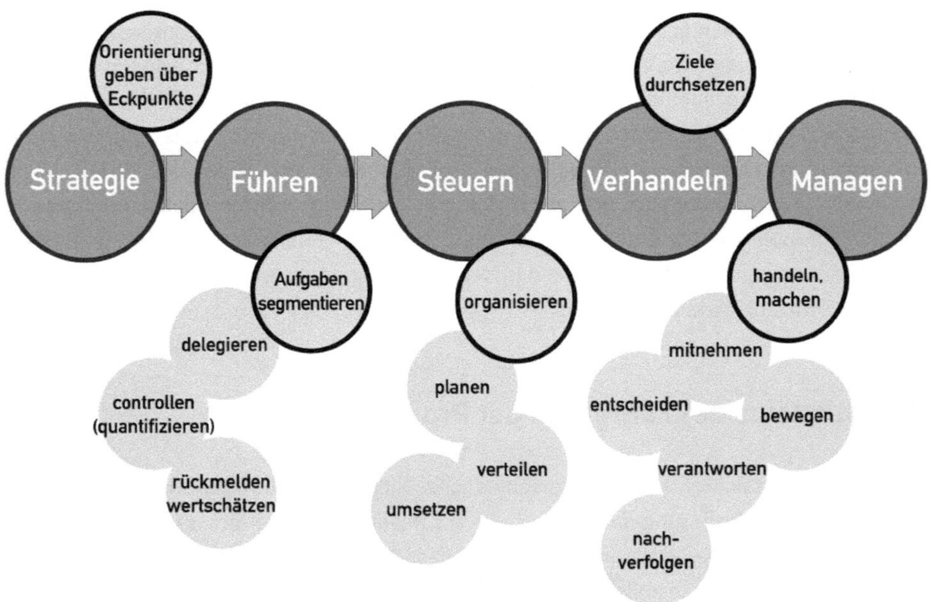

Abb. 26: Bausteine im Umsetzungsprozess

Kurz und knapp

... Führen wird nicht durch Hierarchien spürbar, sondern erst durch das Tun. Daher müssen am Ende des Planens und des Strukturierens immer das Machen, das Vollenden, das Abschließen stehen.

5.2 Prozessgestaltung und Arbeitsorganisation

Jede Arbeitsweise erfordert, oder besser gesagt, hat ihre Struktur, selbst wenn die Organisation hier und dort chaotisch erscheinen mag. Allem wohnt eine Struktur inne. Trotzdem darf man sich nicht vollends auf dieses strukturschaffende Moment verlassen. Die Struktur braucht eine führende Hand. Dieses Handhaben gestaltet sich stets sehr individuell und gleichwohl lassen sich einige Prozessblöcke zur Veranschaulichung isolieren (siehe auch Abb. 27): Ziele stecken, Aufgabenblöcke bestimmen, Prioritäten zuweisen, Abläufe organisieren, Ziele überprüfen und ggf. nachjustieren. Die einzelnen Blöcke können sehr unterschiedliche Teilaufgaben umfassen. Zu ergänzen wäre die prozessorientierte Arbeitsorganisation noch durch das Nachverfolgen, denn das Erreichte will zugleich nachhaltig sein. Die Handhabung und das konkrete Handeln zeigen sich als sehr individuell. Manchmal kann es notwendig sein, sich eine Hilfsstruktur beispielsweise in Form einer *To-do*-Liste zu schaffen. Manch einer tut sich dagegen schwer mit formalen Ablaufstrukturen. Diese sind für Mitarbeiter unabdingbar, damit sie sich orientieren können. Das eigene informelle Handeln mag noch so vertraut und im Hinblick auf die Ablaufprozesse effizient wie transparent sein, kann sich das für andere ganz anders darstellen.

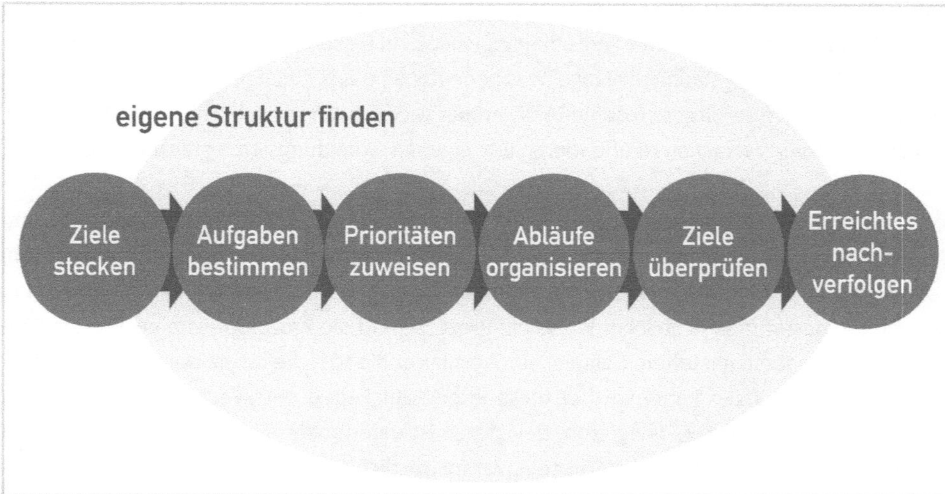

Abb. 27: Eigene Struktur finden

Im Rahmen der Arbeitsorganisation als Führungskraft gibt es neben dem Auftrag zur Schaffung klarer Strukturen der Zusammenarbeit noch die Notwendigkeit, Erwartungen im Hinblick auf Entscheidungen und das Delegieren von Aufgaben zu erfüllen. Ein durchgängiges Verhalten und bewährte Handlungskonzepte bilden den Grundstock. In einem professionellen Unternehmensumfeld wird diesbezüglich gern *S.M.A.R.T.* (*specific/spezifisch, measurable/messbar, achie-*

vable/erreichbar, reasonable/angemessen, time-bound/terminiert)[10] hoch aufgehängt oder *Eisenhowers* Matrix[11] an die Hand gegeben. Die Entscheidungsfindung ist indes komplexer als die Strukturmuster, die einzelne Kriterien bzw. Prioritäten abfragen. Eine derartige Entscheidungsfindung verdeckt Entscheidungsschwächen und vor allem Unsicherheiten. Das kann dazu führen, dass die sachlichen Gewichtungen derart verschoben werden, dass sich Priorisierungen verändern. Kurzum, die bekannten Matrizes zur Entscheidungsfindung garantieren keine objektivierte Abwägung des Handelns, denn Priorisierungen unterliegen dabei nicht selten der Subjektivität des Entscheiders.

Gewiss unterstützen die bekannten Matrizes zur Entscheidungsfindung oder die Kriterien zur Bewertung von Zielen dabei, Wege zum Handeln zu finden. Dabei darf nicht vergessen werden, dass sie keine letztgültige Objektivität gewährleisten können. Diejenigen, die solche Schemata zum Einsatz bringen, besitzen immer noch ausreichend Spielraum, subjektive Momente einfließen zu lassen. Doch all das hat genauso positive Ansätze, denn es kann über die Auseinandersetzung mit der Objektivierung eine bewusste Entscheidung gefunden werden. Nicht jeder Entschluss muss vollumfänglich objektiv sein – er kann und darf durchaus subjektive Ausprägungen enthalten. Mit dem Bewusstsein, sich der Objektivität anzunähern und trotz allem subjektiv zu handeln, wird das Moment der Subjektivität vergegenwärtigt. Es verhindert vielleicht nicht, dass das Subjektive Raum greift, aber es führt gegebenenfalls vor Augen, dass aus irgendwelchen Gründen subjektiv statt objektiv begründet entschieden wurde. An diesem Punkt des Entscheidungsprozesses stellt sich zwangsläufig die Frage: Was bedeutet all das für die Entscheidungsfindung? Im Grunde genommen verbirgt sich dahinter die immer wieder nach vorn zu schiebende Forderung, sich an Fakten wie Tatsachen zu orientieren und eigene Vermeidungsstrategien wahrzunehmen.

In jedem Fall wird es mit einer strukturierten Planung gelingen, schrittweise vorzugehen und die Mitarbeiter mitzunehmen. Diese brauchen eine solche Orientierung. Es muss wiederum herausgestellt werden, dass Mitarbeiter mehr sind als Prozessbausteine – deren Wissen und Fähigkeiten bestimmen in gleicher Weise die Prozesse und die Prozessbausteine, wie die Führungskräfte Prozesse gestalten. Solange ein Teamleiter die Fähigkeiten seiner Teammitglieder zuverlässig einschätzen kann, wird er diese ihren Fähigkeiten entsprechend einsetzen und kann so adäquat Aufgaben delegieren. Delegieren ist damit mehr als das bloße Verteilen von Aufgaben und will demzufolge gelernt sein. Verantwortlichkeit delegieren, das heißt, Vertrauen zu haben. Auf diesem Fundament wird in der Folge eine arbeitsplatzbezogene Dynamik im Unternehmen erzeugt. Diese stößt wiederum Veränderungen wie Veränderungsprozesse an.

---

10 Aus dem Literaturangebot zur Methodik sei an dieser Stelle ausgewählt Gerold Patzak/Günter Rattay (2018): Projektmanagement: Projekte, Projektportfolios, Programme und projektorientierte Unternehmen, 7., aktualisierte Auflage, Wien: Linde, darin zu SMART: »Der SMARTe Führungsansatz für Projekte«, S. 687 ff. Einen etwas allgemeinen sowie übergreifenden Ansatz zur SMART-Methode bietet Josef Maiwald (2020) an: Smart entscheiden: Methoden und Strategien, die Sie voranbringen – privat, beruflich, gesellschaftlich, Hamburg: tredition.

11 Zur Eisenhower-Matrix siehe beispielhaft Hailka Proske/Eva Reiff/Johannes Friedrich Reichert (2014): Richtig priorisieren, Freiburg: Haufe Lexware, S. 57 ff., oder Louisa Papke (2021): Grundlagen des Selbstmanagements. Alpen-Methode, Pareto-Prinzip und Eisenhower-Prinzip, München: GRIN, oder Alan Axelrod/Peter Georgescu (2010): Eisenhower on Leadership. Ike's Enduring Lessons in Total Victory Management, New York: John Wiley & Sons.

Kurz und knapp

… Planen ist gut, machen ist besser.

5.3 Arbeitsmethodik als Führungsinstrument, Priorisierung als Tatkraft

Die persönliche Arbeitsplanung hat Auswirkungen bis ins Führungsverhalten. Außer dem Vorbildlichen in der effizienten Planung von Aufgaben wie Abläufen reicht beispielsweise auch das Aufgabenmanagement bis in die Führung. Es geht nicht darum, dass die Mitarbeiter die Arbeitstechniken bestaunen sollen. Zu deren Orientierung verlangen sie nach Transparenz bei der Erfüllung anstehender Aufgaben. Zudem verhindert die Klarheit, dass Reibungspunkte entstehen, die Prozesse zum Stocken bringen. Saubere Planungslinien verhindern darüber hinaus, dass Stress durch Zeitdruck aufkommt. Schließlich wird vieles mittlerweile unter dem Aspekt *Kosten x Zeit* bewertet. Zu den Arbeitstechniken, die einen Teil von Führung ausmachen, gehören insbesondere die Prozess- und Ablaufplanung, das Zeitmanagement, das Aufgabencontrolling und gewiss auch das Stressmanagement. Klare Aufgabenverteilung ist ein Teil der Führungsmethodik, eine sachbezogene Rückmeldung zu Arbeitsergebnissen gehört genauso dazu. Klarheit bei der Aufgabenverteilung kann schon dadurch gewährleistet sein, dass eine Rückmeldung dazu eingeholt wird, was beim Mitarbeiter angekommen ist. Sobald alle Beteiligten Klarheit haben, welche Aufgaben sie zu übernehmen haben, erhält Transparenz Bedeutung. Eines muss dabei stets bewusst sein, ein Plan findet erst mit der Umsetzung die Vollendung. Erst wenn alle im Team die Abläufe verstehen und sich darin wiederfinden, kann von Transparenz die Rede sein.

Im Zentrum von Arbeitsmethodik und Arbeitsorganisation steht die Priorisierung. Mit dieser Gewichtung von Themen wie Aufgaben wird die Verteilung von Ressourcen festgelegt. Sie verhindert, dass Unwesentliches unangemessen viel Zeit frisst und schafft durch die Segmentierung von Aufgaben die Grundlage dafür, mit der Umsetzung starten zu können. Es ist gelegentlich mit Erstaunen zu beobachten, welche Attraktion und Beschäftigung untergeordnete, eher nebensächliche Aufgaben nach sich ziehen. Es scheint in solchen Fällen geradezu Flucht vor den wichtigeren Aufgaben zu sein, wenn mit Hingabe und Intensität Nebensächliches bearbeitet wird. Verteilung, Segmentierung und Gewichtung von Aufgaben sensibilisiert einerseits für die vorhandenen Ressourcen, andererseits wird eine Struktur geschaffen, die das Handeln fast unausweichlich macht. Dieses Vorgehen verhindert, dass weniger Wichtiges über Gebühr Zuwendung findet.

Kurz und knapp

… Aufgaben priorisieren, Entscheidungen treffen, Ressourcen verteilen, Planungen umsetzen, Handeln bewerten und wieder von vorn.

Die Arbeitsmethodik findet sich derweil eingebettet in den gesamten Arbeitsprozess, der von der Strategie bis zur Umsetzung sowie zur Nachverfolgung reicht. Mitarbeiter erfassen in den angewandten Verfahren (siehe Abschnitt 5.2 zur Prozessgestaltung und Prozessorganisation) außer dem strukturierten Vorgehen noch die Zusammenhänge und die Bedeutung ihres Handelns.

5.4 Strategie umsetzen, Ziele finden, Maßnahmen entwickeln, nachhaltig agieren

Führungskräfte erhalten strategische Vorgaben, deren Umsetzung in Form von operativen Maßnahmen zu ihrem Aufgabenbereich gehört. Dazu müssen die Inhalte der unternehmerischen Zielsetzungen propagiert werden, sodass mit der Transparenz die Mitarbeiter einen Zugang zur geplanten Zukunft erhalten. In diesem Moment sind zwei Dinge gefordert, denn schließlich muss Strategisches in zielführende Maßnahmen umgewandelt werden (siehe auch Abb. 28). Die zweite Herausforderung besteht darin, das Operative messbar zu machen. An jeder Stelle des Handelns ist von Führenden verlangt, dass sie das rechte Maß von Aufwand und Nutzen finden – die vertraute Mehrwertbestimmung. Es zeigt sich erneut, wie grundlegend das Verständnis und Bewusstsein für den Mehrwert sein muss, sei dies Konzept oder konkrete Kennzahlenarbeit. Vermittlung von Strategie darf dabei nicht überbewertet und nicht als Mittelpunkt der Führungsarbeit missverstanden werden. Das Handeln im Zuge der Aufgabenerfüllung steht im Vordergrund.

Abb. 28: Unternehmensstrategie umsetzen[12]

Trotzdem darf Strategievermittlung nicht das stereotype Wiederholen verbalisierter Zukunftswünsche sein. Zusammen mit den Mitarbeitern wird zu Beginn das Künftige auf die aktuelle

12 Siehe auch Werner Bünnagel (2014): Selbstorganisiertes Lernen im Unternehmen. Motivation freisetzen, Potenziale entfalten, Zukunft sichern, Wiesbaden: Springer Gabler, S. 153.

Situation heruntergebrochen. Die klare Sicht auf das Gegebene eröffnet dann die Möglichkeit, gemeinsam Wege anzudenken oder zu skizzieren, die die Grundlage für eine erfolgreiche Umsetzung schaffen. Das Wirken von Wahrnehmung, Wertschätzung, Einbeziehung und Kollektivität kann in einem Team kaum lebendiger erzeugt werden. In der Fortsetzung entsteht daraus Identifizierung. Ohne, dass es in diesem Zusammenhang zu erwähnen wäre, die Identifikation treibt die Motivation und insofern das Engagement und die Leistungsbereitschaft der Mitarbeiter an. Zielplanung und überhaupt die Fähigkeit, Ziele zu planen, das steht am Anfang. Der Blick nach vorn darf keine Fantasie oder wirres Zukunftsdenken sein. Ziele müssen angemessen, weiterführend, zukunftssichernd und vor allem überprüfbar und nachwirkend sein. Insbesondere der Nachwirkung, die eng an Nachverfolgung und Nachhaltigkeit geknüpft ist, kommt eine herausgestellte Bedeutung zu. Es ist wichtig, zuerst sich bewusst zu machen, was Ziele sind, auf welchen Wegen sie sich finden lassen und wie sie sich am besten definieren lassen. Am Ende entscheidet die Klarheit und Transparenz von Zielen darüber, ob sich diese erreichen lassen.

Führungsarbeit geht mit dem Anspruch einher, Begriffe wie *Verantwortlichkeit* und *Zukunftsorientierung* mit Inhalten zu füllen. Beides darf nicht einfach dazu herhalten, in Ansprachen ausreichend Pathos zu erzeugen. Führungskräfte müssen zeigen, dass sie Verantwortung in konkreten Situationen übernehmen und sie müssen die gemeinsame Zukunft für Kollegen fassbar machen. Die beste Gewährleistung für den Fortbestand von Arbeitsplätzen wird in der Weitsicht erkennbar. Veränderung dient in diesem Zusammenhang als Mittel zur Zukunftssicherung. Nachhaltigkeit heißt im Grunde genommen lediglich, dranzubleiben. Wie viele Ideen werden in wortgewaltigen Strategien fixiert, um Papier zu bleiben? Wie viele Projektstarts werden geräuschvoll zelebriert, um sogleich zu Beginn stecken zu bleiben?

Kurz und knapp

... Führung reicht vom Machen über das Vorausschauen und das Festlegen von Arbeitsschritten bis hin zur Sicherung der Nachhaltigkeit.

5.5 Zukunftsorientierung als Übernahme von Verantwortung

Am Ende ist es insbesondere die Selbstverpflichtung zur Nachhaltigkeit, die die Arbeit mit Zielen und deren Umsetzung prägt. Ein Ziel ist im Grunde genommen nicht mit dem Erreichen des Ziels erfüllt. Im unternehmerischen Handeln zählt darüber hinaus die Nachwirkung. So muss auch im Nachhinein kritisch geprüft werden, wie weit die Zielwirkung gereicht hat oder ob Veränderungen tatsächlich gegriffen haben. Wenn zum Beispiel eine *To-do*-Liste zur Nachverfolgung von Aktivitäten entworfen und eingeführt wird, dann bestätigt sich der Wert dieser Veränderung erst, wenn die Nachverfolgung von Aktivitäten stattfindet, das heißt, wenn diese Liste adäquat deren Bestimmung geführt und auf Stand gehalten wird. Größte Gefahr des Scheiterns droht in diesem konkreten Fall, wenn bei Nicht-Erreichen von Zielen keine Konsequenzen definiert sind. Ziele geben Mitarbeitern Orientierung, was nicht unterschätzt werden darf. Wie sollen sich Mitarbeiter identifizieren, wenn Ziele nicht verfolgt werden, sie Ziele nicht kennen, nicht verstehen oder nicht mittragen wollen?

Es mag auf den ersten Blick nicht ersichtlich sein, inwieweit nachhaltiges Handeln mit Verantwortung zusammenhängt. Dagegen wird vielleicht leichter nachvollziehbar sein, dass mit der Übernahme von Verantwortung das Erreichen von Zielen zu einer Art Verpflichtung wird. Mit dem Blick auf die Ziele vollzieht sich fast folgerichtig eine Orientierung auf die Zukunft. Fühlt sich die Führungskraft als reine Befehlsempfängerin, wird sie nur das tun, was ihr aufgetragen wird. Übernimmt sie dagegen Verantwortung, dann schaut sie auf das eigene Wirken, wird sich für das Erreichen der Ziele einsetzen und wird schauen, was wo und wie zugunsten einer positiven Unternehmensentwicklung zu verändern wäre. So finden Verantwortung und Zukunft zusammen.

Kurz und knapp

... Verantwortlichkeit und Zukunftsorientierung mögen in erster Schau nur Schlagworte sein, erst wenn Verantwortlichkeit fühlbar wird und der Blick nach vorn sich mit konkretem Handeln verknüpft, dann wird dem Ganzen Leben eingehaucht.

5.6 Führen gestalten

Funktional betrachtet lässt sich Führung in wenige zentrale Momente zerlegen. Doch dies ist dann erst der deskriptive Zugang. Bewegung und Dynamik kommen dagegen erst in Gang, wenn daran Aktivitäten geknüpft sind. Aus beschreibender Sicht umfassen die zentralen Funktionen (siehe auch Abb. 29) die Aufgabenorganisation, die Mitarbeiterbewegung, die Qualitätssicherung, die Erfolgsmessung und die Zukunftsgestaltung. Situationen dynamisieren dieses funktionale Modell, sodass die Ausprägung einzelner Merkmale je nach Situation sowie Bedarf variiert.

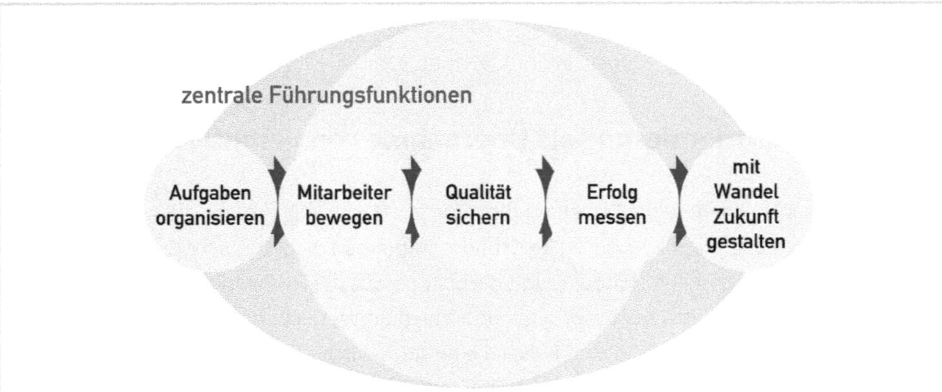

Abb. 29: Zentrale Führungsfunktionen

Eine Kernkompetenz im Spektrum des Führens ist das Steuern von Mitarbeitern sowie deren Verhalten. Neben den vielen allgemeinen Fähigkeiten, die im Rahmen der Führung zum Einsatz kommen und statischer Natur sind, ist das Steuern sowohl in sich dynamisch als auch im

Hinblick auf die richtungsgebende Bewegung. Das Dynamische in der Steuerung wird noch an einem besonderen Aspekt klarer, und das ist die Passung. Obgleich es grundlegende wie stereotype Methoden zur Einflussname gibt, werden es immer die auf Individualität und Persönlichkeit abgestimmten Interaktionen sein, die sich in ihrer Wirksamkeit unbestreitbar von z. B. pauschalen Motivationssprüchen oder losgelösten, allgemeinen materiellen Anreizen abheben.

Kriterienraster als Ausgangsmuster für die Steuerung von Mitarbeitern

Das Kriterienraster bewährt sich im Kontext der Individualisierung als probates Hilfsmittel. Zu wissen, was den Einzelnen am besten antreibt, zu wissen, wie Mitarbeiter gestrickt sind, bildet den Ausgangspunkt für das Organisieren von Teambewegungen. Nun kann es nicht die Hauptbeschäftigung von Führungskräften sein, Kriterienraster zu verwalten und Führungsaktivitäten in Passung mit der Individualität der Mitarbeiter zu bringen. Die Führungskraft kommt gleichwohl nicht umhin, ein Konzept zum Umgang mit Mitarbeitern zu besitzen. Letztendlich will die Führungskraft nicht an die Stelle kommen, wo sie das Verhalten von Kollegen nicht einschätzen kann oder nicht weiß, wie sie Bewegung ins Team bringen soll.

Führungskultur – eine moralische Instanz

Kultur und Moral stehen nicht notwendigerweise in einem direkten Abhängigkeitsverhältnis. Wenn etwa die Kultur auf Leistung rekurriert, Leistungsdruck großgeschrieben wird und den Belangen von Mitarbeitern keine Beachtung geschenkt wird, kann die Bindung von Kultur und Moral verloren gehen. Doch in der Regel lassen sich Zusammenhänge sowie Wechselwirkungen zwischen Unternehmenswerten und moralischen Grundzügen im Unternehmen erkennen. Inwieweit dies dann vom Führungspersonal gelebt und transportiert wird, hängt vom Maß der Identifikation ab.

Es reicht nicht, zu dirigieren oder zu delegieren. Beides wird auf Menschen gerichtet und trifft somit je nachdem auf ganz unterschiedliche Motivraster. Für ein erfolgreiches Zusammenspiel muss bereits in der Führungskultur verankert sein, dass diejenigen, die den Einsatz von Mitarbeitern koordinieren, sich Rückmeldungen holen. Diese geben wieder, inwieweit Botschaften angekommen sind. Führungskräfte müssen aber darüber hinaus ein angemessenes, anerkennendes wie wertschätzendes Feedback geben, sobald Aufgaben erledigt worden sind.

Perspektivwechsel

Die Aufforderung zum Perspektivwechsel sollte nicht als Aufforderung zur Redundanz missverstanden werden. Sich auf andere Sichten einlassen kann in verschiedenen Situationen ein nützliches Hilfsmittel sein. Zuvorderst sensibilisiert der Wechsel des Betrachtungspunktes für den Wirkungshorizont des eigenen Handelns. Man erfährt, wie dieses Handeln aufgenommen und erfahren werden könnte. Außer Missverständnissen vorzubeugen, kann gegebenenfalls erkannt werden, wie Mitarbeiter besser erreicht und so bewegt werden können. Grundsätzlich dient der Wechsel von Blickwinkeln dazu, eine Situation objektiver bewerten zu können. Nichtverstehen in einem Disput oder einer Auseinandersetzung besagt schlechthin, dass es nicht die Bereitschaft gibt, die Perspektive des anderen einzunehmen. Das kann eine Technik sein, die eigene Position zu stärken, das kann jedoch Lösungswege verbauen. Sind Lösungen gefordert, darf der Perspektivwechsel nicht ausbleiben.

Kooperation

Führungskräfte müssen Teams stärken und die persönliche Weiterentwicklung der Mitarbeiter einerseits als fürsorgliche wie vorsorgliche Maßnahme verstehen, und andererseits als erfolgskritische Komponente in der Unternehmensentwicklung erkennen. Zuweilen kann es herausfordernd sein, unterschiedliche Charaktere auf eine Linie einzuschwören und geschlossen vorzugehen. Immerhin verfolgen die Teammitglieder neben den gemeinen noch ihre eigenen Interessen. Die Vorarbeit dazu leistet ein gemeinsames Verständnis von Geben und Nehmen.

Kurz und knapp

... die Wahrnehmung der Mitarbeiter und die klare Sicht auf die Dinge führen zu angemessenem und zielführendem Handeln.

5.7 Sicherheit gewinnen und Ruhe bewahren

Gelegentlich kann es vorkommen, dass Gesprächspartner in Diskussionen versuchen, ihr Gegenüber in die Enge zu treiben, oder Szenarien gezeichnet werden, die sich an Dramatik kaum überbieten lassen. Es kann in anderen Situationen geschehen, dass man selbst ein Szenario entwickelt, das Ausweglosigkeit suggeriert. In allen Fällen gilt, Ruhe zu bewahren. Ein Weg raus aus der Verunsicherung oder der Paralyse eröffnet sich darin, dass man nicht in der Situation verhaften bleibt. Der Ausweg führt über das Sich-Lösen von der Situation. In diesem Moment muss es gelingen, aus einem Szenarium, das wohlmöglich noch Panik erzeugt, herauszutreten. Indem man weiterdenkt und gegebenenfalls der Situation das Angstpotenzial nimmt oder unmittelbar versucht, Lösungen zu finden und den Blickwinkel zu wechseln, lässt sich Kontrolle über das Geschehen herstellen.

Fakten und Tatsachen helfen hierbei enorm. Meist können sie ein angstbereitendes Szenario entzaubern und es dessen Wirkkraft berauben. Nicht anders verhält es sich mit den Angriffen, die sich schnell abwehren lassen, wenn Fakten und Tatsachen isoliert werden. Danach bricht so mancher wortgewaltige Angriff in sich zusammen, denn nicht selten entbehren vorgebliche Wahrheiten des Faktischen. In diesem Moment werden solche vermeintlichen Wahrheiten zu bloßen Behauptungen. Behauptungen sind dagegen nicht der Gegenrede wert und brauchen nicht berücksichtigt werden. Der Hinweis darauf, sich auf das Faktische und Tatsächliche zu beschränken, mag dann schon reichen, damit der Weg zum sachlichen Auseinanderlegen eines Problems, eines Konflikts oder einfach einer Aufgabenstellung bereitet werden kann.

Ein *Schwierig*-Signal[13] hilft einem, um sich aus einer unangenehmen oder bedrängenden Situation zu befreien und eine Lösung zu finden. Ähnlich vordergründig und mehr ein Kunstgriff ist die Körperhaltung. Ob Hochstatus oder geduckte Haltung, klar ist, dass die Art der Präsenz dem Gegenüber eine Haltung vermittelt. Wenn es aufgesetzt und vorgespielt und damit nicht authentisch ist, dann wird der Schein schnell zerfallen. Für eine spezifische Situation oder zum Lernen können solche Hilfsmittel durchaus eine Stütze sein. Dann wird in einer stereotypen Anwendung dafür gesorgt, dass Situationen gemeistert werden können. Dadurch, dass man mit stereotypen Reaktionen sich Zeit verschafft und sich selbst Gelegenheit zum Beherrschen der Situation gibt, gelingt es, aus einer heiklen Bedrängnis für einen Moment auszusteigen, um ggf. die eigene Emotion rauszunehmen und eine kritische Distanz aufzubauen. Ob das typische *Schwierig*-Signal, um mit dieser Entgegnung Zeit zu gewinnen, oder das bewusste Aufrichten des Körpers, um Stärke oder sogar Überlegenheit zu signalisieren, es sind zu guter Letzt nur Hilfsmittel und alles bleibt künstlich, solange die notwendige Selbstsicherheit fehlt.

Kurz und knapp

... die wegweisende Formel lautet: Immer wieder vermeintliche Wahrheiten hinterfragen und den Weg zu den Fakten suchen, statt sich in die Verteidigung zu begeben.

5.8 Alle Planung braucht ein Tun

Die Budgetierung steht an, Einsatzpläne wollen fertig sein und Mitarbeitergespräche geführt werden. Und auch hier kommt das Prinzip zur Geltung, über die Bewertung von Aufwand und Nutzen die eigenen Ressourcen dafür einzuplanen. Klar, dass eine junge Führungskraft keine Fehler machen möchte und ein perfektes Ergebnis liefern will, doch der Perfektionismus kann manchmal eine Flucht sein, eine Flucht vor dem Machen oder vor Entscheidungen. Leider liegt es sowohl beim Machen als auch beim Entscheiden in der Natur der Sache, dass es zu Fehlern kommen kann. An dieser Stelle muss dann die althergebrachte Weisheit herhalten, dass nur derjenige, der etwas tut, Fehler machen kann.

Planen ist grundsätzlich hilfreich und sinnvoll, darf dennoch nicht zum Selbstzweck degenerieren, sodass Aufgaben keinen Anfang und Projekte kein Ende finden. Erwähnenswert ist dies aus zwei Gründen: Führung umfasst einerseits das Vorstrukturieren von Aufgaben, andererseits hat sich die Führungskraft als Vorbild zu zeigen. Mitarbeiter lehnen sich an das Verhalten des Vor-

13 Dies umschreibt eine Methode, mit der es gelingen soll, sich aus einer Bedrängnis zu befreien und aus der Reaktion in die Aktion zu gelangen, das heißt, sich nicht durch andere führen oder unter Druck setzen zu lassen, Zeit zu gewinnen und ggf. die Perspektive zu wechseln.

gesetzten an, orientieren sich an seinem Handeln, vorausgesetzt die Mitarbeiter haben das Vorbild aufgenommen. Die Arbeitsorganisation darf trotz allem nicht überbewertet werden, denn sie steht nicht im Zentrum des Führens eines Teams. Deren Inhalte sind in der Regel Grundlagenwissen, sind in unzähligen Seminaren zur Arbeitsorganisation abgebildet. Es ist trotzdem festzustellen, dass eine auffällige Zahl an Vorgesetzten dazu neigt, bei der Beschreibung von Problemen, beim Sammeln von Möglichkeiten oder beim Entspinnen von Ideen stecken zu bleiben. So offenbart sich eine weitere Schlüsselstelle, an der sich einzelne Führungskomponenten zu einem Führungsmerkmal zusammenfügen. Klarheit in der Kommunikation, Strukturiertheit im Handeln, Agilität, die operativ werden lässt, Entscheidungsfreude und Nachhaltigkeit des Tuns bilden einen Ausschnitt. Es ist nicht die Vollständigkeit in der Erfassung von Merkmalen, was die Wirkung ausmacht. Es ist indessen das Zusammenwirken, dass die Kombination der richtigen Komponenten in der jeweiligen Situation zur Angemessenheit und Vollendung des Handelns führt.

Agilität hat nichts mit Aktionismus zu tun, das Strukturierte muss ganz deutlich eine Grenzlinie zum aktionistischen Treiben ziehen. Das Agile lebt dabei von den klaren, nachvollziehbaren wie überprüfbaren Zielen. Das Besondere und Ergänzende geht von der Flexibilität aus. Änderungen wie Veränderungen aufnehmen und in die Planungen bis hinein in die Zielsetzungen einbringen und zur Umsetzung führen – so kann Beweglichkeit im Handeln unter Beweis gestellt werden. Ob dafür wie z. B. in der Software-Entwicklung *Scrum* oder in der Produktion *Kanban* als Hilfsmittel genutzt werden, das hat weniger Bedeutung, das unmittelbare Reagieren und das durchgängige (Inter-)Agieren bilden den Kern des Handelns.

Kurz und knapp

... selbst wenn Handeln ein Planen und damit verknüpft eine Strukturierung voraussetzt, steckt das Wirksamste im Tun.

5.9 Schrittweise – Komplexität zerlegen

In engem Zusammenhang mit der Planung steht verständlicherweise das operative Handeln. Wird das Tun auch als Ganzes empfunden, besteht es aus vielen kleinen oder größeren Schritten. Daher hilft das Segmentieren von Aufgaben, zum einen die Bestandteile des eigenen Handelns bewusst wahrzunehmen und zum anderen eine Vorgehensweise zu finden. Während also der Blick aufs Ganze eher zum Abwägen, Bewerten, Planen und Diskutieren einlädt, schafft das Sukzessive eine echte Annäherung ans Ziel. Die einzelnen Schritte machen das Strukturieren aus. Dahinter verbirgt sich tatsächlich nichts Geniales oder Kreatives, das Dilemma entsteht hingegen dann, wenn sie derart groß gewählt werden, dass es gar nicht zum ersten Schritt kommt. In solchen Fällen geht der Überblick verloren, sodass die Richtigkeit oder sogar die Sinnhaftigkeit des eigenen Tuns infrage gestellt wird.

Das Überschaubare in den Planstücken oder den Handlungsschritten vermittelt den Akteuren Sicherheit. Sie wissen, was sie warum tun. Begrenztheit gewährleistet zugleich Klarheit. Komplexe Aufgaben oder Herausforderungen in kleine Schritte zerlegen und diese kleinen Schritte nacheinander angehen. Dementgegen führt das Konzentrieren auf das Ganze, auf das Komplexe eher dazu, dass man den Anfang nicht findet oder in der Betrachtung der Komplexität verharrt. Demzufolge gilt, beständig das Blickfeld zu erweitern, sobald eine Situation oder ein Problem einen spürbar zu starken Fokus verursacht. Der erste Schritt hilft, bringt das Ganze in Gang.

Kurz und knapp

... besser in kleinen Schritten vorangehen, statt in großen Schritten zu denken.

5.10 Fehler kultivieren

Umgang mit Fehlern kann Fehlerkultur begründen. Konkret bedeutet dies, wenn ein Miteinander beim Aufarbeiten von Fehlern vorherrscht, wenn aus Fehlern miteinander gelernt wird und wenn ein Misslingen straffrei bleibt, dann kann aus dieser Konstruktivität eine Fehlerkultur erwachsen, die Fehler als Impulse für eine Weiterentwicklung wertet und daraus wiederum Anstöße für die Dynamik im Unternehmen generiert. So fatal Fehler sein mögen, erstes Gebot muss sein, Ruhe zu bewahren und sich der Fehleranalyse zuzuwenden. Schuldige zu suchen oder sogar auf Strafe für fehlerhaftes Verhalten zu sinnen, führt nicht weit. Es bleibt ein Verhaften in der Emotion, während erst eine Annäherung über die Fakten an die Fehlerursachen solche Handlungsoptionen eröffnet, die helfen, auf der Erfahrungsbasis künftige Fehler zu vermeiden. Deshalb darf Fehlern nicht ausschließlich etwas Negatives anhaften. Sie sind – angenommen und richtig gehandhabt – ein konstruktives Element, sei es in der persönlichen Entwicklung oder beim Weiterkommen allgemein. Sobald die Emotionen bei der Wahrnehmung und bei der Behandlung von Fehlern ausgegrenzt werden, steigt die Möglichkeit, etwas Konstruktives daraus zu ziehen.

Kurz und knapp

... aus Fehlern lernen, das ist kein abgedroschener Spruch, das ist eine Botschaft auf dem Weg zum Erkennen und zum Verstehen.

Durch die positive Verarbeitung von Fehlern erfahren Mitarbeiter Sicherheit, die sie antreibt, mutig voranzugehen und zu handeln. Dies muss nicht zwangsläufig einer Aufforderung zur Leichtfertigkeit gleichkommen. Der negative Umgang mit fehlerhaftem Verhalten wird jedenfalls mit großer Wahrscheinlichkeit dazu führen, eher im Stillstand zu verharren als mutig zum Handeln und zur Problemlösung überzugehen.

5.11 Entscheidungsfindung als Weg zur Entscheidungsfreude

Mögen Entscheidungen noch so spontan getroffen werden und manches Mal unerwartet aus heiterem Himmel auf Beteiligte treffen, so unterliegen sie dennoch einer Struktur. Das Finden von

Entscheidungen über solche Strukturen kann dann undurchsichtig erscheinen und auf diese Weise vielleicht ebenfalls nicht nachvollziehbar. Zumindest wird ein Überblick geboten, wie Entscheidungen gefunden werden können. Dies reicht von der Intuition, die nicht einer zugrunde liegenden Struktur entbehrt, bis hin zur Szenario-Technik. Eine der einfachsten Methoden, eine Entscheidung zu finden, besteht aus eine Plus-Minus-Liste, in der Vor- und Nachteile einer Entscheidung erfasst sind. Das Verfahren gewährleistet nicht zwangsläufig, dass am Ende eine streng objektive Entscheidung getroffen wird. Bewusst oder unbewusst können in solchen Matrizes mit subjektiven Bewertungen Ergebnisse manipuliert werden. Davon unabhängig muss festgehalten werden, dass es positiv zu bewerten ist, wenn überhaupt eine Entscheidung – egal auf welcher Grundlage – getroffen wird.[14] Zu Anfang hilft es, sich an den Koordinaten der Entscheidungsfindung entlangzuhangeln (siehe Abb. 30). Es beginnt mit der genauen Klärung, was zur Entscheidung ansteht, um danach zu prüfen und zu recherchieren. Es endet mit einer Entscheidung, die Bestand haben muss – sie darf nicht leichtfertig zurückgenommen werden. Es mag Ausnahmefälle und Extremsituationen geben, die die Unantastbarkeit einer Entscheidung aussetzen.

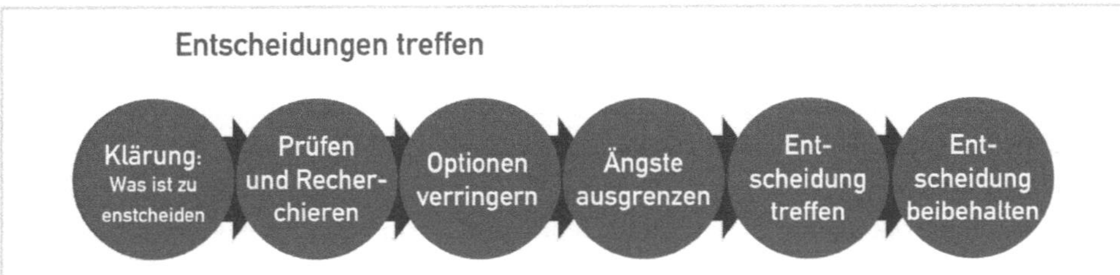

Abb. 30: Entscheidungen treffen

Komplexer wird das Vorgehen, falls z. B. mit einer Szenario-Technik[15] gearbeitet wird, um das optimale Handeln vorausdenken zu können. Eine Plus-Minus-Liste von der Subjektivität zu befreien, kann dagegen manchmal ratsam sein und schneller weiterhelfen. Ähnliches gilt für Entscheidungsdiagramme oder den Entscheidungsbaum. Es muss nicht unbedingt das Ziel allein darin bestehen, jegliche Subjektivität auszuschließen. Wie erwähnt, entsteht Bewegung erst dann, wenn Entscheidungen zum Handeln führen. Sollen Entscheidungen auf eine Prozessoptimierung bezogen sein, dann kann ein Weg darin bestehen, mit der Bewertung von Prozessen zu beginnen, um danach gezielt und umsetzungsorientiert Prozessänderungen vorzunehmen.

14 Zur theoretischen Annäherung an das Thema Entscheidungsfindung siehe u. a. Helmut Laux/Robert M. Gillenkirch/Heike Y. Schenk-Mathes (2018): Entscheidungstheorie, 10., aktualisierte und erweiterte Auflage, Berlin: Springer Gabler, oder Thomas Spengler/Wolf Fichtner/Martin Josef Geiger/Heinrich Rommelfanger/Olga Metzger (Hrsg.) (2017): Entscheidungsunterstützung in Theorie und Praxis. Tagungsband zum Workshop FEU 2016 der Gesellschaft für Operations Research e. V., Wiesbaden: Springer Gabler, oder Sylvia M. Wilz (2010): Entscheidungsprozesse in Organisationen. Eine Einführung, Wiesbaden: VS Verlag für Sozialwissenschaften.

15 Zur Szenario-Technik im Besonderen siehe u. a. Alexander Fink/Andreas Siebe (2016): Szenario-Management. Von strategischem Vorausdenken zu zukunftsrobusten Entscheidungen, Frankfurt: Campus Verlag, oder Hannah Kosow/Robert Gaßner (2008): Methods of Future and Scenario Analysis: Overview, Assessment, and Selection Criteria, Bonn: Deutsches Institut für Entwicklungspolitik gGmbH, DIE Studies, Bd. 39, oder Ulf Pillkahn (2008): Trends und Szenarien als Werkzeuge zur Strategieentwicklung. Wie Sie die unternehmerische und gesellschaftliche Zukunft planen und gestalten, Erlangen: PUBLICIS.

Egal, welcher Weg zur Entscheidung geführt hat oder welches Verfahren zur Entscheidungsfindung eingesetzt wird, erst die Umsetzung verleiht jeder Entscheidung deren Wert, selbst wenn sich diese Entscheidung im Nachhinein als falsch erwiesen hat. Sorgfältig recherchieren, Optionen verringern und angstfreies Entscheiden – darauf baut eine Entscheidung auf.

Kurz und knapp

... Entscheidungen treffen, nötigenfalls egal, auf welcher Basis und wie sie sich herleiten.

5.12 Rollen verteilen und Rollenbewusstsein entwickeln

Die Klärung der Rollen stellt nicht allein in Bezug auf die Verantwortlichkeiten und zur Differenzierung der einzelnen Aufgabenpakete eine hinreichende Voraussetzung für eine erfolgreiche Projektdurchführung dar. Klarheit in der Rollenverteilung verhindert vielmehr, dass unnötige Konflikte entstehen. Mitarbeiter brauchen etwa in Situationen, in denen Veränderungen entstehen, verlässliche, verständliche Orientierungspunkte, Transparenz und Eindeutigkeit. Erst dann verstehen sie die unterschiedlichen Rollen und erkennen die eigene Rolle. Vieles, das im Hinblick auf Rollenverteilung klar zu sein scheint, braucht gegebenenfalls Eindeutigkeit. Vermittelt Rollenverteilung den Eindruck des Statischen, so muss dennoch das Verteilen aktiv gestaltet werden und gegebenenfalls umgestaltet werden. Denn die Rollen im Team sind nicht fest verteilt, sie können genauso gut wechseln. Das muss ins Bewusstsein aller gelangen, da sonst Flexibilität behindert wird.

Rollen und Rollenverständnis kann als Herausforderung unterschätzt werden, wenn davon ausgegangen wird, dass alles geklärt scheint. Rollenkonflikte entstehen dann, wenn die Erwartungen der anderen an die jeweiligen Rollen sich nicht decken und wenn Rollen nicht konsistent ausgefüllt werden. Inkonsistenz bedingt zwar in der ersten Schau eine Gegenmaßnahme zur Auflösung von Unsicherheiten, inkonsistentes Rollenverhalten kann jedoch gezielt eingesetzt werden, wenn situationsabhängig und beabsichtigt ein Rollenwechsel vorgenommen wird. Als hilfreich erweist sich in allen Fällen, eine Vorstellung vom Rollenverständnis anderer zu haben und Rollen wie Rollenverteilung den Beteiligten eindeutig zu vermitteln.

Kurz und knapp

... auch wenn zu einem bestimmten Zeitpunkt eine bestimmte Rolle übernommen wird, muss so viel Flexibilität vorhanden sein, in einer anderen Situation eine andere Rolle zu übernehmen.

5.13 Flexibilisieren durch Entwickeln von Personal – ein Exkurs

Nicht nur die eigene Weiterentwicklung macht flexibel, sondern auch die Personalentwicklung der Mitarbeiter leistet ihren Beitrag beispielsweise zum Optimieren von Prozessen oder zum *Change Management.* Denn erst mit dem Lernen kommt Veränderung, kann Veränderung im

Unternehmen Fuß fassen. Und erst mit der Lernbereitschaft geht Veränderungsbereitschaft einher. Dass dieses Lernen-Wollen ebenso Quelle für Ideen zur Veränderung sein kann, drängt sich geradezu auf. Wie sollen Mitarbeiter Veränderungen annehmen, wenn sie nicht lernwillig resp. lernfähig sind? Woher sollen Impulse für die situationsspezifische Anpassung von Neuerungen kommen, wenn diejenigen, die am Ort der Veränderung arbeiten, wenig mit dem Neuen anfangen können?

Dass Lernen Veränderung ist, mag nun oft genug erwähnt worden sein, diese eher pauschale Auffassung soll nicht unnötig zu strapazieren sein. Doch scheint es unumgänglich, dies stets beim *Change* im Hinterkopf zu haben. Personalentwicklung darf nicht als rein formaler Punkt interner *Services* betrachtet werden. Das Entwickeln muss eingepasst sein in die Arbeitssituation und muss vor allem dem individuellen Bedarf des Mitarbeiters entsprechen. Nicht vergessen werden darf bei all der Förderung von Lernen der Blick auf die Wertschöpfung. Sei es der Wissenstransfer, die Veränderungsmaßnahme oder das Unterstützungskonzept, Lernen und Veränderung im betrieblichen Kontext sind durchaus nicht allein zum Vorteil des Mitarbeiters. Erst die *Win-win*-Situation und damit der betriebliche Profit schaffen einen Rahmen, der Investitionen in die Bildung nachvollziehbar und deshalb durchführbar machen. Jegliche Bildungskonzepte im Unternehmen müssen auf diese Ausgewogenheit ausgerichtet sein und auf diese Weise die Kosten-Nutzen-Relation transparent machen.

Fördern und Fordern

Da Lernen eine solch zentrale Funktion in der Wandlungskultur übernimmt, steht das Feedback-Geben und das Mitarbeiter-Weiterentwickeln ganz hoch im Kurs in der Zusammenarbeit. Wer am eigenen Leibe Selbsteinschätzung und Fremdbewertung durchlebt, kann diese Erfahrung gut weitergeben. Die Psychologie der Sprache ernst genommen, können sachlich und fördernd Anregungen zur individuellen Weiterentwicklung an die Teammitglieder weitergegeben werden. Kurz und gut, auch dieses Führungssegment ist bespickt mit Komponenten. Zu dieser Komplexion gehören Feedback, kommunikative Kompetenz, Gesprächsführung, Mitarbeiterförderung, Anreize, Werte, Führungskultur, *Profiling*, Teamentwicklung und noch einiges mehr. Es wird noch einmal anschaulich, dass erfolgreiche Führung immer auf einem gelungenen Zusammenspiel von Führungskompetenzen und -komponenten basiert. Die Mixtur setzt sich offenkundig von selbst zusammen, die Erfahrung organisiert die Dosierung. Allerdings muss man alle notwendigen Zutaten zur Hand haben. Ein Programm für Führungsnachwuchs wäre die adäquate Vorbereitung, geeignete Rezepte weiterzugeben. Das Ganze in einen Ablauf zu bringen, kann wie folgt aussehen:

- Anreize und Werte klären, um Motivation mit Anreizen steuern zu können;
- Stärken und Schwächen der einzelnen Mitarbeiter in einem individuellen *Profiling* zusammenfließen lassen;
- aktuelle wie künftige Anforderungen des Arbeitsplatzes mit dem Profil des Mitarbeiters abgleichen;

- Anforderungen und Erwartungen in Kombination mit einem Feedback in eine sprachlich sachliche Verpackung bringen als Vorbereitung auf Mitarbeitergespräche;
- Mitarbeitergespräche mit einer Qualifizierungs- und Entwicklungsvereinbarung verknüpfen;
- Entwicklung der Mitarbeiter fortwährend beobachten und nachhaltig Entwicklungsziele verfolgen;
- gemeinsam im Team künftige Veränderungen antizipieren und Ideen zur Optimierung konkretisieren sowie umsetzen;
- erfolgreichen *Change* gebührend und zusammen mit den Mitarbeitern zelebrieren und erfolgreiche Weiterentwicklung wertschätzend würdigen.

All diese einzelnen Punkte lassen sich in einer anderen Darstellung als eine Art Ablauf visualisieren (siehe Abb. 31).

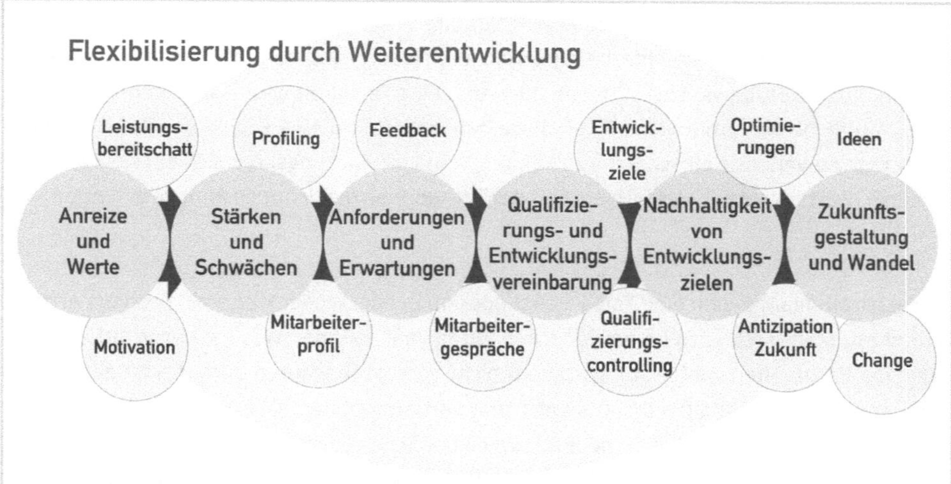

Abb. 31: Flexibilisierung durch Weiterentwicklung

Auf diesem Weg findet die Führungskraft zu ihrer Coach-Rolle, die ebenfalls Bestandteil des Kompetenzspektrums ist. Sie vereint Fördern und Fordern. Fördern darf schließlich keine Einbahnstraße sein, der Förderung muss beigestellt sein, dass Forderungen an die Entwicklung der Mitarbeiter gestellt werden können. Letztlich sollen Leistungsbewusstsein und Leistungserwartung nicht losgelöst nebeneinander wirken. Das Fordern beginnt mit der Aufforderung an die Mitarbeiter, die eigene Kompetenzentwicklung aktiv mitzugestalten, und reicht bis zum Nachhalten von Vereinbarungen. In einem Entwicklungsplan kann dezidiert festgehalten werden, was der Mitarbeiter bis wann zu seiner persönlichen Weiterentwicklung zu absolvieren resp. erreichen hat. Bei der Bindung von Fachkräften sowie bei der Rekrutierung von Nachwuchskräften wird zunehmend auf das Thema *Personalentwicklung* gesetzt. Denn man hat erkannt, dass Mitarbeiter den Wert von Qualifizierung zu schätzen wissen und dieser einen besonderen Stellenwert zuschreiben. Damit wird Qualifizierung und Weiterbildung zugleich zu einem Anreiz.

Kurz und knapp

... starre Strukturen, feste Rollenverteilungen und ein Mangel an Entwicklung wie Entwicklungsmöglichkeiten sind Stillstand und damit der Tod der Flexibilisierung.

5.14 Leistungsträger fördern – Fachkräfte binden

An das Flexibilisieren mit dem besonderen Akzent auf Personalentwicklung und Mitarbeiterförderung muss fast zwingend ein Absatz zur Bindung von Fachkräften wie zur Bindung von Leistungsträgern folgen. Da die Zukunft der Unternehmen von qualifizierten Mitarbeitern und besonderem Fachwissen abhängt, wird immer mehr auf die Mitarbeiterbindung gesetzt. Fachkräftemangel, mag er drohen oder bereits in vollem Gange sein, zwingt manches Unternehmen zum Umdenken und zu neuen Konzepten. Führungskräfte befinden sich an der Nahtstelle. Sie müssen die besonderen Fähigkeiten von Mitarbeitern erkennen und sie müssen wissen, mit welchen Anreizen sie diese Mitarbeiter erreichen, fördern und halten. Personalentwicklung gibt ein taugliches, bewährtes Mittel an die Hand. Eine Fachkraft wird ja im eigenen Interesse seine berufliche Weiterentwicklung vorantreiben wollen. Um eine Fachkraft oder einen Leistungsträger zuverlässig einschätzen zu können, muss die Führungskraft sich ein wenig mit der Persönlichkeitsstruktur beschäftigen. Erst darüber können die richtigen Anreize gefunden werden.

Ob Fachkräftemangel nun eine Tatsache ist oder ob in künstlicher Weise ein Problem erzeugt wird, diese Frage stellt sich im betrieblichen Alltag eher seltener. Was bei der Mitarbeiterbindung von Fachkräften wie Leistungsträgern nicht vergessen werden darf, das ist der Nutzen fürs Unternehmen. Bei allen Diskussionen und Fördermodellen darf nicht zu kurz kommen, dass die besonderen Fähigkeiten oder außergewöhnlichen Leistungen sachlich bewertet werden müssen. Welchen Wert hat das Besondere aktuell? Welchen Wert kann man dem in Zukunft beimessen? Wie können *High Potentials* in die Zukunftsgestaltung einbezogen werden? Wie können besondere Fähigkeiten gefördert werden? Wie kann das Ganze in die Zukunftsgestaltung eingebunden werden? Kann das Wissen eventuell transferiert werden? In die Abhängigkeit von Fachkräften darf das Ganze nicht führen.

Kurz und knapp

... Fachkräfte sichern Prozesse, Leistung und Zukunft, deshalb lohnt es, sie zu verstehen und zu fördern, ohne sich abhängig zu machen.

5.15 Werte vermitteln, Anreize schaffen

Das große Feld der Motivation repräsentiert einen Bereich der psychologischen Führung, was nicht ihrer Bedeutung abträglich sein sollte. Denn Motivation ist der Motor der Mitarbeiter, und der Treibstoff dazu wird von außen geliefert. Doch das Wichtigste fürs Verständnis von Motivation ist, dass Mitarbeiter nicht motiviert werden können. Man kann lediglich Anreize offerieren, da sich Mitarbeiter nur selbst motivieren können, sei es auf intrinsischem Wege oder auf extrinsischem. Im Hinblick auf Letzteres muss zwischen materiellen (z. B. Bonifikationen) und immateriellen Anreizen (z. B. mobiles Arbeiten) differenziert werden. Streng genommen müsste noch danach unterschieden werden, was Mitarbeiter als Anreize empfinden und was Unternehmen als Anreize anbieten. Doch aus Gründen der *Dekomplexierung* werden auf solche wie ähnliche Feinheiten verzichtet, zumal dann gleicherweise die Diversität der Wertewelt auseinanderzulegen wäre. Der Neologismus *Dekomplexierung* dient dazu, bewusst zu machen, dass die Komplexität nicht Ziel der Betrachtung sein darf und von einer weiteren Bearbeitung abhalten darf. Das aktive Zerlegen von Werten und Anreizen hilft, sich einen Überblick zu verschaffen und danach sich einzelnen Wirkkomponenten zuzuwenden.

Festzuhalten bleibt, dass die Motivation ein Garant für den Erfolg eines Teams gewährleistet. So fließen Motivation und Führung zu einem Ganzen zusammen. Es ist sowieso Kennzeichen von Führungskompetenz, wenn die Führungskraft es versteht, Einzelteile, wie z. B. einzelne Kompetenzen, zusammenzufügen und zur Entfaltung zur bringen. Will ein Teamleiter seine Teammitglieder fördern und von ihnen die Weiterentwicklung einfordern, muss er sich seine Mitarbeiter genau anschauen. Was den einen bewegt, kann den anderen kalt lassen. Es lohnt sich also, das Motivationsverhalten der Mitarbeiter zu erfassen. Das muss nicht unbedingt über eine komplexe oder aufwendige Motivationsmatrix geschehen. Doch der Mühe ist wert, bei Mitarbeitern darauf zu schauen, warum sie wie reagieren. Der Anfang sollte in jedem Falle bei den Unternehmenswerten gemacht werden. Lassen sich Mitarbeiter nicht allein über Materielles steuern (besser ist selbstverständlich das Bewegen), dann rückt das Identifizieren mit der Arbeit und in der weiteren Folge mit dem Unternehmen in den Vordergrund. Wie können Werte vermittelt werden? Wie werden Anreize erkannt und wie werden sie angebracht? Auf diese Fragen gibt es keine Standardantwort. Situation, Beobachtung, Gespräche, Einfühlungsvermögen und die Mitarbeiter selbst geben den Handlungsplan vor.

Kurz und knapp

... Werte und Corporates mit Leben füllen, statt nur wie eine Monstranz bei der Prozession vor dem Team herumzutragen.

Corporate Identity bleibt bloßes Schlagwort, solange Unternehmenswerte unkonkret bleiben und Anreize nur um des Anreizes willen rausgegeben werden. Erst, wenn alle Bezüge zu Mitarbeitern und Gehältern im Inhalt enthalten sind, finden Mitarbeiter Anreize, sich zu identifizieren.

5.16 Aufwand und Nutzen im Griff – Mehrwert garantiert

Einer Betriebswirtschaftlichkeit liegt der Anspruch zugrunde, dass Kosten in einem vernünftigen, also betriebswirtschaftlich ausgewogenen Verhältnis zum Nutzen stehen. Klar, dass weniger Aufwand und mehr Nutzen noch attraktiver ist. Die Bedeutung wie Gültigkeit dieser Maxime für das Handeln als Führungskraft wird zweifelsfrei nicht infrage gestellt, im Tagesgeschäft rückt dieses Gebot dennoch hin und wieder in den Hintergrund. Nun muss nicht allem Tun eine umfängliche wie kennzahlenbasierte Wirtschaftlichkeitsanalyse vorangestellt sein, den Aspekt von Aufwand und Nutzen gilt es trotzdem stets im Auge zu behalten. Dazu gehört es, dass ein objektivierter Zugang zur Situation geschaffen wird. Das setzt dann voraus, dass das Emotionale außen vor bleibt. Wenn Entscheidungen intuitiv getroffen werden, verliert der Mehrwert an Bedeutung. Sind es betriebswirtschaftlich bedeutsame Entscheidungen, muss der Mehrwert dementsprechend gewürdigt werden. So einfach die Formel klingt, dass erst eine positive Beziehung von Aufwand und Nutzen ein erfolgreiches unternehmerisches Handeln gewährleistet, so ernüchternd ist oft der betriebliche Alltag. Der Mehrwert gibt dagegen eine übergreifende, übergeordnete Zielrichtung vor und er sollte als Signal ständig dort auftauchen, wo das Handeln betriebswirtschaftliche Konsequenzen hat.

Den Überblick behalten, kann sich als schwierig erweisen, vor allem wenn vermeintliche wirtschaftliche Argumente den Mehrwert begründen wollen. Denn nicht immer werden objektivierte Daten oder Informationen für ein Handeln ins Feld geführt. Was manchmal als Fakten vorgebracht wird, dient dann allein dazu, eine Entscheidung zu beeinflussen (siehe auch Abschnitt 4.9). Mehrwertorientiertes Handeln als Führungskraft ist weitaus seltener anzutreffen, als anzunehmen. Dabei wäre manche Entscheidung leichter wie schneller getroffen, wenn Aufwand-Nutzen und daraus abgeleitet der Mehrwert ins Zentrum der Entscheidung gerückt würde.

Kurz und knapp

… wer Mehrwert will, muss streng nach dem Verhältnis von Aufwand und Nutzen handeln.

5.17 Von Kennzahlen bis Controlling

Controlling ist nicht Kontrolle. Obschon dies paradox klingt und Widerspruch in sich bergen mag, wird hier ein kleiner Unterschied gemacht. Das Controlling, sei es in Bezug auf Kennzahlen, Qualität oder Projektverläufe, orientiert sich an konkreten Werten und ist in erster Linie eher Abgleich als Überwachung. Bestenfalls sind Kennzahlen das Ergebnis einer Quantifizierung und noch besser mit den Beteiligten abgestimmt. Auf jeden Fall muss das Ergebnis einer Quantifizierung klar sowie transparent sein und die Werte messbar wie zuverlässig. Zuverlässigkeit meint in diesem Zusammenhang ähnlich wie in der Empirie, dass die Validität sichergestellt sein muss, sodass auch das gemessen wird, was gemessen werden soll. Vor allem Projekte bieten eine gute Gelegenheit, die Arbeit mit Kennzahlen einzuführen und Mitarbeiter darauf einzustimmen, bei Zielfindung das Quantifizierbare herauszuarbeiten.

Bei Projekten verhält es sich ähnlich hinsichtlich des Controllings. Alles beginnt mit den Grunddaten eines Projekts, mit einem Beginnzeitpunkt und einem Enddatum. Es ist das Wesen eines Projektes, dass es zeitlich begrenzt ist. Für manch einen stellt jedoch dies schon eine Hürde dar.

Ein Anfangspunkt und ein Enddatum sind dementgegen nicht verhandelbar. Findet ein Projekt kein Ende, dann sollte es nicht Projekt genannt werden. Gleiches gilt für Ziele. Ist der Rahmen gesteckt, fordern die definierten Ziele eine Quantifizierung, falls dies nicht bereits in der Zielfindung berücksichtigt wurde. An dieser Stelle beginnt das Handwerk. Aktionspläne, Mengengerüste und Zeitpläne werden in einen sinnvollen wie stimmigen Zusammenhang gebracht. Tabellen und Listen mögen da antiquiert wirken, erfüllen aber den Zweck (siehe Abschnitt 5.27). Resultate basieren im günstigsten Fall auf Zahlen, an ihnen wird gemessen und somit bewertet. Wird darüber die Kontrolle als Funktion in ein negatives Licht gerückt, verwischt dies die grundsätzlich hilfreiche Funktion derartiger Rückmeldungen, die beispielsweise Kennzahlen innewohnt.

Kurz und knapp

... Aufgaben und Projekte brauchen eine abschließende Auswertung, ansonsten sind sie bloß Beschäftigungsmaßnahmen.

Mitzunehmen bleibt, dass das Controlling über Kennzahlen nicht ausschließlich Bilanzen oder Budgetierungen vorbehalten sein sollte. Überall, wo Aufgaben anfallen oder der Mehrwert eine Rolle spielt, muss versucht werden, Kennzahlen heranzuziehen oder eine andere Form des Quantifizierens zu finden.

5.18 Werkzeuge nicht bestaunen oder nur beurteilen, sondern einsetzen

Werkzeuge oder sogar Führungsinstrumente werden allerorts feilgeboten wie Heilsbringer. Entpuppen sie sich als Glücksbringer, deren einzige Funktion die Vermittlung von Hoffnung umfasst, die Hoffnung auf glückliches Eintreffen von irgendwoher, dann haben sie wohl am Ende eine Daseinsberechtigung – sind aber auch Glücksspiel. Kurzum, Werkzeuge müssen mit Bedacht und im Wesentlichen nach Bedarf ausgewählt werden. Manchmal offenbart sich das Wirkungsspektrum erst bei genauer Betrachtung. Infolgedessen lohnt es, Funktionalitäten von Instrumenten zu hinterfragen, um gegebenenfalls weitere Möglichkeiten der Nutzung zu erschließen. So bringt etwa ein *Intranet* weitaus mehr mit, als eine bloße Plattform der Kommunikation zu sein, so leistet ein *Intranet* mehr als ein *Wiki,* sonst würde es ja *Wiki* heißen. Werkzeuge oder Hilfsmittel gibt es in unterschiedlichen Formen, sie müssen nicht grundsätzlich virtuell oder *IT*-basiert sein. Ein *Intranet* veranschaulicht währenddessen sehr deutlich, welche tiefgreifenden Veränderungen die interne Kommunikation und die Prozessgestaltung erfahren.

Virtuelle Kommunikationsplattformen stehen exemplarisch für die Nutzung von Werkzeugen. Das *Intranet* als ein beispielhaftes neueres zentrales Werkzeug der Zukunft drängt interessante Einsatzmöglichkeiten nach vorn. Die virtuelle Kommunikationsplattform kann etwa als Instrument zur Steuerung des Wandels eingesetzt werden. Zur Wandlungsfunktion (*Change Management*) gesellt sich dann noch die *Ambidextrie*. Ob es zur Kombination von Effizienz und Flexibilität eines derartig sperrigen Fachterminus bedarf, sei dahingestellt. Jedenfalls kann diese *Beidhändigkeit* mithilfe des *Intranets* dafür sorgen, dass mittels Automatisierung von Prozessen über die Plattform Effizienz erreicht wird und durch Unmittelbarkeit sowie schnelle Anpassung der Flexibilität Vorschub geleistet wird. Letzteres wird vor allem dort deutlich, wo die Organisationsentwicklung und im Zuge dessen die Organisationsveränderung in den Vordergrund rückt. Das *Intranet* ist in diesem Moment zugleich Werkzeug der Kommunikation, Instrument der Organisationsentwicklung und Umsetzung der digitalen Transformation. Daraus folgt fast zwangsläufig die Forderung nach einem multifunktionalen Denken, eng angebunden an das Mehrwerthandeln, das dafür sorgt, dass ein Tun nicht nur beeindruckt, sondern vorrangig einen Mehrwert bringt.

Kurz und knapp

... außer auf die Eignung von Instrumenten zu achten, gilt es zuvorderst, sie zum Einsatz und dadurch zur Wirkung zu bringen.

Die Zahl der Werkzeuge scheint kaum überschaubar. Es sind wieder der Bedarf, die Passung mit dem eigenen Führungsstil und nicht zuletzt die Zielsetzung, die die Auswahl des geeigneten Instruments bestimmen. Zu beachten bleibt, dass erst der Einsatz eines Instruments einen Sinn gibt. Die Multifunktionalität des *Intranets* führt vor, wie vielfältig Werkzeuge genutzt werden können. Gibt diese virtuelle Plattform auch nur einen Ausschnitt wieder, wird dadurch die digitale Transformation lebendig und wird die tragende Rolle eines *Intranets* für die betriebliche Zukunft greifbar. Dies mag Grund genug sein, Digitalisierung und virtuelle Welten in Verbindung mit Führung näher zu betrachten.

5.19 Plattformen nutzen, Digitalisierung leben

Die Digitalisierung findet sich in der Regel nicht in einem Kompendium zur Führung wieder. In Anbetracht der wachsenden Bedeutung digitalisierter Prozesse wie digitaler Plattformen wird spürbar, wie wichtig es ist, die Optionen der Integration nutzen. Das Digitale ist dabei kein Fremdkörper – es ist sowieso virulent in allen Arbeitsbereichen. Es sind die steten Veränderungen, die zu begleiten sind. Doch im Besonderen sind es die Plattformen mit ihren vielen Ausbaustufen, bei deren Gestaltung Führungskräfte mitwirken müssen, zumal sie näher, wenn nicht sogar am nächsten am Bedarf sind. Dies wird besonders deutlich am Beispiel des Veränderungsmanagements. Fortgesetzter Wandel, kurze Zyklen bei Produkten sowie deren Entwicklung verlangen nach einem durchgängigen, ununterbrochenen *Change Management*, verlangen aber obendrein deutlich mehr Dynamik in den Teams. Sie werden zunehmend ein fester Bestandteil der gesamten Unternehmensdynamik. Das lässt sich nicht allein in Workshops oder im herkömmlichen Ideenmanagement abbilden. Modernes Veränderungsmanagement braucht digitale Plattformen, allein schon um die Unmittelbarkeit des Informationsflusses wie -austausches und die schnelle Partizipation an der Gestaltung gewähren zu können.

Die Mannigfaltigkeit an Kontiguitäten muss erkannt und genutzt werden. Diese Berührungspunkte, geraten sie in Bewegung, veranschaulichen dann gleichfalls, was mit Kybernetik im Unternehmen gemeint ist. So bietet ein *Intranet* nicht allein Schnittstellen zum Wissensmanagement – im Allgemeinen fungiert es als Instrument der Kommunikation nach innen. Grenzen zwischen Wissen, Wissensmanagement und Kommunikation verschwimmen an dieser Stelle. Darüber hinaus können derartige Schnittstellen Prozesskatalysatoren sein, denn schlussendlich treibt die Digitalisierung die Automatisierung voran, für die solche Plattformen von großem, herausragendem Nutzen sind. Während in früheren Zeiten Entwicklungen monofunktional ausgelegt waren, verlangen heutige Planungen überwiegend Multifunktionalität. Mehrfachverwertung ist dabei kein zufälliger Nebeneffekt, grundsätzlich zielen die Planer von Anfang an auf vielfältige Nutzbarkeit. Noch zentraler als die bisher aufgeführten Plattformvorzüge ist das Veränderungsmanagement an sich.

Kurz und knapp

... Digitalisierung ist nicht allein Angelegenheit der IT-Abteilung, alle sind angehalten, zu schauen, wo das Digitale Erleichterungen bringt und Prozesse optimiert.

Prozesse erfahren zunehmend Automatisierungen, die digital gestützt sind. *To-do*-Listen können digital bearbeitet werden. Kommunikation via *Mail* zählt zum Tagesgeschäft, Projektdokumentation digital gestaltet, will in diesem Zusammenhang nur konsequent sein. Wissen in Datenbanken war eine statische Vorstufe, moderne Wissenswirtschaft will eine dynamische Aufbereitung von Wissen, sodass dieses Wissen aktuell, bedarfskonform und unmittelbar zur Verfügung steht.

5.20 Wissen teilen – Wissen in Fluss bringen

Nicht alles lässt sich sauber voneinander abgrenzen, wenn eine Annäherung an die Inhalte von Führung stattfindet. Das gilt, wie im vorangegangenen Abschnitt skizziert, in gleichem Maße für Wissen, Vernetzung und Dynamik. Es mag sogar das Besondere sein, wie sehr diese drei Themen ineinandergreifen. Wissen darf im Unternehmen keine Insellösung bleiben. Ähnlich wie bei Modellen zur Unternehmensdynamik müssen konkrete Vorstellungen vorhanden sein, wie Mitarbeiter zum Teilen ihres Wissens gebracht werden. Sind solche Lösungen oder Modelle nicht vorhanden, kann mit externen Interimslösungen gearbeitet werden. Es scheint dagegen wichtig, dass der Prozess zu einem umfangreichen wie ausgedehnten Teilen von Wissen in Gang gebracht wird. Der regelmäßige Austausch von Erfahrungen bringt alle voran und vorausgedachte Lösungen können so auf den Prüfstand gestellt werden. Wissen im Unternehmen als Ganzes stellt eine komplexe Herausforderung dar. Ob Wissen sichern, Wissen managen oder Wissen transferieren, vieles davon läuft teilbewusst und sogar unsystematisiert ab. Zur optimalen Nutzung des betrieblichen Wissens und des Wissens der Mitarbeiter müssen Führungskräfte ein Konzept haben, wie sie mit Wissen umgehen wollen, und realisieren, welche besondere Bedeutung Wissen für die Unternehmenszukunft hat (zur Wissenswirtschaft und zum Umgang mit Wissen im Unternehmen siehe Abb. 32).

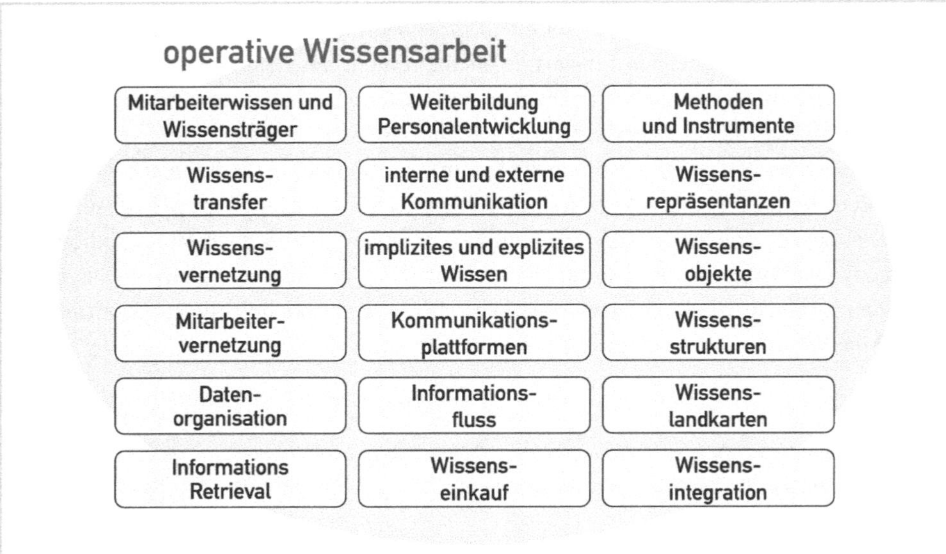

Abb. 32: Operative Wissensarbeit

Wissenstransfer kann auf vielen Wegen stattfinden, einer davon ist ein internes Coaching-System. Wissensvermittlung und internes Coaching stellt dabei ein multilaterales Beziehungsgeflecht dar, das von der Expertise unterschiedlicher Fachleute getragen wird. Zur Nutznießung der Wissensrelationen sollte großen Wert auf Interdisziplinarität gelegt werden, denn das *Know-how* aus anderen Fachbereichen kann Quelle und Impuls sein für Veränderungen oder für einen neuen Blickwinkel, der neue Horizonte öffnet. Zum richtigen Verständnis: Internes Coaching steht beispielhaft für die vielen Möglichkeiten, Wissen im Unternehmen in Bewegung zu bringen. Lebendiger Wissenstransfer, Interdisziplinarität und ein durchgängiges intrainstitutionelles Coaching-System sind zusätzlich noch eine Qualitätsgarantie, mit der eine besondere Wettbewerbsposition erarbeitet wird.[16]

Kurz und knapp

… aus Teilen kann auch mehr werden.

16 Siehe dazu auch Werner Bünnagel (2021): Mitarbeiter als Change Agents. Dynamik im Unternehmen neu denken, Strategie und Führung neu ausrichten, Berlin/Heidelberg: Springer Gabler, S. 62 f., Kap. 6.3, »Wissen vernetzen – Wissen teilen«, sowie Werner Bünnagel (2014): Selbstorganisiertes Lernen im Unternehmen. Motivation freisetzen, Potenziale entfalten, Zukunft sichern, Wiesbaden: Springer Gabler, S. 26–30, Kap. 3.1., »Faktor Wissen«, und Werner Bünnagel (2010): Handbuch zur Einführung einer modernen Wissenswirtschaft. Das Unternehmenswissen im Visier, München/Mering: Hampp, Kap. 1, »Moderne Wissenswirtschaft als Chance«, S. 9–28.

5.21 In Bewegung bringen – Dynamik erzeugen

Handeln genauso wie Aktionen ziehen Bewegungen nach sich. Damit die vorhandene Energie sinnvoll verarbeitet, genutzt und gelenkt wird, müssen alle Handelnden den Horizont der bi- oder sogar multilateralen Kommunikation erfassen. Einfacher ausgedrückt: Der Handelnde sendet nicht nur Impulse aus, die zur Bewegung führen, er empfängt zum Beispiel über die Reaktion auch Impulse durch andere. Diese Impulse können in gleiche Weise wirken. Das Wirkungsverhältnis ist wiederum nicht allein auf zwei Handelnde beschränkt. Ein Wirkungsgeflecht kann mehrere Akteure umfassen. Impulse können wie in einer Kettenreaktion weitergegeben werden. Die simpelste Reaktion auf einen Impuls ist die Rückmeldung. Sie kann unmittelbar von demjenigen kommen, der eine Aktion ausführt, sie kann jedoch ebenfalls eingeholt werden vom Handelnden. Insbesondere in der Reorganisation erfolgen Aufforderungen zu einem Handeln, das zur Sicherheit in ein Rückmeldesystem eingebettet sein muss. Auf diesem Wege werden beispielsweise *Best Practices* herausgearbeitet, die in darauffolgende Handlungsaufforderungen einzuarbeiten sind. In diesem Zusammenhang ist indessen zu berücksichtigen, dass im Hinblick auf diese *Best Practices* solche Impulse nicht unbedingt frei heraus preisgegeben werden. Der Impulsgeber will nicht selten für sich einen Mehrwert erkennen. Im besonderen Falle von *Change* muss damit gerechnet werden, dass bis zur Mitwirkung einige Vorbehalte und Widerstände zu überwinden sind.

Neigen Mitarbeiter dazu, auf konkrete Anweisungen zu warten, bevor sie handeln, muss es zum Anliegen werden, Selbsttätigkeit und Eigenverantwortlichkeit zu fördern. Das gibt Führungskräften eine weitere Gelegenheit, hier mit gutem Beispiel voranzugehen. Dazu gehört, dass nicht auf Weiterbildungskataloge vertraut wird, wenn Fähigkeiten auszubilden sind. Denn eine solche Bildung ist ihrer Wirkung beraubt, wenn das Lernen nicht durch Anwendung vollendet wird. Das verdeutlicht erneut, wie künstlich ein Programm zur Kompetenzentwicklung ist, dass die einzelnen Bausteine des Führens isoliert und vereinzelt behandelt. Und es zeigt sich an solchen Beispielen, welche Bedeutung die Kybernetik des Führens hat. Führung ist etwas Organisches, das sich vielleicht zur Beschreibung in einzelne klar umrissene Teile zerlegen lässt, das sich hinsichtlich seiner Wirkung jedoch durch Vielfalt, Bewegung und Veränderung auszeichnet.

Eigendynamik zu entwickeln, das heißt, unablässig an der persönlichen Weiterentwicklung zu arbeiten. Dazu bedarf es zweifellos einer hinreichenden Motivation. Prozessmanagement, Arbeitsorganisation und Ablaufplanung machen da nicht selten einen Strich durch individuelle Qualifizierungsvorhaben. Trotz aller Unpässlichkeiten in der eigenen Zeitplanung darf die Weiterbildung nicht aus dem Blickfeld geraten. Doch diese Entwicklungsdynamik muss bis zu den Mitarbeitern reichen. Dynamik in Entwicklung und Wandel erfordert seitens der Mitarbeiter Flexibilität und damit gleichfalls Veränderungsbereitschaft. Veränderung wiederum ist Lernen und Lernen funktioniert nicht ohne Motivation. Daher sollten Workshops oder Trainings- sowie Coachingkonzepte darauf ausgerichtet sein, Mitarbeiter zu begeistern und zu inspirieren.

Kurz und knapp

... Bewegung entsteht erst durch Bewegung, was heißen soll, dass erst das Handeln, das Tun eine Veränderung bewirkt.

Zu beschreiben, was Dynamik hervorrufen kann, erzeugt noch lange keine Dynamik. Die vermeintliche Plattitüde dieser Aussage darf nicht darüber hinwegtäuschen, wie häufig erhoffte Dynamik in der Beschreibung versiegt.

5.22 Wandel bis hin zur Wandlungskultur

Change Management als Kernkompetenz der modernen Führung anzusehen, mag von einigen übertrieben empfunden werden. Dessen ungeachtet steht fest, dass der *Change* ohne Weiteres als eine Art Tagesgeschäft verstanden werden kann. Unter dieser Voraussetzung ist das Beheben eines Mangels an Veränderungen dann als eine Anforderung zu verstehen. Es setzt gewisse Fähigkeiten voraus, wenn zum Beispiel ein Entwicklungsstau aufgelöst werden muss. Obwohl sich derartige Fähigkeiten wenig vom tätigen Bewältigen alltäglicher Aufgaben unterscheiden, verlangt die Wandlungskultur hin und wieder noch andere Fähigkeiten, die spezifisch sind für das Managen von Veränderungen. Veränderungsprozesse in Gang bringen, Mitarbeiter für Neues begeistern oder Entwicklungen antizipieren, das steht beispielhaft dafür.

In Bewegung bleiben und fortlaufend Veränderungen in Gang bringen, Führungskräfte müssen sich in wechselhaften Zeiten und bei zunehmender Entwicklungsgeschwindigkeit als Gestalter profilieren. Dynamisieren darf dabei nicht mit Drängen und Drangsalieren verwechselt werden. Mitarbeiter wollen mitgenommen werden und vor allem wollen sie in ihrem Vorgesetzten ein Vorbild für das Gestalten sehen. Zu alledem sind weitere Qualitäten bei Führungskräften gefordert. Neben der eigenen Kreativität sowie Agilität zur Entwicklung von Dynamik muss die Fertigkeit vorhanden sein, Synergien zu schaffen. Durch das Zusammenführen mehrerer Energien wie Kräfte entsteht wertvolle Dynamik fürs Unternehmen. Und auch hier bewährt sich psychologisches Verständnis mehr als stereotype Muster, da das Jonglieren mit Anreizen und Wertschätzung mehr Motivation freisetzt als das pauschale wie oberflächliche Einfordern von Mitgestaltung.

Manchmal reicht es, wenn Führungskräfte sich Zeit nehmen, um Vorschläge wie Ideen aufzunehmen, und wenn sie dabei zuhören. Aufmerksamkeit zählt zu den wert- wie wirkungsvollen Ausdrucksformen der Wertschätzung und der Achtsamkeit. Beides lässt sich ohne Unterweisung, Übung und Training anwenden. Synergie entsteht in einem Team nicht einfach so. Das Wissen der Einzelnen verknüpft sich in der Regel nicht auf schicksalhafte Weise zu neuem Wissen. Mithin ergibt sich für Führungskräfte die Aufgabe, Veränderungen und Weiterentwicklung bewusst zu steuern. Das ist die Stelle, an der die Techniken dann doch zum Zuge kommen. Gewiss bedarf es einiger Erfahrung, Anreize zum Teilen von Wissen richtig zu platzieren und vorhandenes Wissen im Team so geschickt zu verknüpfen, dass neues Wissen entsteht und damit sich Veränderung vollzieht.

Kurz und knapp

... Wandel braucht Veränderungswille, das wiederum braucht eine Struktur und bestenfalls eine Kultur statt eines blinden Aktionismus.

Veränderung und Wandel sind weder spontane Aktivitäten noch aktionistisches Treiben. Sobald strategische Unternehmensentwicklung angezeigt ist, sind der kontinuierliche Wandel und das nachhaltige Anstoßen von Veränderungen Säulen der Unternehmenszukunft. Wenn demnach Entwicklungspotenzial sowie Unternehmenszukunft von Veränderung und Veränderungsgeschwindigkeit mitbestimmt werden, dann gehört es zur Wandlungskultur, dass die Wirkung und Dynamik des Einzelnen mit in den Fokus rücken. Nur so kann sichergestellt werden, dass das gesamte Potenzial für das *Change Management* und für Veränderungen eine hinreichende Anzahl von Impulsen zur Verfügung steht. Mitarbeiter, sind sie engagiert und verfügen über den notwendigen Freiraum für ein selbstbestimmtes Arbeiten, liefern in gleicher Weise Impulse, wie dies im Veränderungsmanagement mit strengen Plänen zu formalisieren versucht wird.

5.23 Change und Agieren in der Reorganisation

Veränderung steht nicht im Gegensatz zur Stabilität. Dynamik zählt genauso zum Zielhorizont einer Unternehmung wie die Beständigkeit. Beides zusammen formt eine Kontinuität, deren Gleichgewicht eben aus einem fortgesetzten Gegeneinander hervorgeht. Dynamik beinhaltet dabei nicht nur Veränderung, sondern ebenfalls eine durchgängige Bewegung, die dafür sorgt, dass Zukunft im Unternehmen greifbar wird. Eine Form dieser Bewegung drückt sich im Mitgestalten aus, das heißt, wie Mitarbeiter beispielsweise ihre Ideen und ihre Energie in die Zukunft des Unternehmens einbringen. Diese Art Paradigmenwechsel im *Change Management* ist ohne Zweifel eine Herausforderung, wenn nicht mehr die nominellen *Change Manager* das Veränderungsgeschehen bestimmen, indes die Mitarbeiter zu Hauptakteuren werden. Bei ihnen kommt der Wandel irgendwann an, die Arbeitsplätze verändern sich fortwährend und die Mitarbeiter rücken in den Mittelpunkt – somit sind ganz offenbar andere Zeiten angebrochen.

Führungskräfte müssen das gewohnte Rollenspiel beiseitelegen, es ist kein Systembruch, der vollzogen wird, vielmehr greift die Flexibilisierung Raum. Dies beinhaltet zum einen, dass ein starres Rollensystem ausgedient hat, zum anderen gewinnt Dynamik an Bedeutung. Es deutet vieles darauf hin, dass Bewegung und Veränderung sogar zu einer zentralen Führungsfunktion aufsteigen. Für den Führungsnachwuchs wird diese Verschiebung und eine neue zentrale Führungsfunktion höchstwahrscheinlich keine außergewöhnliche Prüfung darstellen. Gestandenes Führungspersonal dürfte diesbezüglich mehr in Anspruch genommen werden, wenn es heißt, vertraute Wege zu verlassen und auf Bewährtes zu verzichten. Veränderung steht in diesem Zusammenhang in der Tat im Widerspruch zur Stabilität, denn Wandel entfernt sich von vertrauten Strukturen und fordert heraus, aktiv aufs Neue zuzugehen.

Wenngleich Standortbestimmung, Kompetenzentwicklung und Personalstrategie zu den Aufgaben des Personalbereichs gehören, haben Führungskräfte eine Mitverantwortung bei der Weiterentwicklung der Mitarbeiter. Funktionale Grenzen im Unternehmen dürfen keine Abgrenzung schaffen, solange die Weiterentwicklung von Mitarbeitern in Bewegung bleiben soll. Dabei ziehen alle an einem Strang und deshalb ist Personalentwicklung zu einem guten Teil Führungsaufgabe. In modernen Unternehmen verschwimmen die Grenzen, was die handelnden Akteure nicht der Verantwortung enthebt. Arbeitsplätze verändern sich unablässig wie die damit verbundenen Anforderungen. Daher sind Anpassung und Progression ständige Begleiter der Unternehmensentwicklung. Verantwortung darf nicht aufgrund funktionaler Abgrenzungen hin- und hergeschoben werden. In der Reorganisation wirken alle Unternehmensbereiche zusammen bzw. ineinander, wobei vielfältige Synergien entstehen. Es zeigt sich in solchen Situationen einmal mehr, wie abwechslungsreich und anspruchsvoll Führung geworden ist. *Profiling*, Personalentwicklung, Potenzialförderung und Konfliktmanagement sind integrative Bestandteile moderner Führungsarbeit – sie können als Aufgaben nicht mehr einfach in die Hände anderer gelegt werden. Führung ist damit multifunktional, ohne dass für alles allein die Verantwortung übernommen werden muss.

Stellt die Reorganisation auch eine besondere Herausforderung dar, kann im damit verbundenen Konfliktpotenzial eine Chance gesehen werden. Der Konflikt offenbart sich einerseits Blick als Spannungsherd, vor allem wenn damit Emotionen einhergehen. Dies bietet andererseits die Gelegenheit, die Ursprünge zu erkennen, das Wirkungsgefüge zu verstehen und den Konflikten wirksam zu begegnen. Sind Konflikte rein sachbezogen, dann lassen sie sich so sachbezogen und einfach auflösen, beispielsweise über eine Entscheidungsmatrix. Emotional geführte Konflikte stellen dagegen eine komplexe Herausforderung dar. In solchen Fällen ist der Zugang zum Konflikt der Lösungsschlüssel. Hierbei hilft das Verständnis, dass in emotionalen Auseinandersetzungen zumeist einer verunsichert ist, denn in der Regel entstehen Emotionen in Konflikten dort, wo Verunsicherung die Logik, das Verstehen sowie die Problemlösung außer Kraft setzt und stattdessen Widerstand und/oder Aggression in den Mittelpunkt rücken. Mit dieser Erfahrung kann Reorganisieren umsichtiger aufgesetzt, können Konflikte im Rahmen von Veränderungen besser verstanden und Emotionen mit Einfühlungsvermögen begegnet werden.

Kurz und knapp

... Führung ist keine geschlossene Struktur, was sich vor allem dadurch ausdrückt, dass Führung aktiv mitwirken muss beim Change im Unternehmen – die Mitarbeiter einbeziehend.

5.24 Transparenz von Anfang bis Ende

Viele Missverständnisse entzünden sich an einer mangelnden Transparenz oder an unfertigen Strukturen. Also muss das operative Geschäft auf klare Strukturen aufsetzen. Obwohl sich dies nachvollziehbar und folgerichtig anhört, ist die Wirklichkeit manches Mal weit vom Ideal entfernt. Dies liegt teilweise an einer ungenügenden Ausformulierung bzw. Beschreibung von

Strukturen. Deutlich wahrnehmbarer ist mitunter, dass Transparenz sogar mit Absicht behindert wird. Diesen Realitäten muss man sich stellen, sie gehören zur Normalität eines Unternehmensalltages. Dies geht dann in den meisten Fällen weniger auf eine defizitäre Struktur zurück, sondern auf den gesellschaftlich begründeten Verdrängungswettbewerb. Wissen wird gebunkert, Informationsfluss unterbrochen, Nachrichten werden vorenthalten. Es ist für die eigene Entwicklung im Unternehmen unumgänglich, Strategien resp. Reaktionen zu entwickeln, wie man damit umgeht oder wie man dagegen vorgeht. In diesen Fällen empfiehlt es sich, auf die Kommunikation, auf das Reden zu setzen. Keinesfalls darf das Vorenthalten und das Entstellen von Informationen totgeschwiegen werden, ganz im Gegenteil dazu, dies muss konsequent angegangen werden.

Solche Situationen sind unterdessen eine Gelegenheit, die sachbezogene Klärung einzuüben. Es ist bei Begebenheiten, in denen Konflikte offen angesprochen werden, freilich darauf zu achten, dass dabei zumeist ein gehöriges Maß an Emotionen mitschwingt. Es gibt also kaum ein besseres Übungsterrain, den sachbezogenen Dialog auszuprobieren. Bereits beim Einstieg in Konfliktgespräche ist darauf Wert zu legen, dass allein Fakten hervorgebracht werden und bei der Wahl der Worte alles Wertende außen vor bleibt (siehe auch Abschnitt 5.31). *Du musst unbedingt …, da ist was falsch gelaufen, wieso haben Sie nicht …* oder *es ist besser, wenn Du …* sind beispielsweise ganz ungeeignete Eröffnungen. Derartige Formulierungen enthalten Grenzüberschreitungen (*keiner sagt mir, was ich tun muss*), bauen unnötigen Druck auf (*unbedingt*), tragen Wertungen hinein (*richtig/falsch*), emotionalisieren durch Vorhaltungen (*warum haben Sie nicht …*) oder vermitteln Besserwisserei (*das habe ich kommen sehen*). Diese kleinen Ausschnitte ersetzen kein Kommunikationstraining, es ist allenfalls eine Sensibilisierung für die Wirkung von Sprache. Die Behutsamkeit im Umgang mit der Sprache darf auf der anderen Seite nicht dazu führen, auf Sprache und Reden zu verzichten. Unbewältigte Konflikte glimmen weiter, sodass sie irgendwann wieder zündeln und auflodern. Die Verbindung zur Transparenz entsteht dadurch, dass Konflikten und Emotionen sprachliche Transparenz entgegengesetzt werden muss. Offenheit und Klarheit hilft, aus Sackgassen herauszufinden. Das Visier hochgeklappt, dem Konflikt ins Auge schauen und offen in den Konflikt hineinzugehen – das ist eine unabdingbare Grundhaltung, will man vermeiden, dass sich eine mögliche Unruhe verselbstständigt.

Sprachliche Transparenz stellt im Allgemeinen kein Problem dar, da allein die Wortwahl die Möglichkeit an die Hand gibt, eindeutig zu beschreiben, was zu tun ist. Nun mag es unbestritten etwas wie einen Mangel an sprachlicher Sensibilität geben, der verhindert, klar und deutlich Vorgaben zum Ausdruck zu bringen. Nicht nur an dieser Stelle folgt der Hinweis, dass Modalverben (*können, sollen, müssen, dürfen*) und der Konjunktiv (Möglichkeitsform) der Ungenauigkeit wie Zweideutigkeit Vorschub leisten. Ähnliches trifft auf die Adverbien zu. *Vielleicht, wahrscheinlich, möglichst, sehr, meistens* etc. haben eine ähnlich fatale Wirkung, weil Klarheit ausbleibt. Dagegen gehört es zum Wesen von Vorgaben, dass sie keine Interpretationen zulassen und unmissverständlich sind. Das reicht dann bis hin zu den Begrifflichkeiten. Ein *in Zukunft* ist durch einen konkreten Termin zu ersetzen und nicht *das meiste* sollte erledigt sein, sondern zu einem bestimmten Zeitpunkt hat ein Ergebnis in der Höhe von oder mit der Zahl oder dem Wert vorzuliegen.

Kurz und knapp

... mit Klartext für Orientierung sorgen, mit Sachlichkeit Emotionen rausnehmen, mit Sorgfalt Sprache einsetzen.

5.25 Tatsachen – die Macht des Faktischen

Gewisse Gefahren lauern bei der Kommunikation, sobald das Terrain der Fakten und Tatsachen verlassen wird. Umso wichtiger ist es, Gespür dafür zu entwickeln, wenn das Emotionale das Sachliche verdrängen will. Im Grunde reicht es, wenn bewusst dieser Bruch wahrgenommen und genauso bewusst mit einem individuellen *Stop*-Signal der Weg in die Sachlichkeit gesucht wird. Behauptungen als solche zu entlarven, dies mag meist am schnellsten dazu beitragen, Tatsachen wieder nach vorn zu rücken. Allzu schnell überlagert eine emotionale Betrachtung die Klärung von Herausforderungen, Problemstellungen oder Kritik. Im Grunde genommen ist die Ausgangssituation, d. h. das Erfassen einer Situation, bereits Anlass, sich auf das Faktische zu konzentrieren. In einem abstrahierten Erkenntnisprozess, der so etwas wie ein Hilfsmittel ist, hilft das genaue Betrachten dabei, Fakten von Behauptungen zu trennen (siehe Abb. 33). Dazu gehört in erster Linie, Tatsachen von Emotionen abzugrenzen.

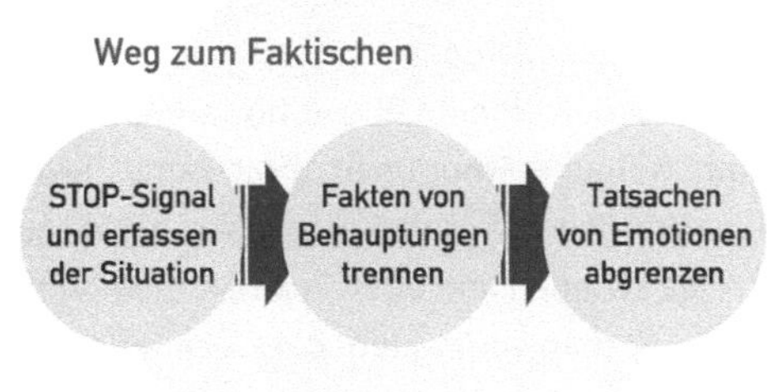

Abb. 33: Weg zum Faktischen

Im nächsten Schritt wird die kybernetische Grundstruktur auf das Problem oder die Herausforderung gelegt. Dies ist von einem streng wissenschaftlichen Vorgehen abzugrenzen, denn bei der Prüfung der Fakten muss kein strenges Regelwerk angewendet werden. Über den Rand schauen, d. h. Nebenwirkungen im Mikrokosmos des Arbeitsbereiches kennen – dieser Erfahrungsschatz muss nur bewusst aufgebaut werden. Weniger theoretisch ausgedrückt,

Erfahrungen, seien sie bewusst zugänglich oder wirken eher unbewusst als eine Art Intuition, bestimmen das Erfassen einer Situation und das Handeln. Positives kann antizipiert, Negatives vorhergesehen, Ergebnisse vorausgedacht und Nebenwirkungen berücksichtigt werden.

Kurz und knapp

... sei es bei Entscheidungen oder beim Führen ganz allgemein, nur Fakten zählen, leichtfertig eingebrachte Behauptungen erschweren dagegen eine zielführende Entscheidungsfindung.

Kritische Distanz ist nichts Wissenschaftliches, obschon damit eine objektivierte Sichtweise zum Ausdruck kommt. Es ist ein Bewusstsein für unterschiedliche Sichten, das zur Objektivität beiträgt. Wird dieses Bewusstsein eingesetzt, ist das Fundament für die kritische Distanz gelegt. Denn indem man die Perspektivität realisiert und andere Blickwinkel einnimmt, findet man den Weg zur Objektivierung. Der nächste Schritt besteht dann darin, die Fakten zu erkennen und zu isolieren, folglich können angemessene Entscheidungen getroffen und sachgemäßes Handeln gewährleistet werden.

Für das verantwortungsvolle Handeln braucht die Führungskraft Überblick und Weitsicht. Dies allein mag noch nicht dazu gereichen, eine Weisheit zu sein. Es ist freilich Anlass, mit der Übersicht etwas genauer zu beleuchten. Vor allen Dingen in emotionsgeladenen Situationen oder im Zuge oberflächlicher Argumentationsketten zeigt sich die Übersicht in der kritischen Distanz zu den Geschehnissen. Diese Begrifflichkeit dient dazu, das Herausziehen aus Situationen zu veranschaulichen. Es gibt viele Situationen, in denen es angezeigt ist, den Weg zur Sachlichkeit und zu den Tatsachen fest im Blick zu behalten. Solange echte Lösungen das Ziel sind, muss die Führungskraft an diesen Stellen Wissen, Sachkenntnis und entwickeltes Gespür zum Einsatz bringen. Wie erwähnt, wenn Behauptungen von Tatsachen zu trennen oder vermeintliche Tatsachen als Behauptungen zu entlarven sind, dann kann Führungskompetenz unter Beweis gestellt werden. Allzu häufig werden in Diskussionen oder in Darlegungen Behauptungen wie Fakten gehandelt, deshalb empfiehlt es sich, konsequent Unsicheres zu hinterfragen und auf Tatsachen zurückzuführen. Das gelingt, sobald man sich bei der Betrachtung der Dinge nach außen bewegt, von dort aus sich Situation und Geschehen anschaut. Heraustreten und die Perspektivität einer Situation erkennen, so kann kritische Distanz begründet und eine Annäherung an das Tatsächliche gefunden werden, statt der Emotionalität und dem Ungeprüften zu erliegen.

5.26 Strukturabgrenzungen

Im Gefolge der Transparenz wird unweigerlich ein Augenmerk auf die Strukturen gelegt. Schnittstellen lassen sich in der Regel an vielen Stellen ausmachen. Einige Überschneidungen können durchaus kritisch sein. Heikel wird eine graue Zone erst dann, wenn Konflikte durch Ungeklärtes entstehen. Klare Strukturgebung beginnt im eigenen Bereich, im eigenen Team. Dort müssen Lösungen sofort gesucht und offen dargelegt werden. Das mächtigste Instrument ist dabei das Reden. Unklare Situationen dürfen nicht ohne Aufklärung bleiben, weil Nachwirkungen sich verselbstständigen, sodass sie kaum noch handhabbar sind. Dasselbe trifft im Übrigen gleichermaßen auf team- oder abteilungsübergreifende Strukturen zu. Grundsätzlich sind derartige Konfliktzonen mit ganz viel Nachdruck zu bearbeiten. Das bedeutet, dass die saubere, eindeutige Festlegung von Strukturen dort vonnöten ist, weil andernfalls sich Konflikte bzw. Störungen nicht auflösen. Schwierig gestaltet sich deren Bearbeitung an solchen Stellen, wo der Einflussbereich der Führungskraft mit Befugnissen und Machtbereichen anderer und wohlmöglich übergeordneter Führungskräfte kollidiert.

Die Klärung ist deshalb nicht minder bedeutsam, denn die Auflösung von Konflikten besitzt eine hohe Priorität und Reibungsverlust verzehrt stets unnötige Kraft wie Energie. Zusammengefasst: Die Strukturen im Kleinen müssen im Großen genauso klar und deutlich sein. Die Wirklichkeit legt häufig offen, wie teils sorglos Organisationsentwicklung betrieben wird und im Zuge dessen die Organisationsstrukturen vernachlässigt werden. An dieser Stelle darf nicht unterschätzt werden, wie bedeutungsvoll die Transparenz ist, die überdies weit über die Organisationsstrukturen hinausreicht.

Kurz und knapp

... Klarheit und Transparenz müssen bis in die Strukturen reichen, weil Grauzonen stets die Gefahr in sich tragen, Konflikte zu provozieren.

5.27 Handwerk des Tagesgeschäfts: Aktionspläne

Strukturen in der Organisation sind das eine, die Struktur von Aufgaben und Aktionen stellen andere Anforderungen. Es spielen u. a. noch Entscheidungsstärke, Mitarbeiter-*Profiling*, Controlling und Personalführung hinein in Planung und Ablauf. Diese bunte Mischung unterschiedlicher Teilfunktionen der Führung lässt erkennen, dass Aktionspläne am Ende mehr sind als bloße Aufgabenlisten. Trotzdem darf aus dem Zusammenstellen und Festlegen von Aktionen keine wissenschaftliche Arbeit werden. Vieles davon ist in Automatismen und mechanistische Abläufe gepackt, die größtenteils teilbewusst ablaufen. Sie sind nicht einem strengen Protokoll unterworfen, das es sklavisch und bewusst abzuarbeiten gilt.

Ins Bewusstsein sollte die eigene Fähigkeit gelangen, als Führungskraft eine Struktur für die Erledigung anstehender Aufgaben zu schaffen. Dieses Ablaufschema geht aus der Fachkenntnis und dem Gespür für das Leistungsvermögen des Teams hervor. Die Gesamtheit der Teamstärke beruht dabei auf den Fähigkeiten des Einzelnen, weshalb es wiederum im gleichen Maße wie der Strukturierungskompetenz der Kenntnis der Mitarbeiterpsychologie bedarf. Jeden gemäß seinen Stärken einzusetzen, Ziele klar und messbar zu stecken, Controlling transparent und einvernehmlich zu gestalten und Mitarbeiter zu verpflichten, ihr Einverständnis deutlich und eindeutig zu formulieren – so sieht die Blaupause zum Standard-Aktionsplan aus. Dem folgend hat alles ein Startdatum und einen Endzeitpunkt, also eine typische *To-do-Liste*, die darüber hinaus noch Verantwortlichkeiten festlegt. Das Herzstück machen die Formulierung der Aufgaben und die Nachverfolgung aus. Formuliert wird, was mit welchem Zielwert und mit welchem Ergebnis umzusetzen ist. Das sollte allen Beteiligten klar sein, wenn sie an die Bearbeitung der Aktionspläne herangehen. Selbstverständlich darf im Anschluss an die Bearbeitung der Aktionspläne das Nachhalten nicht fehlen. Das besteht aus dem Nachverfolgen, inwieweit Ziele erreicht werden, und der Evaluierung. Souveränität offenbaren Vorgesetzte, wenn sie es bei einer Evaluierung belassen und nicht immer wieder Abgeschlossenes durchsprechen und unentwegt bewerten wollen (siehe Abb. 34).

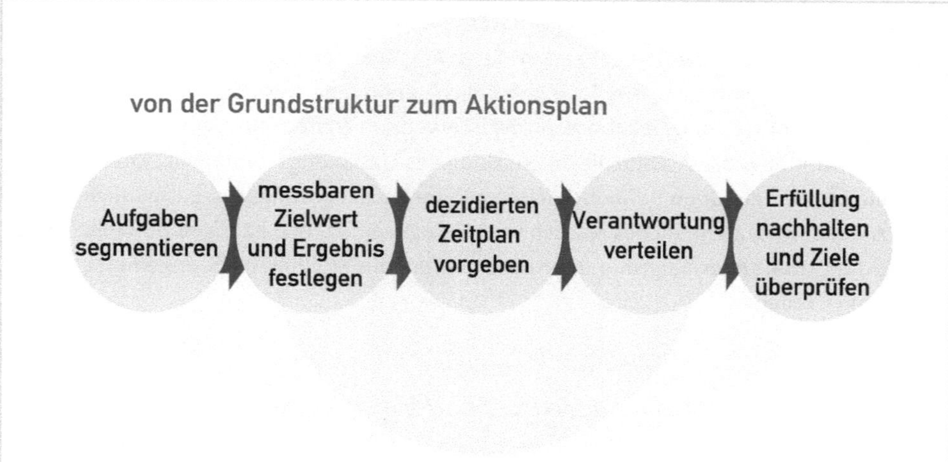

Abb. 34: Von der Grundstruktur zum Aktionsplan

Der Gestaltung von Aktionsplänen sind keine Grenzen gesetzt, solange die Kreativität nicht den Bedarf verdrängt. Vorlagen existieren in allen möglichen Formen. Wenn es dann eine einfache *To-do*-Liste sein soll, reicht dies, solange nur das Notwendige dort auftaucht und das Erreichen aller Aufgaben nachgehalten wird. Letzteres birgt noch einen Knackpunkt in sich, denn allzu leichtfertig werden gelegentlich Ziele als erreicht bewertet oder das Nicht-Erreichen ohne jegliche Konsequenz billigend hingenommen. Bei konkreten Zielwerten gibt es nur ein Ja oder Nein in Hinsicht auf die Zielerreichung. Werden Aufgaben bis zu einem fixierten Datum nicht erreicht, muss dies Konsequenzen haben. Es darf nicht sein, dass wortlos darüber hinweggegangen wird, wenn die Aufgabenerfüllung ausbleibt. Die einfachste Konsequenz ist ein neuer Zieltermin. Mehr als zwei Verschiebungen darf es nicht geben, dann ist eher der Aufgabenpunkt mit entsprechenden Konsequenzen zu streichen.

Kurz und knapp

... Aktionspläne oder To-do-Listen, beiden ist gemein, dass am Ende ein Ergebnis stehen muss, das abzugleichen ist mit dem, was als Ziel vorgegeben wurde.

5.28 Von Hierarchien und anderen Befindlichkeiten

Organisation sowie Strukturen finden ihren Niederschlag in Hierarchien und Organigrammen. Wollen auch alle gleich sein, ist der Ruf nach einem Organigramm oft lauter als die Forderung nach Gleichheit. Aus der Aufhebung der Symmetrie kann ein Spannungsfeld entstehen, das nicht aus den Augen verloren werden darf. Auf der anderen Seite bieten Formalismen, wie z. B. Hierarchien, den Mitarbeitern Schutz, eine Funktion, die zum Standardrepertoire der Führung gehört. Es wird schnell offenkundig, dass die Überwindung des Widerspruchs von Gleichheit und Ungleichheit Gespür und Geschicklichkeit verlangt. Erfahrung erweist sich hierbei als zweckmäßiger wie förderlicher Wegbegleiter. Im Grunde genommen kann alles ganz einfach sein, wenn klare Strukturen gelegt und Dissonanzen unmittelbar aufgelöst werden. Dazu muss dann Sorge dafür getragen werden, dass klare Verantwortlichkeiten und klare Arbeitsbereiche für die entsprechenden klaren Abgrenzungen sorgen. Gelegenheiten, dass Dissonanzen entstehen, und Vorgänge persönlich genommen werden, entstehen oft genug und meist unvermittelt. Das Gespür, wann die Intervention greifen muss, entfaltet sich mit der Zeit. Als Erkenntnisprozess sollte die Entwicklung des Einfühlungsvermögens, wenn möglich, beschleunigt werden. Denn Befindlichkeiten gehören zum Führungsalltag, sind nicht immer direkt zu erkennen und manches Mal schwer zu umgehen. Zu den häufigen Befindlichkeiten gehört, dass Mitarbeiter aufgrund ihrer untergeordneten Stellung nicht angemessen wahrgenommen werden.

Kurz und knapp

... Asymmetrie überwinden und durch Respekt sowie Akzeptanz für die unterschiedlichen Rollen ersetzen.

5.29 Rechtlich konform

Führungskräfte handeln im Auftrag eines Unternehmens und übernehmen damit die Verantwortung für die Erbringung einer Leistung. Sobald das Führen mehr als das Bedienen von Maschinen wie Geräten betrifft und Mitarbeiter des Unternehmens eingeschlossen sind, greifen beispielsweise noch arbeitsrechtliche Vorgaben, arbeitsschutzrechtliche Bestimmungen oder tarifvertragliche Regelungen. Rechtskonformität bedeutet wiederum, dass nicht zuletzt in strittigen oder grenzwertigen Situationen ein Blick auf die gesetzlichen Regelungen sowie Anforderungen zu werfen ist. Dennoch müssen Führungskräfte keine Arbeitsrechtler sein, die Betonung liegt an dieser Stelle darauf, zunächst den Menschenverstand einzusetzen und die notwendigen Fakten aus vorgeblichen Wahrheiten herauszulösen.

Im Normalfall werden die arbeitsrechtlichen Rahmenbedingungen von untergeordneter Bedeutung sein. Sie werden erst greifen, wenn Vorschriften verletzt oder gesetzliche Vorgaben nicht eingehalten werden. Zwiespalt hinterlässt eventuell die Situation, in der das Recht sich aufseiten des Arbeitgebers befindet, die moralische Bewertung einer Situation dagegen für den Mitarbeiter spricht. Auf all die Möglichkeiten, in denen Gesetze greifen und unterschiedliche Positionen eingenommen werden, muss man nicht vorbereitet sein. Für die gesetzlichen Grenzfälle gibt es meist im Unternehmen ausgewiesene Spezialisten. Gleichwohl ist es sinnvoll, immer wieder sich mit dem für den Arbeitsplatz gültigen rechtlichen Rahmen zu beschäftigen, ohne ein juristisches Examen anzustreben.

Inwieweit man die rechtskonforme Führung unter *Compliance* einordnen will, mag vom Standpunkt des Betrachters abhängen. Grundsätzlich gehört der rechtskonforme Umgang mit Mitarbeitern in die betriebseigenen Vorschriften, die das Führungspersonal sowohl zu kennen als auch zu beachten hat.

Kurz und knapp

… Vorschriften und Regeln bestimmen formal den Handlungsrahmen, was die Führungskraft nicht davon abhalten darf, in gleicher Weise das Recht des Arbeitnehmers, vor allem das auf einen angemessenen Umgang zu wahren.

5.30 Vom Rechtlichen zum Moralischen

Arbeitsrecht, Datenschutz oder *Compliance* kann man lernen, stur und faktenorientiert, Führen muss man erfahren, verstehen und leben. Da gibt es nichts Mechanistisches und oft genug wenig Logisches, Situationen wollen da beherrscht werden, nicht selten mit Kreativität, stets jedoch mit Handeln. Über all dem – etwas pathetisch ausgedrückt – schwebt die Moral, die im Grunde genommen nur Ausdruck der Führungskultur ist. Während sich das Rechtliche, wie erwähnt, über formalisierte Lernwege erschließen und aneignen lässt, benötigt die Kultur Erfahrung und Anwendung, damit sie zum Zuge kommt. Mitarbeiter wollen spüren, dass ihre Vorgesetzten es ernst meinen mit den Ansprüchen der Führungskultur und nicht allein von Werten reden, sondern mehr durch werteorientiertes Handeln überzeugen, um so Authentizität zu schaffen.

Vieles wirkt hinein, damit Kultur bei den Mitarbeitern ankommt. Neben der Authentizität sind es u. a. die Kommunikation und die Wertschätzung, ein kleiner Ausschnitt dessen, was Führungskultur begründet. In Abgrenzung zum Rechtlichen, das ausschließlich auf Fakten zu rekurrieren hat, gibt das Moralische eine Orientierung auf den Mitarbeiter als Menschen, nicht als Wirtschaftsfaktor. Den Mitarbeitern bedeutet dies viel, wenn über Achtsamkeit und Wertschätzung deren Motivation angesprochen wird. Führungskräfte müssen keine Künstler sein, aber zumindest Kulturschaffende, denn der Nährboden für die Motivation der Mitarbeiter ist zum Teil die Unternehmenskultur. Diese ist kein fertiges Produkt, das eine Unternehmensberatung implementieren kann, sondern ist gelebte gegenseitige Wertschätzung.

Kurz und knapp

... kodifiziertes Recht und moralischer Anspruch finden zusammen in einer Führungskultur, die den Bogen über die (Zusammen-)Arbeit spannt.

5.31 Kraft der Sprache nutzen

Die Bedeutung des Redens ist weiter oben ausführlich auseinandergelegt worden, das soll hier nicht erneut geschehen. Zur Konkretisierung gehört es, ein paar Grundzüge der standardisierten Mitarbeiterkommunikation mittels einiger Sprachanlässe eingehender zu betrachten. Das Miteinanderreden, der Austausch zwischen Vorgesetzen und Mitarbeitern gehört zu den Schlüsselstellen in der Zusammenarbeit. Standards der Mitarbeitergespräche sind schnell zusammengestellt, und das nicht zum ersten Mal. Sie hier nochmals aufzuführen, hat damit zu tun, dass diese Standards nicht oft genug gebetsmühlenartig aufgeführt werden können. Trotz besseren Wissens verspürt scheinbar eine gewisse Zahl von Vorgesetzten den Drang, all die guten Hinweise zum Führen von Gesprächen sozusagen vom Tisch zu wischen.

Eine Sprache sprechen

Einander zu verstehen, das bedeutet, zum einen zuzuhören, zum anderen sich Rückmeldungen zum Verständnis, zum Verstehen der ausgebrachten Botschaften zu holen. Manchmal geschieht es, dass Sprecher sich nicht verstehen, weil die Beteiligten in diesem Moment nicht dieselbe Sprache sprechen. Dabei muss Verständigung nicht so kompliziert sein. Zuhören, sich auf den Gesprächspartner einstellen und sicherstellen, dass der Gegenüber einen versteht, das ist die wesentliche, die notwendige Unterfütterung von Dialogen. Manchmal hilft schon die Bereitschaft, sich auf die Sicht des Gegenübers einzulassen, wenn Missverständnisse zu klären sind. Jedenfalls kann Verständnis nur entstehen, wenn das Verhalten sowie die Sprache authentisch sind, denn nichts blockiert Kommunikation mehr als eine spürbare Künstlichkeit beim Anderen.

Gespräche führen

Um einen Dialog einzutreten, müssen beide Gesprächspartner bereit sein, mehr zu tun als nur zu plaudern. In einem konstruktiven Gespräch müssen die Beteiligten zuhören und aufeinander eingehen. Erst auf dieser Basis kann ein *Commitment* entstehen. Es sollte selbstverständlich sein, dass Mitarbeitergespräche nicht zur Selbstdarstellung instrumentalisiert werden dürfen. Dies impliziert wiederum, dass ein Dialog in beide Richtungen geführt werden muss. Miteinander zu reden, setzt voraus, dass Gesprächspartner verstehen, was andere vermitteln wollen. Führungskräfte müssen darauf achtgeben, dass sie nicht einen zu großen Redeanteil für sich in Anspruch nehmen. Besser beobachten, als Anwesende durch Selbstdarstellung zu langweilen. Den roten Faden im Dialog legen der Inhalt und das Ziel.

Perspektivwechsel als Methode

Mehrfach ist der Perspektivwechsel zur Sprache gekommen, und an dieser Stelle muss das Einnehmen einer anderen Sichtweise ein weiteres Mal einbezogen werden. Einige Aspekte, die das Wechseln der Perspektive ausmachen, werden an dieser Stelle zusammengefasst: den Anderen besser verstehen, Missverständnisse auflösen, neue Erkenntnisse gewinnen, Konflikte entschärfen, dem Anderen auf diese Art Wertschätzung entgegenbringen und am Ende zu Lösungen finden (siehe als Übersicht Abb. 35).

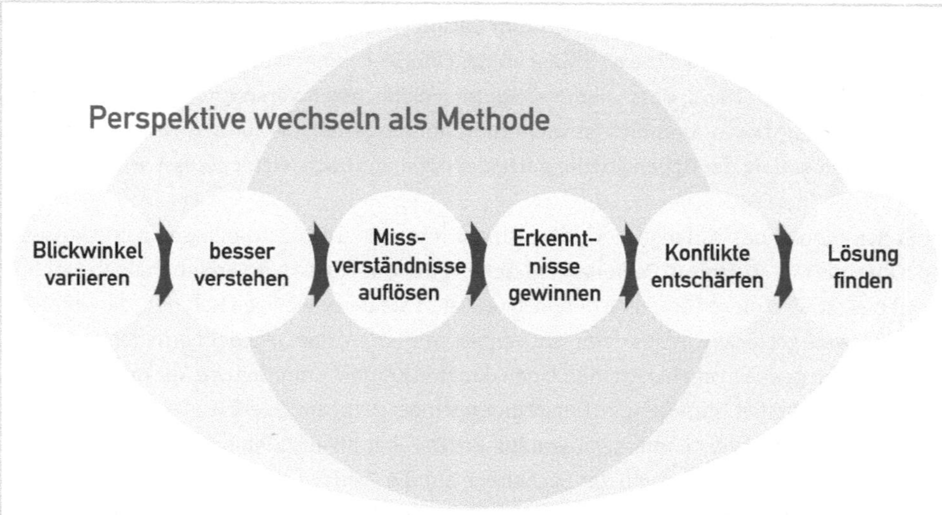

Abb. 35: Perspektive wechseln als Methode

Perspektivität, ist sie allzu eingeschränkt, begünstigt eher Emotionalität, da der Blick nach links und rechts ausbleibt. Lösungsorientierung und Objektivität erfordern geradezu den Perspektivwechsel, zumal dadurch oftmals erst der Weg zur Lösung gefunden wird.

Als ein wichtiges Moment in Diskussionen wie Auseinandersetzungen gilt die Rückbesinnung auf Fakten und Lösungen. Es wäre falsch, mit einer betonierten, unveränderlichen Position in den Dialog zu gehen. Dies würde einerseits daran hindern, sich für andere Blickwinkel zu öffnen, andererseits tragen verhärtete Positionen dazu bei, dass keine alternativen Lösungen zum Tragen kommen. Emotionen führen in solchen Situationen dahin, dass die Disputanten in ihrer Argumentation allein auf die eigene Position fokussieren. Es mag zulässig sein, auf etwas selbst Gesetztes zu rekurrieren. Das darf dagegen nicht dazu führen, dass andere Sichten kategorisch ausgegrenzt werden. Die andere Sicht bietet gleichzeitig die Gelegenheit, die eigene Perspektivität zu validieren und Ursachen für Emotionen auszumachen. Daher gehört es zu den erprobten Methoden, die Perspektive zu wechseln und sich in andere Sichtweisen hineinzuversetzen. Das kann dabei helfen, andere zu verstehen oder Impulse zu gewinnen. In jedem Fall erweitert der Perspektivwechsel das Blickfeld.

Das Mitarbeitergespräch – der Standard

Mitarbeitergespräche sind im Grunde genommen ein Kapitel für sich – sie liefern sogar den Stoff für Bücher und Seminarreihen. Letzten Endes lassen sich einige Prinzipien extrahieren, die allein schon ausreichen, sich ein Handlungsgerüst für die Kommunikation aufzubauen, das als Struktur ein Begleiter durch die vielfältigen Gesprächssituationen ist. Es sind auf der einen Seite ein paar feste Regeln für das Führen formaler Gespräche, auf der anderen Seite ist es ganz allgemein die Sorgfalt, die als Prinzip für die formale wie informelle Kommunikation als Vorgabe gilt. Über die Kommunikation kann dabei erneut das Netz wirkender Faktoren gespannt werden. In diesen Ausschnitt lassen sich zum Beispiel hineinrücken: Konzentration, Ernsthaftigkeit, Aufmerksamkeit, Fairness, Transparenz, Offenheit, Angemessenheit und Verlässlichkeit. Es liegt auf der Hand, dass wieder die unterschiedlichsten Verknüpfungslinien zwischen den Faktoren existieren. Und dies ist wiederholt nur ein Streiflicht auf den Wirkungshorizont von Kommunikation, der Bogen könnte auch hier durchaus noch weiter gefasst sein.

Mit Reden führen, das verlangt mehr, als sich mit formalen Gesprächsanlässen zufriedenzugeben. Obschon das Formale in Personalgesprächen oder Qualifizierungsvereinbarungen Sinnhaftigkeit besitzt, sind diese Formalien dennoch reduziert auf den jeweiligen Rahmen, der durch die Gesprächsziele gesteckt wird. Es darf nicht vergessen werden, dass in jeder Form der Kommunikation die Gelegenheit gegeben ist, durch den direkten Kontakt unmittelbare Rückmeldungen zu erhalten. Diese helfen, zum Beispiel Entscheidungen besser abzuwägen, weitere Informationen einzuholen oder Missverständnisse auszuräumen. Darüber hinaus bietet die direkte Kommunikation die Option, bei Bedarf von der Sachebene auf die Gefühlsebene zu wechseln. Dort kann die Chance genutzt werden, Wertschätzendes auszudrücken, Anerkennung zu vermitteln oder Anteilnahme zu zeigen. Die wichtigsten Eckpunkte sind: mit ausreichend Zeit das Gespräch zu beginnen, mit Ziel(en) ins Gespräch zu gehen und mit Konkretem wieder herauszugehen, allen Gesprächsteilnehmern ausreichend Zeit und Gelegenheit einzuräumen, Tatsachen in den Mittelpunkt zu stellen und Emotionen nötigenfalls an den Rand zu drängen (siehe Abb. 36).

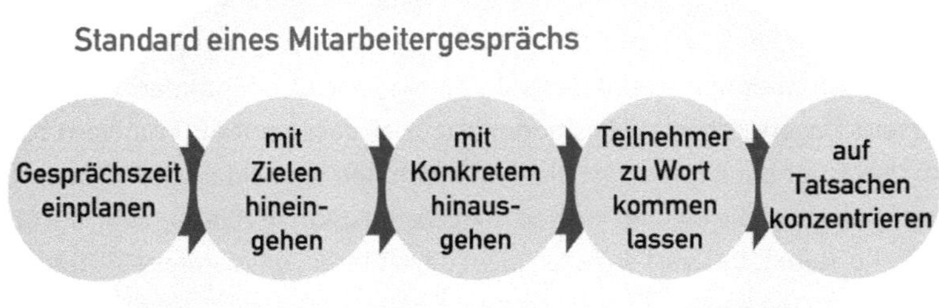

Abb. 36: Standard eines Mitarbeitergesprächs

Weitere Strukturmomente werden im nachfolgenden Abschnitt behandelt, indem am Beispiel des Einstellungsgesprächs zusätzlich Aspekte näher beleuchtet werden.

Mitarbeitergespräche – das Einstellungsgespräch als Beispiel für Strukturelles und Übergreifendes

Eines der wichtigsten Gespräche ist das Einstellungsgespräch. Schließlich wird dort gegebenenfalls eine längere Bindung angebahnt. Die meisten Ratgeber werden den juristischen Part und die unternehmerische Entscheidung abdecken, deswegen bleibt diesem Abschnitt vorbehalten, die zwischenmenschlichen Gesichtspunkte einer künftigen Zusammenarbeit zu konkretisieren. Das ergibt durchaus Sinn, denn Leistungsverhalten, Synergien und Engagement stehen in einem engen Bezug zum Beziehungsverhältnis. Die wichtigsten Eckpunkte sind hier:

- Teampassung,
- Passung hinsichtlich der Aufgaben,
- Biografie (ebenfalls in Passung zum Team),
- Passung von Anforderungen und Bewerberfähigkeiten,
- Vorstellungen und Erwartungen,
- Lernbereitschaft.

Mit Fragen kann erkundet werden, wie weit die Bereitschaften gehen, was Lernbereitschaft, Einsatzbereitschaft oder Identifikationsbereitschaft betrifft. Die nachfolgenden, ausgewählten Fragen belegen, wie die Situation beim Bewerbungsgespräch belebt werden kann. Es sind sowohl die Reaktionen des Bewerbers als auch die Art und Weise, wie der Bewerber solche Fragen beantwortet, die viel verraten. Das ist oft aufschlussreicher als die Inhalte, die vorgebracht werden.

- Was macht einen attraktiven Arbeitgeber aus?
- Beschreiben Sie eine erfolgreiche Aufgabenbewältigung in der jüngeren Vergangenheit.
- Was zeichnet Sie an Ihrem Arbeitsplatz aus?
- Wie gehen Sie mit Konfliktsituationen um?
- Was war Gegenstand der letzten Konflikte an Ihrem Arbeitsplatz?
- Wie stellen Sie sich Ihren Arbeitsplatz vor?

Fachliteratur wie Internet halten eine Vielzahl ergänzender Fragen vor, die solche Gespräche bereichern können. Vor dem Standard und dem Abspulen von Checklisten-Fragen sollte man sich hüten, mehr als Zeitverschwendung kommt dabei nicht herum.

Die Mediation – Lösungen herbeireden

Die Mediationsfähigkeit muss nicht zur Perfektion ausgebildet sein, gleichwohl sind im Rahmen der Führung Kenntnisse zur Mediation recht nützlich. Allein Grundstruktur und Prinzipien erleichtern das Konfliktmanagement. Konfliktbeteiligte brauchen keinen Schiedsspruch ihres Vorgesetzten, sie müssen ihr Problem selbst lösen. Mit Fragen und Vorschlägen schafft es der Mediator, die Positionen hinter den Argumenten herauszustellen, sodass über das geredet wird, um das es im Grunde genommen geht. Diese wenigen fundamentalen Kernbausteine der Mediation verdeutlichen, dass Führen sehr viel mit Reden und Psychologie zu tun hat. Nicht dass das Psychologisieren als zu sanft oder weichgespült verstanden sowie bewertet wird. Die Führungskraft ist in solchen Situationen ein Konfliktbrecher. Das Martialische dieser Bezeichnung rückt dabei nur ins Licht, dass Konflikte Probleme darstellen, die energisch, resolut und nachhaltig zu lösen sind, denn Konflikte haben in letzter Konsequenz Einfluss auf die Wertschöpfung. Das fängt bei der zeit- wie energiezehrenden Beschäftigung mit dem Konflikt an und kann im schlimmsten Fall bis zur Einschränkung der Produktivität oder sogar zu materiellen Schäden führen.

Besprechung allgemein – konstruktiv und kein Zeitfresser

Besprechungen leiten, das heißt nicht, eine Gelegenheit zur Selbstdarstellung zu nutzen. Vornehmlich dienen Besprechungen dem Informationsfluss. Informationen einzuholen, setzt voraus, dass man zuhören kann und will. Wer die nötige Selbstsicherheit als Führungskraft besitzt, hat es nicht nötig, sich durch das Profilieren der eigenen Person in den Vordergrund zu rücken und anderen die eigene Selbstdarstellung aufzunötigen. Zusammenkünfte finden statt, damit man miteinander ins Gespräch kommt, sich informiert und andere einbindet. Zwar können formale oder strukturelle Vorgaben für Besprechungen helfen, dass sich alle auf das Wesentliche konzentrieren, doch dem Bewusstsein, im Sinne der Effizienz bei der Sache zu bleiben, kommt eine ähnliche zentrale Bedeutung zu. Was dann für den Vorgesetzten gilt, hat analog für alle Teilnehmer der Besprechung zu gelten. Ein besonders gefährliches Moment im Hinblick auf die Konstruktivität ist neben der Selbstdarstellung die Flucht vor Verantwortung. Manchmal lässt es sich leichter reden, als mit Tun Verantwortung zu übernehmen. Aus diesem Grunde muss sehr aufmerksam darauf geachtet werden, dass sich kein Reden um des Redens willen entspinnt und dass sich Mitarbeiter um das Tun durch Argumentieren oder Problematisieren drücken.

Die Teamsitzung – eine Arbeitssitzung

Der Abschnittstitel spricht für sich, der Erwähnung bedarf es dennoch, dass Teamsitzungen von ihrem Wesen her Arbeitssitzungen sind. Trotz notwendiger formaler Strukturen und eines ggf. gleichförmigen Ablaufs darf dies die Beteiligten nicht dazu verleiten, Zeit zu verspielen. Es ist gerade das Monotone im Verlauf, das dazu verführt, Punkte einfach abzuhaken. Beliebt ist, dass im Vorfeld zur Sitzung Tagesordnungspunkte von jedem Teilnehmer eingesammelt werden. Und da niemand mit leeren Händen dastehen will, müssen häufig die

Finger herhalten, damit sich daraus irgendwelche Themen heraussaugen lassen. Das ist nicht im Sinne einer Arbeitssitzung. Ähnliches trifft auf die grundsätzlich dienliche Ideenfindung zu – wenn diese zuweilen zum Geplauder gerät, dann ist offenbar die klare Zielorientierung zurückgedrängt.

Die Führungskraft hat eine vielgestaltige Verantwortung. Als Vorbild müssen Führende angemessen vorbereitet sein. Sie achten darauf, dass die Redebeiträge am und beim Thema bleiben, sorgen dafür, dass alle Punkte entsprechende überprüfbare Handlungsableitungen erhalten, und haben die Uhr konsequent im Auge. Dass in Teamsitzungen sich Gelegenheiten bieten, Wertschätzung zu zeigen und Teamkultur zu praktizieren, steht außer Frage. Daneben kann in mancher Zusammenkunft der Zeitpunkt günstig sein, Konflikte im Team zu klären, Unklarheiten aus dem Weg zu räumen, die gemeinsame Zukunft zu gestalten oder Neuerungen einzuführen. All das sind keine Themen für das Flurgespräch oder den Austausch zwischen Tür und Angel. Die Themen gemeinsam in einer konstruktiven, kollaborativen Atmosphäre zu bearbeiten, stellt lebendige Teamkultur dar. Was nicht zur Teamkultur gehört, das ist die öffentliche Abstrafung oder irgendwelche Bewertungen von Arbeitsleistungen. Während die kritische Auseinandersetzung durchaus öffentlich stattfinden darf, gehören das deutliche Hervorheben und das übermäßige Herabsetzen von Einzelnen nicht in eine gemeinsame Runde. Deshalb muss mit Lob und Kritik sorgsam umgegangen werden. Mag Wettbewerb in einzelnen Fällen zur Motivation beitragen, kann das augenblicklich kippen und Neid wie Missgunst nähren. Die Dosierung von Anerkennung und Wertschätzung ist an anderer Stelle herausgestellt. Teamleiter, die Lob und Kritik in Teamsitzungen als Ansporn zum Wettbewerb verstehen, müssen erst einmal begreifen, was die Kooperation zu zu leisten vermag.

Rückkehrgespräch – die Zurückkommenden auf- und mitnehmen

Ein krankheitsbedingtes Aussetzen darf keine Atmosphäre der Distanz oder gar Misstrauens begünstigen. Ganz im Gegenteil dazu müssen die Rückkehrenden spüren, dass sie weiterhin ein Teil der Gemeinschaft sind und dass alle bestrebt sind, Rückkehrer so schnell als möglich wieder in die laufenden Prozesse zu integrieren. Ein Rückkehrgespräch ist noch mehr: Es ist zugleich Fürsorge, Kultur und Signal. Als Zeugnis einer lebendigen Kultur im Unternehmen wird das Rückkehrgespräch verstanden, wenn es zum Standard gehört, Mitarbeiter nach einer Auszeit abzuholen und so rasch wie möglich wieder zu integrieren. Zum Signal wird der fürsorgliche Zuspruch dadurch, dass die anderen im Unternehmen wahrnehmen, wie Kollegen aufgefangen werden. Darüber hinaus gibt das Gespräch eine Gelegenheit, die aktuelle Situation des Mitarbeiters genauer zu erfassen sowie gegebenenfalls Zusammenhänge zwischen Erkrankung und Arbeitsplatz zu erkennen. Es soll dem Verstehen nützen, nicht der Kontrolle, und es muss genutzt werden, um die rückkehrenden Mitarbeiter wieder in die Prozesse zu integrieren (siehe auch Abb. 37).

Abb. 37: Rückkehrgespräch nutzen

Stehen die Gründe offenbar in einem Zusammenhang mit dem Arbeitsplatz, müssen weitere Maßnahmen ergriffen werden. Krankheiten, die eine längere Auszeit bedingen, können auf beruflichen Stress im Allgemeinen, auf Arbeitspensum, Ärger mit Vorgesetzten, Zeitdruck, Arbeitsplatzergonomie oder die Arbeitsplatzsituation zurückgehen. Bei erkennbaren Zusammenhängen mit dem Arbeitsplatz müssen Entscheidungen getroffen resp. Änderungen durchgeführt werden. Das betriebliche Eingliederungsverfahren (BEM) schafft bei längeren Auszeiten einen entsprechenden Rahmen. Lassen sich Ursachen und Gründe nicht auflösen, schließt das eine Trennung nicht aus, die dann den arbeitsrechtlichen Vorgaben folgen muss. Maßgabe bleibt, das Rückkehrgespräch zu nutzen und nicht nur durchzuführen.

Trennungsgespräch – reingehen, auch wenn's wehtut

Trennungsgespräche stellen eine große Herausforderung dar, denn in dieser Faktenlage lassen sich Emotionen selten ausgrenzen. Es ist nicht immer eitel Sonnenschein und sollte einmal eine ernsthafte Krise den Horizont verfinstern, dann sind erst recht Führungsqualitäten gefordert. Manchmal ist es aber auch nur der Mut, sich in solchen Situationen zu stellen. Manch Führungskraft nutzt dann gern die Gelegenheit, abzutauchen und die Angelegenheit der Personalabteilung zu überlassen. Vor allem wenn betriebsbedingte Kündigungen anstehen, fühlt sich die eine oder andere Führungskraft so unwohl, dass sie sogar die Flucht aus der prekären Situation sucht. Doch gerade in diesem Moment ist es für die im Unternehmen verbleibenden sowie die von Kündigung betroffenen Kollegen wichtig, die Souveränität des Vorgesetzten bewusst aufzunehmen und auf diese Weise einen Halt zu verspüren. Der Halt besteht darin, die Gewissheit zu haben, dass Trennungen der einzige gangbare Weg sind.

Ein Trennungsgespräch hat eine Vielzahl von Unwägbarkeiten, sodass die Vorbereitung auf dieses Gespräch nur von begrenztem Wert ist. In dieser Situation muss Spontaneität und das

Intuitive zum Zuge kommen. Der Betroffene sollte nicht das Gefühl bekommen, dass irgendein Standard abgespult wird. Egal, wie das Verhältnis zu den Kollegen sein mag, es muss damit gerechnet werden, dass ein Austausch mit den Kollegen stattfindet. Geschieht die Trennung in einer herablassenden Art, wird dies vorhandenes Vertrauen empfindlich stören.

Besprechungen organisieren

Besprechungen lassen sich nicht von der Kommunikation im Allgemeinen abgrenzen. Die regelmäßige Zusammenkunft bei Teamsitzungen als eine der wesentlichen Besprechungsformen steht beispielhaft für das Organisieren. Anders als zum Beispiel bei informellen Dialogen muss vorrangig ein ausgeglichenes Maß zwischen Informationsvermittlung, Austausch, Diskussion und Vereinbarungen hin zu konkretem Handeln gefunden werden. Es darf dabei nicht unterschätzt werden, welche Risiken dahinter lauern, wenn Diskussionen ergebnislos fortschreiten. Hierbei helfen bereits einige wenige formale Anforderungen. Die Gesprächsdisziplin ist eine davon. Erst recht, wenn Mitarbeiter Verantwortung bzw. Aufgaben offenbar nicht übernehmen wollen, kann es vorkommen, dass Besprechungen zu Problemdiskussion ausgedehnt werden bis hin zum Sammeln von Argumenten, warum etwas nicht funktionieren kann. Als Konsequenz drängt sich auf, dass außer der Vorbereitung, der Konkretisierung von Themen, der Klärung offener Punkte und eines Ausblicks in jedem Fall die Umsetzungen einbezogen sind. Ein weiterer wichtiger Grundstein zur Organisation von Besprechungen wird mit der Protokollierung gelegt. Dadurch stellen die Verantwortlichen sicher, dass Aufgaben nicht nur verteilt werden, sondern dass über die Nachverfolgung die abschließende Aufgabenumsetzung sichergestellt wird. In all dem steckt das Bewusstsein, dass Besprechungen eine Vorbereitung und eine Nachbereitung brauchen. Formalisierungen helfen dabei, dass eine Besprechung zu einer sinnvollen Zusammenkunft wird. Diese formalen Hilfsmittel dürfen indes nicht die Beteiligung und Bereitschaft von Mitarbeitern zurückdrängen. Besprechungen müssen eher so organisiert sein, dass sich Mitarbeiter gern und ohne Furcht vor Folgen einbringen. Der konstruktive Diskurs in Besprechungen bringt die Impulse hervor, die für die Weiterentwicklung vonnöten sind.

Überzeugen

Das Überzeugen in einer Diskussion darf nicht als Überreden verstanden werden. Das konstruktive Gewinnen eines anderen gleicht mehr dem Versuch, Verstehen zu ermöglichen und den Weg zur Einsicht des Gesprächspartners zu bereiten. Dies bedeutet zugleich, dass nicht über Techniken, psychologische Kniffe oder irgendeine Form von Druck das Einsehen des anderen erreicht wird. Beim Überzeugen zählen die Zusammenhänge, die offenzulegen sind, die Fakten und die Tatsachen, die das Konstruktive und am Ende das Professionelle ausmachen. Grenzwertige Methoden, die allein dazu dienen, andere eher auf eine Seite zu ziehen, haben nur temporäre Wirkkraft. Das heißt, dass die Wirkung der notwendigen Nachhaltigkeit entbehrt und dass derart erzielte Erfolge mehr Pyrrhussiege sind.

Mail – Teufelswerk der Kommunikation

Sprache und Kommunikation müssen sehr weit gefasst werden. Davon zeugt allein das Geschriebene, das ebenso Mittel der Kommunikation ist. Indirekte, also mittelbare Kommunikation hat zunächst den Vorteil, dass die Gesprächspartner nicht präsent sein müssen und Informationen oder Botschaften ohne Druck und mit Bedacht formuliert werden können. Erfreuen sich Videokonferenzen auch wachsender Beliebtheit, bleibt weiterhin die Möglichkeit, Geschriebenes als Informationsträger zu nutzen. Kommunikation in geschriebener Form entbehrt dagegen beispielsweise des Blickkontaktes. Blicke, Gesten oder Mimik haben ihr eigenes Wörterbuch und wirken als Assistenten, indem sie als Informationsträger zusätzliche, begleitende Informationen übermitteln. Sie dienen sowohl der Kodierung als auch der Dekodierung. Sprachliche Informationen werden auf diese Weise ergänzt, verstärkt oder belebt. Der Sprecher kann sich über den Blickkontakt rückversichern, ob das Gesagte verstanden wurde oder ob der Zuhörer der Argumentation zustimmt. Nichts von dem findet sich im indirekten, mittelbaren Austausch mittels geschriebener Kommunikation wieder. Damit ist das Höllentor weit geöffnet. Empfänger beginnen zu interpretieren, können nicht nachfragen, nicht unmittelbar widersprechen. So nimmt das Übel seinen Lauf. Emotionen geraten in Bewegung. Konflikte können sich begründen und die Konfliktpartner sich munter hochschaukeln. Grundsätzlich hilft hier die Vereinbarung, dass Unstimmigkeiten, Widersprüche und Kritik nicht über die schriftliche Korrespondenz geklärt werden. Das kann sogar noch einen Schritt weiter gehen, dass ganz explizit in der virtuellen Kommunikation versucht werden soll, sich auf Tatsachen zu beschränken. Allzu schnell treibt die Emotion den Schreiber einer Nachricht an, zur Behauptung zu greifen, statt auf Tatsachen zu rekurrieren.

Kurz und knapp

... Reden hilft – in jeder Situation – und Fakten können Emotionen dämpfen, wenn sie diesen entgegengesetzt werden.

5.32 Aus Einzelnen eine Gesamtheit machen

Mag beim Begriff *Schweißen* etwas Handwerkliches mitschwingen, drückt es in passender Weise aus, welche konstruktive Arbeit in der Teambildung steckt. Es bleibt dennoch genug psychologische Arbeit. Teambildung und Teamentwicklung kennzeichnen Führung aus und haben damit einen zentralen Platz bei den Führungsfunktionen. Setzt das Anvertrauen von Führung bei den fachlichen Qualifikationen wie Kompetenzen auf, so wird spätestens bei der Übernahme eines Teams offenbar, dass Führung weiter zu fassen ist. Bis die Teamarbeit optimal gestaltet ist und das Zusammenwirken als effektiv bezeichnet werden kann, muss Teamentwicklung betrieben werden. Auf den ersten Blick lassen sich vier Zielrichtungen bei der Teambildung unterscheiden: auf andere zugehen, eine Sprache sprechen, an einem Strang ziehen, ein Team sein (siehe auch Abb. 38).

Abb. 38: Aus Einzelnen ein Team bilden

Diese und ähnliche Zusammenstellungen existieren in großer Zahl. Sie lassen sich in jede Richtung erweitern – je nach Blickwinkel. Was als Kern bleibt, das ist das Zusammensein. Es lässt sich leicht erahnen, was sich über die gesamte Teamentwicklung spannt: die Kommunikation. Die führt ein weiteres Mal vor, dass als Führungskraft das Reden ernst zu nehmen ist. Aus den vorgenannten Blöcken der Teambildung ergeben sich konkrete Aufgabenstellungen für die Teambildung und für die Teamentwicklung:

- Vorstellungen und Wünsche offen kommunizieren,
- Positionen klären und Rollen verteilen,
- Regeln festlegen,
- gemeinsam Ziele vereinbaren,
- Offenheit praktizieren
- und Konflikte lösen.

Wie sieht mein Beitrag im Team aus? Was muss ich tun? Aus den bisherigen Darlegungen wird deutlich geworden sein, was im Team zählt und was der Einzelne dazu beiträgt: offen reden, klären, vertrauen, Stärken anderer respektieren und Schwächen auffangen, nach vorn schauen, mitgestalten. Die Gesamtheit des Entwicklungsprozesses sowie die Anforderungen an den Einzelnen machen deutlich, dass das Reden als funktionale Kommunikation dient und nicht als Psychologisieren verstanden werden darf. Es ist das Reden, das immer eng an Handeln geknüpft ist. Weiter formalisiert, lässt sich die Teambildung wie -entwicklung in einzelne wirkende Komponenten zerlegen (siehe Abb. 39). Die Teamleiter übernehmen in diesem Prozess die Aufgabe, die unterschiedlichen Erwartungen und die verschiedenen Sichten auf die Teamarbeit bewusst zu machen und zu harmonisieren. Zum Grundverständnis einer Teamarbeit gehört es, dass alle gemeinsam Ziele erreichen, die auf ein *Commitment* zurückgehen. Die Komponenten, die die Teamarbeit und Teamentwicklung formen, erfordern nicht zwangsläufig eine feste Chronologie. Unterliegen sie auch keiner logischen Folge, werden u. a. aus Perspektivwechsel, Regeln der Kommunikation und das *Commitment* zur Gemeinschaftlichkeit tragende Säulen der Teamarbeit. Da vor allem die Kernkomponenten entwicklungsstiftende Momente beinhalten, müssen Teamleiter sich darum vorrangig kümmern.

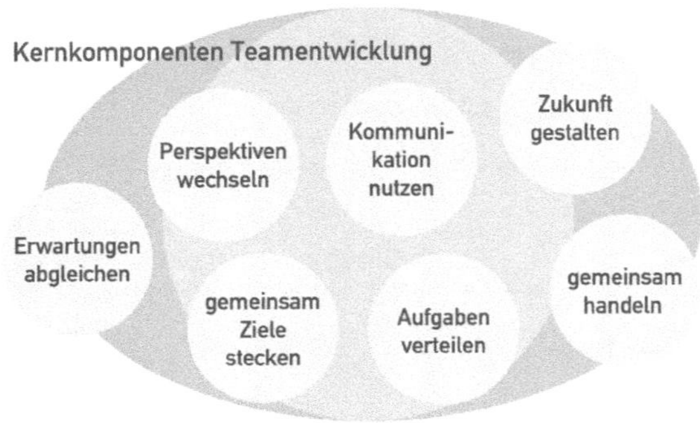

Abb. 39: Kernkomponenten Teamentwicklung

Teambildung als Modell hat viel Theoretisches. Dafür steht beispielhaft, dass Modelle Abstraktionen der Wirklichkeit sein wollen. Sie können und wollen die Individualität der Teammitglieder, die Verschiedenartigkeit der Situationen und virulente Emotionalität nicht erfassen. Trotzdem helfen Modellierungen, einen System- wie Strukturzugang zu finden und einzelne Entwicklungsmomente in Angriff zu nehmen. Ein besonderes Gewicht besitzt die Anfangsphase, in der sich das Team herausbildet. Teamleiter müssen diese ersten gemeinsamen Schritte bewusst angehen, weil vieles im weiteren Verlauf der Teamarbeit davon abhängt. Die einzelnen Schritte sind nicht in Stein gemeißelt. Teamleiter müssen sich flexibel zeigen und ggf. Spontaneität einbringen. Dabei zeigt sich, wie wichtig und wirksam spezifische Führungseigenschaften und Qualifikationen sind. Wichtig sind Übersicht, kritische Distanz, Tatsachenorientierung, Ruhe und mediatorische Fähigkeiten. Den großen Bogen darüber spannt die Gemeinschaftlichkeit. Denn Teamarbeit und Teamerfolg baut darauf auf, dass aus der Tatkraft der Einzelnen ein gemeinsamer Erfolg entsteht.

In der Folge der Konstituierung eines Teams stehen gemeinsame Ziele, die angemessene Aufgabenverteilung und das Gestalten der Zukunft an. Ähnlich wie die Gemeinschaftlichkeit alles umspannt, so muss im Operativen das Handeln als das alles Verbindende verstanden werden. Zu den Grenzsituationen der Teamarbeit zählen Konflikte und Spannungen, die nicht minder Handlungsorientierung verlangen. Teamleiter organisieren den Findungs- wie Konsolidierungsprozess eines Teams, um mittels der gemeinsamen Leistung Erfolge zu erzielen. Für manche mag eine echte Herausforderung darin bestehen, wenn das Teilen dieses Erfolgs ansteht.

Doch Teamarbeit ist das Ergebnis einer kollektiven Arbeitsleistung. Zukunft gestalten, will sie nachhaltig sein, muss als eine gemeinsame Entwicklung verstanden werden. Dies muss sich entsprechend in der Wertschätzung der Leistung einzelner äußern. Teammitglieder werden erwarten, dass man sie teilhaben lässt. In der Teamarbeit gehört es somit zu den Herausforderungen, Kompetenz und Performanz in Einklang zu bringen.

Der Perspektivwechsel eröffnet den Weg hin zur kritischen Distanz und schafft Verständnis für die Haltung anderer. Darin steckt in der Fortsetzung das Potenzial für den Gemeinsinn und das gemeinschaftliche Handeln. Andere zu verstehen, wird so zum Grundstein für die vereinte Zielverfolgung. Das Mitziehen und Mitreißen von Teammitgliedern funktioniert, wenn die richtigen Anreize bereitgehalten werden. Sollten Lob und Belohnung dafür genutzt werden, muss berücksichtigt werden, dass das Feld der Gleichbehandlung und der Verhältnismäßigkeit nicht verlassen wird. Übermäßige Berücksichtigung einzelner Teammitglieder oder übertriebene Belobigungen können negativ wirken.

Kurz und knapp

... ein Team zu bilden und ein Team zu entwickeln, das darf nicht als Nebensache verstanden werden, sondern muss eine Priorität sein.

5.33 Ziele gemeinsam erreichen – der Kollektivgedanke

Strategie wirft Ziele ab, die Führungskraft propagiert sie und passt sie so an, dass daraus operative Maßnahmen abgeleitet werden können. Das gestaltet sich nicht immer so einfach, vor allem dann, wenn die strategischen Ziele der Konkretisierung entbehren oder die Anbindung von Maßnahmen an die Strategie ausbleibt. Verstehen die Mitarbeiter nicht, was sie aus welchem Grund machen sollen, wird kein Kollektiv entstehen, das zusammen vorangeht.

Ziele finden, Ziele definieren und Ziele verfolgen

Die Zieldefinition und die Vorgabe der gemeinsamen Marschrichtung werden als klassische Führungsfunktion begriffen. Trotzdem lohnt sich immer wieder der Blick auf Inhalt und Ablauf der Zieldefinition als auch auf die Strukturierung des gesamten Zielprozesses mit der Kontrolle/Nachverfolgung der Zielerreichung. Es fängt mit der Festlegung von Zielen, dem Definieren von Zielinhalten an, was ein Vorgang ist, der ab und zu falsch eingeschätzt und unterschätzt wird. Immerhin sind Ziele das Herzstück des operativen Tagesgeschäfts. Wesentlicher Kern eines Ziels ist die klare wie eindeutige Aussage darüber, was erreicht werden soll. Dies steht in engem Zusammenhang zur Unternehmensstrategie, etwas, das nicht unberücksichtigt bleiben darf. Die Eindeutigkeit hilft dabei, Ziele nachverfolgen und sie messbar machen zu können, denn Zielerreichung lebt von der Ergebniskontrolle und die Gültigkeit von der Überprüfbarkeit. Quantifizierung ist deswegen ein Handwerk, das zur Zielwelt dazugehört. Die Berechnung steht in einem engen Zusammenhang mit der Operationalisierung, denn letztlich ist das Operationalisieren nichts anderes als das Messbarmachen von Zielen und von Zielinhalten.

Alles sollte nach dem Motto geschehen: *Hast Du Ziele, hast Du Aufgaben, hast Du genug zu tun.* Ziele finden und die Art der Zielfindung, das beschreiben zahlreiche monografische Abhandlungen zum Thema. An dieser Stelle ist eher das Handwerk als die persönliche Kreativität gefordert.

Qualität hat viele Dimensionen

Mit den vielen Instrumenten zur unternehmensspezifischen Qualitätssicherung haben die Qualitätssysteme an Stabilität gewonnen. Während der einzelne Prozess der Wertschöpfung beispielsweise mit *EFQM* oder *Six Sigma* bestens abgedeckt und das Optimum weitestgehend ausgeschöpft scheint, bleiben die Mitarbeiter selbst hinsichtlich der Optimierungen meist ein unbestelltes Feld. Die Nutzung vorhandener Ressourcen liegt folgerichtig brach. Ressourcen-Felder sind Synergien, Dynamik und Wissenstransfer. Dass Potenziale ungenutzt bleiben, hat oft seinen Grund im Mangel an Entwicklungsmöglichkeiten. Nutzen und Aufwand müssen jedoch etwa bei der Förderung von Synergien oder Wissenstransfer in ein angemessenes Maß gesetzt werden. Das darf aber nicht zu einem voreiligen Verwerfen von Möglichkeiten führen, zumal wenn fragwürdige Einwände vorgeschoben werden. Die beiden genannten Themen, Synergie und Wissenstransfer, sind unscharf, was das Bemessen von Maßnahmen wie Projekten erschwert. Dem steht gegenüber, dass der Erfolg eines Unternehmens von der Qualität des Produkts resp. der Dienstleistung und in der Folge daraus vom Qualitätsbewusstsein lebt. Die bewusste Wahrnehmung von Qualität wiederum benötigt Dynamik, was sich im Veränderungsbewusstsein und in der Folge im Lernen niederschlägt.

Von der Operationalisierung zur Quantifizierung

Operationalisierung hat verschiedene Gesichter. Ohne in die Begriffsdiskussion einzusteigen, erscheint es angemessen, zunächst die Messbarkeit als Handlungsvorgabe ins Zentrum zu rücken. Ziele dürfen keine bloßen Formulierungen bzw. reine Verbalisierungen bleiben, ihnen müssen Kennzahlen zugeordnet sein. Mit diesem Schritt ist das Tor zur Quantifizierung aufgestoßen. Für die Führungskraft bedeutet das, die Fähigkeit zu entwickeln, mögliche Kennwerte als Konkretisierung den gesteckten Zielen zuordnen zu können. Das bedeutet, Aufgaben, Projekte oder Neuerungen im besten Fall in Zahlen zu denken. Um welchen Wert verbessern Optimierungen die Prozesse? Wie viele Kontakte sollen in einem bestimmten Zeitraum neu gewonnen werden, um Netzwerke auszuweiten? Wie viele Internetbesucher sollen was genau machen? Letzteres Beispiel sensibilisiert dafür, dass Quantifizierung mehr ist als das Erstellen von Statistiken. Gern werden in diesem Zusammenhang imposante Statistiken zum Anstieg der Zahl von Besuchern der Unternehmenshomepage vorgelegt, die Erfolg belegen sollen.

Meist wird übersehen, dass irgendwelche Werte und irgendein Zuwachs einen Bezug zu einem anderen Wert haben müssen. Ausgangswert 1 steht dann in Beziehung zu Ausgangswert 2 und dementsprechend stehen Zuwachs bei Wert 1 und Wert 2 in einer Beziehung. Was sich vermeintlich simpel wie logisch anhört, erweist sich in der Praxis als durchaus anspruchsvoll, weil die Beziehung von Wert 1 und 2 valide sein muss. Das heißt, beide Werte müssen in der Tat in einem direkten Zusammenhang stehen und beide Werte müssen eine betriebswirtschaftliche Bedeutung fürs Unternehmen haben. Viele belassen es bei der Auswertung von Statistiken bei einem Wert 1, ohne einen Zusammenhang herzustellen. Kann bei Klickzahlen im Internet ein Bezug zum Umsatz ausgemacht oder ein Zuwachs beim Kundenkreis verzeichnet werden? Dies könnten konkrete Beziehungen von statistischen Werten sein.

Teilhabe zur Begründung von Anreizen

Der betriebswirtschaftliche Erfolg ist nicht die einzige Form, das Gelingen eines Projektes zu erleben. Das Team und der Einzelne wollen am Erfolg teilhaben. Um Sinnhaftigkeit zu verspüren und schließlich Motivation entstehen zu lassen, wollen Mitarbeiter Anreize verspüren, die Motivation freisetzen. Dazu muss ein Bezug geschaffen werden, der Mitarbeiter einbezieht, sodass sie Strategie verstehen, Ziele aufnehmen und über die Transparenz Motivation freisetzen können. Aus den Strategien werden Ziele generiert, notwendigerweise dann operationalisiert, das heißt mit Quantifizierung verbunden, doch für die Zusammenarbeit im Team ist es weitaus wichtiger, dass alle die Ziele sowohl kennen als auch verstehen und dass es eine Vereinbarung zum Erreichen dieser Ziele gibt. Erst dann verstehen sich Mitarbeiter als Teilhaber.

Teamgefühl und Wir-Gefühl

Das Erreichen von Zielen könnte einfach vorgegeben und verlangt werden, was bei rein mechanischen Arbeiten mit quantitativen Richtwerten noch relativ zuverlässig funktionieren kann. Sollen Leistungsbereitschaft und Einsatzfreude der Mitarbeiter einwirken, wird man nicht umhinkommen, das Gemeinschaftliche herauszuarbeiten: gemeinsam Ziele finden, gemeinsam eine Sprache sprechen, gemeinsam planen, gemeinsam handeln, gemeinsam klären, gemeinsam nach vorn schauen. Der Vorgesetzte wird in diesem Augenblick zu einem Teammitglied und kann nicht durch Bestimmen irgendein Vorrecht einfordern. Teamgeist und Wir-Gefühl entsteht durch die Art des Miteinanders. An dieser Stelle schließt sich ein Kreis, offenbart das Ganze etwas Rekursives, denn zu den teamstiftenden Unterstützungsmaßnahmen gehören Vereinbarungen bis hin zu Umgangsformen als eine Art *Commitment* zum Umgang miteinander. Das Miteinander und die Art der Zusammenarbeit zeichnen gewissermaßen den Rahmen, in dem sich eine fruchtbare Kooperation entwickeln kann.

Kurz und knapp
… einer kann etwas in Bewegung bringen, alle zusammen können daraus eine Welle machen.

In Zeiten von Ellbogengesellschaften mag die Forderung nach Kollektivität und Solidarität fast anachronistisch klingen. Sobald sich Egoismus breitmacht, wird Solidarität kleingeschrieben. Da müssen Führungskräfte überzeugend sein, was am besten gelingt, wenn allen ein persönlicher Mehrwert der gemeinsam erreichten Ziele bewusst gemacht wird.

5.34 Mitarbeiterbindung – mehr als Wertschätzung

In Zeiten, in denen es an Fachkräften mangelt, nimmt die Mitarbeiterbindung eine bedeutende Rolle ein. Führung übernimmt dabei einen Teil der Verantwortung dafür, dass die Fachkräfte, die im Unternehmen beschäftigt sind, an das Unternehmen weiter gebunden bleiben. Das heißt nicht, dass Fachkräfte behutsam zu behandeln sind, doch zumindest sollten sie Wertschätzung für ihre Arbeit erfahren. Dies gilt nun nicht allein für begehrte Fachkräfte, es gilt für alle Mitarbeiter. Außer aus der Wertschätzung schöpfen Mitarbeiter noch Motivation aus Förderung und Weiterentwicklung. Motivation und Bindung stehen wiederum in enger Beziehung zur Zufriedenheit. Mögen Motivation und Mitarbeiterzufriedenheit vielleicht keine signifikante empirische Beziehung aufweisen, ist nicht von der Hand zu weisen – vertraut man dem eigenen Menschenverstand –, dass durchaus Wechselwirkungen möglich sind. Gewiss gibt es auch Untersuchungen, die Signifikanzen rund um die zentralen Begriffe Motivation und Zufriedenheit im Zusammenhang mit der Personalführung hervorgebracht haben, aber letztlich geht es in der Unternehmenspraxis darum, Leistung sicherzustellen und zu steigern, und da kann die Empirie nur beschränkt tauglich sein.

Mag man an der empirischen Signifikanz in der Relation zwischen Motivation und Mitarbeiterzufriedenheit zweifeln oder nicht, wird wohl die Vermutung Zustimmung finden, dass zufriedene Mitarbeiter eher Bereitschaft zur Leistung zeigen. Interessant scheint außerdem, die positiven Wirkungsmomente herauszustellen, um diese dann in die strategische Personal- und Kompetenzentwicklung einfließen zu lassen. Die Ausgangspunkte sind mit der Motivation und der Zufriedenheit klar festgelegt. Allerdings bedarf es ein paar klärender Beschreibungen. Dieser deskriptive Zugang zur Thematik grenzt einerseits Begriffswelten ab, andererseits bietet sich die Gelegenheit, erste Anknüpfungspunkte und Verbindungslinien zu lokalisieren.

Zufriedenheit mit der eigenen Arbeit mag dem einen oder anderen als sehr humanistische Betrachtung der individuellen Arbeitsleistung vorkommen. Zweifellos wird aber nicht infrage gestellt, dass zufriedene Mitarbeiter wenig Anlass sehen, über einen Wechsel des Arbeitsplatzes nachzudenken. In Zeiten eines drohenden Fachkräftemangels und einer deutlich wahrnehmbaren demografischen Veränderung wird dies leicht als Bindungsmoment erkannt. Mitarbeiterzufriedenheit geht auf die unterschiedlichsten Umgebungsvariablen zurück. Daher lohnt es, zu schauen, wie Mitarbeiter sich verhalten, was sie bindet. Schließlich sind es die versachlichten Bindungsmomente, die es erlauben, ein Anreizsystem zu konfigurieren. Und genau an dieser Stelle eröffnet sich eine Verbindungslinie hin zur Motivation. Damit ein Mitarbeiter sich motivieren kann, braucht er Anreize. Dann bleibt nur noch zu klären, was den Mitarbeiter zu welchem Verhalten, zu welchem Handeln motivieren soll. Ganz gewiss muss das, was der Mitarbeiter verfolgt, nicht immer im Interesse des Unternehmens sein.

Ganz oben bei der Betrachtung von Mitarbeitern steht der Aspekt des Leistungsverhaltens, der Leistungsbereitschaft. Diesbezüglich können sich Mitarbeiter genügsamer zeigen als es die strategischen Zahlen der Produktivitätsentwicklung vorsehen, denn die individuelle Leistungserbringung ist nicht zwingend kongruent mit der Leistungsfähigkeit und genauso wenig mit der Zufriedenheit. Letztere kann sich, individuell betrachtet, aus Arbeitsplatzsicherheit, der Kontinuität, den überschaubaren Anforderungen oder der Tatsache herleiten, dass der Mitarbeiter in der Vergangenheit mit nichts behelligt worden ist. Ob dies originär in das Repertoire der Anreize für menschliches Handeln passt, ist an diesem Punkt unerheblich, geht es doch erst einmal um eine Typologie, die auf Beobachtbares zurückgeht. Der Förderung geht in der Regel eine Form der Bewertung voraus, dessen muss man sich bewusst sein. Viele erlauben sich ein Urteil, ein Bewerten aus einem Ausschnitt heraus, aus dem sie Dinge oder Menschen betrachten. Das hat seine Berechtigung, wenn dabei nicht vergessen wird, dass all das sehr viel Subjektivität beinhalten kann und dass ein Bezugspunkt hin zu Fakten dem Ganzen mehr Gültigkeit und Zuverlässigkeit verleiht.

Mitarbeiterbindung erfährt durch die Vielzahl an Aspekten eine gewisse Komplexität, die jeder für sich nach seinem Bedarf auflösen muss. Individualität der Mitarbeiter und die Möglichkeiten, Anreize zu geben, braucht einen klaren Blick darauf, wie Mitarbeiter erreicht werden können.

Kurz und knapp

... Mitarbeiter wollen Anreize, um in Bewegung zu kommen, leere Worte hinterlassen nur Unverständnis und Misstrauen.

5.35 Talente – besondere Fähigkeiten erkennen und zur Geltung bringen

Führungsverantwortung sollte nicht falsch verstanden werden und dazu führen, sich eine besondere Bedeutung zuzuschreiben und ausschließlich die eigenen Fähigkeiten zu betrachten. Wer Ressourcen vollumfänglich nutzen und die vorhandene Wirkkraft eines Teams zur Entfaltung bringen will, der muss bereit sein, andere zu fördern. Das Erkennen von Talenten darf nicht als Bedrohung der eigenen Position verstanden werden, es sollte Anlass geben, darüber nachzudenken, wie solche Talente zu fördern sind. Kommen besondere Fähigkeiten von Mitarbeitern zur Geltung, hat zunächst das ganze Team einen Nutzen davon. Grundsätzlich kann jeder in irgendeiner Weise von Fähigkeiten anderer profitieren. Bestandsschutz, was die eigene Position betrifft, oder ein Behindern von Entfaltungsmöglichkeiten anderer, stärkt nicht die Position, es schwächt das Team und am Ende den Erfolg. Es macht überdies erneut deutlich, wie Unsicherheit negativ bis in die Leistungsfähigkeit eines Teams hineinwirken kann, wenn die Entwicklung anderer behindert wird. Es reicht nicht, die unterschiedlichen Fähigkeiten der

Teammitglieder wahrzunehmen, sie müssen zur Wirkung gebracht werden und weiter ausgebildet werden, um am Ende daraus einen Mehrwert für die Teamarbeit zu machen.

Kurz und knapp

… Führung ist kein Status, sondern eine Verantwortung, auch den Teammitgliedern gegenüber und damit der Weiterentwicklung im Allgemeinen.

Die Talentförderung gewinnt vor dem Hintergrund eines drohenden Fachkräftemangels zunehmend an Bedeutung. Bei der Bindung von Fachkräften sowie bei der Rekrutierung von Nachwuchskräften wird zunehmend auf das Thema *Personalentwicklung* gesetzt. Denn man hat verstanden, dass Mitarbeiter den Wert von Qualifizierung erkannt haben und dieser einen besonderen Stellenwert zuschreiben. Damit wird Qualifizierung und Weiterbildung zugleich zu einem Anreiz. Auf die Talente zu schauen und diese zu fördern, ist zum starken Moment der Mitarbeiterbindung geworden.

5.36 Eigene Fähigkeiten erkennen, nutzen, ausbilden – der Dreisatz des Handelns

Entwicklung von Kompetenzen oder die Ausbildung von Fähigkeiten darf nicht auf die Mitarbeiter begrenzt bleiben. Das betrifft jede Führungskraft und macht die Weiterqualifizierung z. B. neben der Talentförderung zu einem persönlichen Anliegen. Bereits weiter oben und an mehreren Stellen erfolgte der Hinweis, dass Führungskompetenz ein weites Feld einnimmt. Die aufgeführten (Teil-)Kompetenzen, die eine erfolgreiche wie professionelle Führung ausmachen, können allein eine Auswahl wiedergeben. Das Individuelle, das Bedarfsspezifische oder das Dringliche ergibt sich aus der Situation. Vollständigkeit kann kaum erreicht werden, da schon Situationen nicht endlich sind und neue Situationen gegebenenfalls andere Fähigkeiten erfordern. Mit einer steigenden Zahl von Kompetenzen und einem wachsenden Katalog mit Anforderungen wird sich Führung nicht einem Automatismus gemäß verbessern. Es ist wiederum die Hinwendung auf das Anwenden und das Tun, das die Kompetenzentwicklung voranbringt.

Die eigenen Fähigkeiten sowie deren Wert sollten bewusst sein, damit Fähigkeiten genutzt und kontinuierlich ausgebaut werden. Die Erweiterung des Kompetenzspektrums schafft Nährboden für Sicherheit und Selbstbewusstsein. Das Handeln fällt leichter. Gewiss birgt das Handeln stets die Gefahr des Irrtums, die Möglichkeit von Fehlern oder das Scheitern eines Vorhabens. Das darf dagegen nicht zum Stillstand oder zur Paralyse führen. Mit dem entsprechenden Selbstbewusstsein und der Überzeugung, dass erst das Machen ein Vorhaben umsetzt oder eine Aufgabe erfüllt, wird Bewegung erzeugt und zu guter Letzt Veränderung angestoßen. Erst dann entsteht eine existenzielle Dynamik im Unternehmen.

Kurz und knapp

… lebenslanges Lernen ist im wahrsten Sinne lebenserhaltend.

Das Handeln bildet den Kern moderner Führung, was Qualitätsbewusstsein, Kontrolle, rechtlichen Vorgaben oder anderen Aufgaben wie Funktionen von Führung einen nachrangigen Wert zuweist. Damit wird lediglich nochmals betont, dass in Zeiten hoher Entwicklungsdynamik dem Handeln eine bedeutende Rolle zugeschrieben wird. Es drückt zudem aus, dass Führungskräfte Führung nicht als etwas Statisches oder rein Funktionales betrachten, sondern dass sie das Operative darin erkennen und dass sie verstehen, wie das Machen die Dinge voranbringt.

5.37 Reorganisation – Tribut an die Dynamik

Change ist meist dadurch gekennzeichnet, dass umfangreiche Beschreibungen zum Ablauf sowie detaillierte Zielplanungen sozusagen auf der Werkbank liegen. Die Herausforderung besteht darin, den Übergang von der Deskription zur operativen Gestaltung der Reorganisation zu finden (siehe auch Abb. 40).

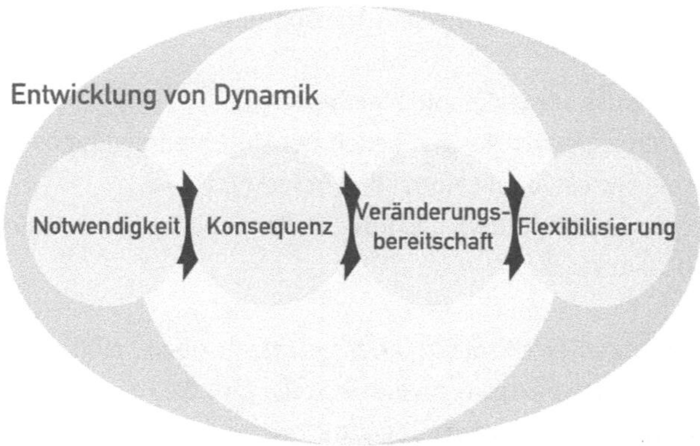

Abb. 40: Entwicklung von Dynamik

Entsprechend der skizzierten Entwicklung von Dynamik lässt sich der Ausgangspunkt wie folgt umschreiben und damit etwas konkretisieren:

- Notwendigkeit der Veränderung zur Sicherung der Wettbewerbsfähigkeit,
- Reorganisation als Konsequenz des Wandels,
- Dynamik und Veränderungsbereitschaft im Unternehmen als grundlegende Voraussetzungen,
- Flexibilisierung als strategische Konsequenz.

Den konkreten Zielen der Reorganisation sind gleichermaßen pauschale, übergreifende Zielsetzungen übergeordnet, die trotz gewisser Allgemeingültigkeit nicht unterschätzt werden dürfen (siehe Abb. 41).

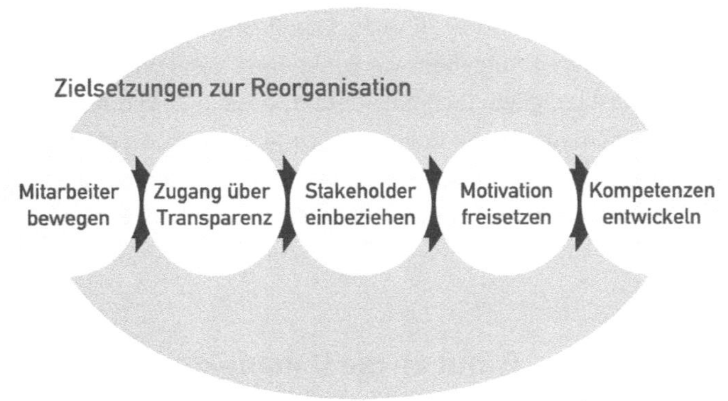

Abb. 41: Zielsetzungen zur Reorganisation

Auch die Skizzierung von Zielsetzungen lässt sich weiter operationalisieren und durch zielführende Tätigkeiten ergänzen:

- Mitarbeiter bewegen, damit sich das Unternehmen schneller bewegt;
- Zugang zu den Mitarbeitern finden, damit Transparenz in der Reorganisation gewährleistet ist;
- Bedeutung und Einfluss der Stakeholder einbeziehen;
- Veränderungsbereitschaft als Notwendigkeit der Unternehmenssicherung und Qualifikation als Chance vermitteln, damit Motivation freigesetzt wird;
- selbst organisiertes Lernen fördern und fordern, damit die individuelle Kompetenzentwicklung dynamisch bleibt/wird.

Dies mag weder die strukturierte Projektplanung ersetzen, noch befüllt diese Mitarbeiterzentrierung das strategische Zielspektrum. An dieser Stelle wird die Herausforderung in ein besonderes Licht gerückt, denn trotz aller strategischer wie operationalisierter Vorgehensmodelle muss die Reorganisation in die Köpfe der Mitarbeiter. Sie sind am Ort, wo die Veränderung hingeführt, wo sie verarbeitet und am Ende umgesetzt werden muss. Da nun Mitarbeiter nicht willfährige Erfüllungsgehilfen sind, müssen sie die Sinnhaftigkeit sowie Notwendigkeit von Veränderungen erkennen. Sie müssen die Abläufe sowie konkreten Veränderungen verstehen, damit sie sich nicht nur im Neuen zurechtfinden, sondern das Neue gleichsam anwenden und nach vorn bringen.

Auf dieser Basis und mit dem Verständnis für die Notwendigkeit von *Change* (siehe auch Abb. 42) gehen Führungskräfte daran, ihre Teams in Bewegung zu bringen. Ob dies dann die Botschaften, die Rollen, die Kommunikation im Allgemeinen oder die Dialoge im Besonderen sind, das Verändern gehört gemeinhin zum Tagesgeschäft, auch wenn nicht jeden Tag eine Veränderung ansteht oder erzwungen werden muss.

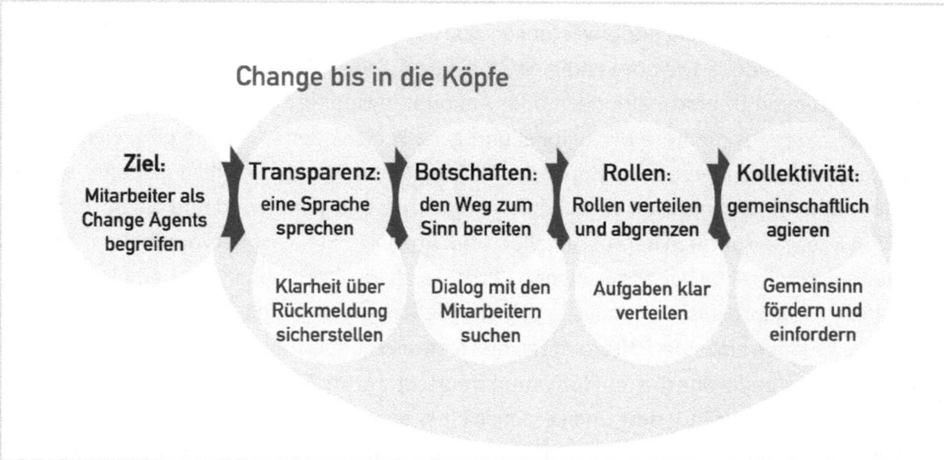

Abb. 42: Change bis in die Köpfe

Botschaften schaffen Verständigung

Dynamik außen wie innen macht es notwendig, fortlaufend eine Unternehmung weiterzuentwickeln. Hier übernimmt die Sprache wiederum eine besondere Aufgabe, denn über die gemeinsame Sprache werden die Botschaften gefunden, die den Mitarbeitern als eine Orientierung dienen. Die Prozesse einer Reorganisation erfordern eine gemeinsame Sprache der handelnden Akteure, damit keine Irritationen entstehen. Die Herausforderung besteht dabei darin, zum einen Perspektiven und eine positive Atmosphäre im Hinblick auf eine Reorganisation zu schaffen, zum anderen authentisch und glaubwürdig zu bleiben. Worthülsen wie Formalismen können in diesem Zusammenhang schnell zu Distanz und im schlimmsten Fall zum Rückzug führen. Das betrifft dann sowohl die Kommunikation mit Führungskräften als auch die Art und Weise, wie die Führenden die Veränderungen in ihre Teams hineinbringen.

Botschaften können dabei ein Mittel sein, woran sich die Kommunikation orientiert, und einen Weg darstellen, die Mitarbeiter zu erreichen. Außer den Inhalten von Botschaften sind es Aspekte wie z. B. Adäquatheit und Klarheit, die eine Sprache im Zuge einer Reorganisation ausmachen. Damit wird schnell klar, dass es nicht um eine bestimmte Sprache, um eine Sprachform geht. Inhalte, Informationen und die Sprachform stehen stets in Abhängigkeit zur Zielgruppe, also zum Empfänger von sprachlichen Informationen sowie Botschaften. Statt nur getrieben zu sein vom Auftrag, wichtige Informationen weiterzugeben, muss in gleichem Maße, mit der gleichen Intensität sichergestellt werden, dass Botschaften und Informationen aufgenommen und den Erwartungen entsprechend verarbeitet werden. Das bedeutet wiederum, sich fortwährend Rückmeldungen einzuholen, ob das Gesagte verstanden wurde.

Die Erfassung unterschiedlicher Erwartungen zeigt, wie breit ein Spektrum diesbezüglich sein kann, zeigt aber zudem, wie notwendig es ist, sich auf andere Blickwinkel einzulassen. Selbst wenn Erwartungen Überschneidungen oder Anknüpfungspunkte aufweisen, gilt es zunächst festzuhalten, dass es mehrere Blickwinkel und ganz verschiedene Aspekte gibt, wenn es angezeigt ist, Veränderungen in die Köpfe der Mitarbeiter zu bringen. Ähnlich gestaltet sich die Situation, wenn Reorganisation als Zukunftsperspektive betrachtet wird und die positiven Aspekte von Reorganisationen herauszustellen sind. An dieser Stelle ist hervorzuheben, dass bei Botschaften für die Mitarbeiter das eigene Perspektivfeld auszudehnen ist. Denn in der Kommunikation zur Reorganisation müssen die Mitarbeiter verstehen, dass die angestrebten Veränderungen für den einzelnen Mitarbeiter einen Mehrwert haben. Erst dann ist eine Disposition geschaffen, dass beim Mitarbeiter Motivation freigesetzt wird. Ergänzend dazu sei erneut darauf verwiesen, dass Veränderung und Lernen in einer engen Beziehung stehen und dass Veränderungsbereitschaft mit Lernbereitschaft einhergeht. Daher wird bei allen Veränderungs- wie Qualifizierungsangeboten immer ein Blick darauf zu werfen sein, wie und welche bedarfskonforme und mitarbeiterspezifische Qualifizierungsangebote zu unterbreiten sind.

Von der Veränderung bis zur Reorganisation

Change ist mittlerweile in den Unternehmen ein Dauerthema und damit ein gesetzter Standard. Dies hat selbstverständlich Auswirkungen auf alle Unternehmensbereiche, denn am Ende landen Veränderungen bei den Mitarbeitern. Das wiederum zieht nach sich, dass Veränderungen in die Arbeitsabläufe, in die Prozesse integriert werden müssen. Wenn nun solche *Changes* gewissermaßen zum Tagesgeschäft gehören, ist es umso wichtiger, die Mitarbeiter als Mitgestalter zu begreifen und sie auf diesen Weg zur Mitwirkung zu frühen. Außer den standardisierten wie formalisierten Methoden im Rahmen von Veränderungsprozessen müssen die Verantwortlichen noch weiteres Rüstzeug mitbringen. Sie müssen es verstehen, Motivationsanreize zu bieten, und die Mitarbeiter in die Veränderungsprozesse einbinden. Sie müssen demnach ein fortlaufendes *Change Management* betreiben. Ein Weg, *Change* zu begleiten und voranzutreiben, ist in einen Dialog zu gehen und in diesem Dialog zu bleiben. Klarheit, Transparenz und Rückmeldung bis hin zur Vereinbarung sind wichtige wie notwendige Bestandteile einer Reorganisation, wenn Neuerungen greifen sollen (siehe auch Abb. 43).

Im Zuge von Veränderungen, die bis zur Reorganisation reichen, muss das Miteinanderreden in den Vordergrund rücken, nicht allein mit den von einer Umstrukturierung Betroffenen, sondern mit allen Mitarbeitern. Das ist nicht nur ein Gebot der Transparenz – eine solche Offenheit schafft zugleich Vertrauen. Doch selbst wenn sich Neuerungen als eine Art alltäglicher Prozess etabliert und Mitarbeiter Vertrauen im Hinblick auf kontinuierliche Veränderungen gewonnen haben, kann durch eine konkrete Reorganisation die Ruhe gestört werden. Schließlich bringen derartige strukturelle Einwirkungen für den einen oder anderen eine tiefgreifende Veränderung mit sich.

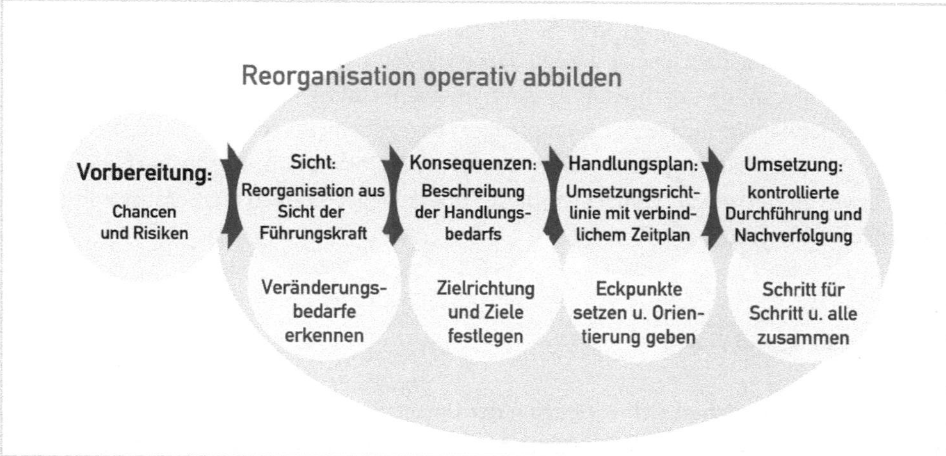

Abb. 43: Reorganisation operativ abbilden

Veränderungsprojekte didaktisch organisieren

Aus der formalen Gestaltung ergeben sich dann noch eher didaktische Ziele, die die formale Projektorganisation mit positiven Seiteneffekten verknüpft.

- Der Erfahrungsaustausch unter Multiplikatoren erweitert den Horizont im Hinblick auf die Umsetzungsmöglichkeiten.
- Die Impulsgeber von außen erweitern das Blickfeld und geben Gelegenheit zum Perspektivwechsel.
- Fragen, Antworten und Diskussionen ergeben eine Impulssammlung.
- Damit das alles nicht allein Sammlung bleibt, werden aus der Sammlung Aufgaben, Vereinbarungen und Verantwortlichkeiten abgeleitet.
- Ein Aktionsplan schafft die Grundlage für das Nachhaltigkeitscontrolling.

Die Ziele auf den Punkt gebracht und bereits den Blick auf die Praxis der Reorganisation gerichtet, lassen sich all die vorangegangenen Punkte wie folgt aggregieren:

- Beweglichkeit erzeugen, um Veränderungsdynamik zu erhalten;
- Perspektiven wechseln, um Wege und Lösungen für die Umsetzung zu finden;
- Zugang zu den Mitarbeitern finden, um sie auf den Weg zur Reorganisation zu führen und so ebenfalls interne Dynamik freizusetzen;
- Lernen als Chance erkennen, Notwendigkeit zum Wandel verstehen und Veränderungsangebote anbieten sowie nutzen.

Reorganisation ist Veränderung und Chance zugleich. Veränderung und damit Wandel sind notwendige Entwicklungsmomente im Unternehmen. *Change* muss allerdings in den Köpfen der Mitarbeiter ankommen.

Veränderung/Change – Dynamik – Qualifizierung – Mitarbeiter/Motivation, das ist die Quadratur der Herausforderung, die zu einer runden Sache werden soll. Die Kommunikation dazu erfordert Multiplikatoren, da Geschriebenes allein in eine Richtung kommuniziert. Es sind Rückmeldungen notwendig, inwieweit die Empfänger ausgegebene Botschaften richtig verstanden haben. Veränderung zu analysieren, das ist zunächst nur Deskription, Umsetzung bedeutet dagegen, etwas zu tun, etwas zu machen. Dieser Übergang ist letztlich die Herausforderung in einem *Change*-Projekt.

Rollenverteilung und Dialog

Aus operativer Sicht richtet sich vor Beginn der Umsetzungsprozesse das Augenmerk auf die Rollen und letztlich auf die Rollenverteilung. Die Klärung der Rollen stellt nicht allein in Bezug auf die Verantwortlichkeiten und zur Differenzierung der einzelnen Aufgabenpakete eine hinreichende Voraussetzung für eine erfolgreiche Projektdurchführung dar. Klarheit in der Rollenverteilung verhindert vielmehr, dass unnötige Konflikte entstehen. Mitarbeiter brauchen in solchen Situationen, in denen Veränderungen entstehen, verlässliche, verständliche Orientierungspunkte, Transparenz und Eindeutigkeit.

Die Sinnhaftigkeit eines gemeinsamen Handelns im Hinblick auf fortlaufende Veränderungen sollte übergeordnet sein. Trotzdem dürfen Kooperation und Kollaboration nicht als Selbstläufer betrachtet werden. Bereits persönliche Erwartungen und gemeinsame Ziele zeigen auf, wie wichtig es ist, ins Gespräch zu kommen. Andere Blickwinkel zu erfahren und neue Perspektiven wie Impulse anderer zu integrieren, sind zugleich Ausgangspunkt und Zielpunkt. In jedem Falle muss sich das Bewusstsein entwickeln, dass trotz eines Inventars von Standardrollen in den konkreten Situationen der Bedarf entscheidet, wie sich die Rollenverteilung gestaltet. Ein System, ein Standard an Rollen ist noch lange kein Garant für eine klare Abgrenzung im Umsetzungsprozess. Eine Verteilung der Rollen allein auf der Grundlage von Standards wird nicht gelingen, denn jede Situation erfordert eine situationsspezifische und bedarfsadäquate Rollenverteilung. Also entscheidet sich erst dort, wer was wann macht. So wird die Situation zum Regisseur – starre Verteilungssysteme zeichnen sich durch Untauglichkeit aus.

Von operativ bis operationalisiert

Operationalisierung und Kennzahlen gelten als sinnvolle Instrumente zur Begleitung von Umsetzungen. Kennzahlen zur Projektsteuerung einzusetzen, stellt sogar einen Standard zur Projektrealisierung dar. Dagegen gibt ein Vorgehensmodell zur Reorganisation eher eine Handlungsempfehlung wieder, statt eine formale Vorgabe für einen Projektablauf zu sein. Wenn das gemeinschaftliche Agieren in Vordergrund gestellt wird, dann rückt die formale Überprüfbarkeit zunächst in den Hintergrund. Damit unterliegen Gemeinschaftlichkeit, die Rollenverteilung und die Etablierung einer Art Reorganisationsmuster gewiss keiner strengen Quantifizierung. Was, wie, wann in welchem Maße, mit welcher Kennzahl und in welchem Zeitraum umzusetzen ist, bleibt im Reorganisationsmuster eher zweitrangig. Das entlastet die Führungskraft nicht, eine Überprüfbarkeit und einen Weg zur Nachverfolgung bereitzuhalten. Es muss beständig angestrebt sein, Kennzahlen oder Ähnliches heranzuziehen. Nur so lässt sich bei Veränderungen der Mehrwert feststellen. Dieser Mehrwert bildet die Orientierungsgröße, die am Ende mehr als ein Mehrwert ist. Schließlich muss im Nachhinein sowie in der weiteren Entwicklung sich beweisen, was von diesem Mehrwert übrigbleibt. Operatives, das auf der Grundlage von Kennwerten definiert wird, muss einen Kennwert zurückliefern, der zu einem späteren Zeitpunkt nochmals im Sinne der Nachwirkung wie Nachhaltigkeit überprüft wird.

Alle(s) zusammenführen und in Bewegung bleiben

Am Ende stehen die Ziele des *Change Managements* in Zusammenhang mit den Erwartungen des Einzelnen an die Veränderungen. Damit gehen genauso die Erwartungen in Bezug auf die Unterstützung einher. All dies steht in enger Beziehung zu den Erwartungen an die Umsetzung der Reorganisation. Kernthemen lassen sich in Fragen und Antworten formulieren:

- Wie gehen die Mitarbeiter damit um? Sehen sie Veränderung als Chance oder als Desaster?
- Welche Ängste/Befürchtungen sind bekannt?
- Sind die Betroffenen identifiziert, resp. sind sie bereits informiert?
- Welche Konsequenzen stehen im Raum?
- ...

Daraus entsteht eine Sammlung zu den Erwartungen sowie den Erfahrungen im Umgang mit Personaltransfer, die gleichermaßen positive Erfahrungen im Umgang mit Dynamik sein können. Dynamik sollte die wichtigste Erfahrung sein, die alle Teilnehmer am Transfer (betroffen oder nicht betroffen) mitnehmen. Voranschreitende Dynamik im Unternehmen braucht ein Bewusstsein für Dynamik bei den Mitarbeitern. Schließlich sind die Mitarbeiter genauso *Change Agents*. Im Zuge dessen muss außer auf die Atmosphäre im Unternehmen im Besonderen auf die Stimmung bei den Mitarbeitern geschaut werden. Ähnlich bedeutsam sind die Schnittstellen, an denen die Informationen übergeben werden und die Reorganisation zur Umsetzung findet. Der fortgesetzte Erfahrungsaustausch muss ernst genommen werden, damit Stimmungen transportiert und Problemstellen erkannt werden. Veränderung und damit Dynamik sind Säulen der Unternehmenszukunft. Die Herausforderung liegt in der Vermittlung des Wandels, wie man damit umgeht und wie man ihn gestaltet, dass er zum Wohle aller Verbreitung findet und auch bei allen ankommt.

Zur übergreifenden Zielsetzung gehört, dass ein konstruktiver Erfahrungsaustausch stattfindet, dass *Best Practices* zusammengetragen werden und dass auf diese Weise unterschiedliche Perspektiven erfahren werden. Mit der Horizonterweiterung durch Perspektivwechsel und mit der Praxiserfahrung anderer wird letzten Endes die Passgenauigkeit von Umsetzungsmaßnahmen gewährleistet. Es muss allen Beteiligten bewusst sein, dass die Motivation Grundlage fürs Lernen und das Lernen als Ausgangspunkt für Veränderungen zu verstehen ist. Kommunikation bereitet den Zugang zu den Mitarbeitern und das Verstehen der Reorganisation bildet den Ausgangspunkt für das aktive Verändern. Lernen will damit Teil der Veränderung und die Förderung des informellen Lernens will eine Chance sein. Eine strukturoffene Führung kann helfen, dass aus Situationen als Herausforderungen Initiativen entwickelt und geeignete Lösungen gefunden werden. Darauf aufbauend können wiederum zusätzliche Vereinbarungen getroffen werden.

Aus der Sicht der Bewegung rückt in den Vordergrund, nicht nur Botschaften in die Köpfe zu bringen, sondern auch alle in Bewegung zu setzen. Das Beschreiben von Herausforderungen muss dabei überwunden und der Weg zum Machen gefunden werden. Wenn Veränderung als etwas Positives verstanden wird, kann die Veränderungsenergie des Einzelnen mitgenommen werden. Die Kommunikation und ein Rückmeldesystem, ob alles genauso angekommen ist, wie es beabsichtigt war, stellen dann einen geordneten wie reibungsgeminderten Ablauf sicher. Veränderung wird immer auch Reibung erzeugen, sodass es ratsam ist, damit ganz ruhig und sachbezogen umzugehen. Transparenz bei den Zielen und im Prozess schafft Verständnis, aber die Abläufe zu transportieren, darf nicht als das Zentrale missverstanden werden, sondern das gemeinsame Machen sollte im Mittelpunkt stehen.

Quintessenz und Handlungshinweise

Gespräche und Diskussionen schaffen die Gelegenheit, andere Blickwinkel kennenzulernen und vielleicht Impulse für die eigene Sichtweise zu gewinnen. Das ist ein Aspekt, Kollaboration wie Kooperation intensiv nachzuverfolgen und den Erfahrungsaustausch zu nutzen. Doch dürfen Analyse sowie Deskription nicht vom Agieren abhalten, die Losung muss sein – wie bereits oben erwähnt: *vom Reden zum Tun*. Wie das in der Praxis aussehen kann, zeigen die *Best Practices*. Diese können mit *Change Agents* systematisiert und dann in andere Unternehmensstrukturen transferiert werden. Wobei stets zu beachten bleibt, dass ein Mehrwert aus dem Wissenstransfer erst entsteht, wenn das transferierte Wissen auf Bedarf wie Situation des zu reorganisierenden Betriebsteiles angepasst wird. Dies unterstreicht nochmals, dass eine erarbeitete Standardisierung mehr Orientierung zum Ablauf als Blaupause für eine Durchführung ist. Umsetzung gehorcht selten irgendwelchem Standard und braucht einen Situationsbezug. Der *Change Agent* hilft dann, Vorbehalte zu überwinden oder Wissensbunker aufzubrechen.

Wer bewegen will, braucht die Motivation der Mitarbeiter, bei denen am Ende die Veränderungen ankommen. Wer Mitarbeiter in die Dynamik einbeziehen will und sogar von deren Dynamik profitieren will, muss die Mitarbeiter erreichen. Die Kommunikation ist bei jeder Reorganisation eine erfolgskritische Komponente, deshalb verdient sie Aufmerksamkeit und Sorgfalt. Insbesondere die Multiplikatoren in den konkreten Reorganisationsprojekten sind entscheidende

Schnittstellen. Alle Beteiligten stehen in der Pflicht, ihre Kommunikation zielführend zu gestalten. Botschaften müssen berühren, dürfen nicht als Worthülsen aufgenommen werden. Für Klarheit und Transparenz in der Kommunikation sorgen allerdings in gleichem Maße die Rollen. Seien es die grundsätzlichen Rollenverteilungen oder die projekt- wie bedarfsspezifischen Rollen, sie helfen dabei, Irritationen zu vermeiden.

Ins Gespräch kommen, Struktur etablieren und Mitarbeiter bewegen, repräsentieren Eckpunkte einer strategischen Ausrichtung und einer spezifischen Unternehmensdynamik. Im Zusammenhang mit Standardisierungen zur Reorganisation sollte das Bewusstsein geschärft sein, dass die konkreten Umsetzungsschritte sehr bedarfsorientiert zu organisieren sowie durch die Spezifität der Situation geprägt sind, sodass eine Standardisierung nur bedingt greifen kann. Das heißt, dass sowohl einzelne Prozessschritte als auch einzelne Maßnahmen in enger Abhängigkeit zum Bedarf stehen, der sich aus einer konkreten Situation ergibt. Standardisierungen dienen in diesem Moment eher einer Orientierung und liefern Handreichungen zur Gestaltung situationsspezifischer Reorganisationsprozesse. In jedem Falle bleibt festzuhalten, dass mit den unterschiedlichen Erwartungen, Perspektiven und Zielen der Blick für die Unterschiedlichkeit von Sichtweisen geschärft wird. Dies macht es im Gegenzug unabdingbar, einander zu verstehen.

Im Gespräch zu bleiben, den Austausch ernsthaft zu betreiben, muss *Commitment* sein. Austausch von Erfahrungen oder Wissenstransfer innerhalb der Teams darf dabei nicht allzu formalisiert sein, auch hier bestimmen Situation und Bedarf den Handlungsrahmen. Dieses Informelle darf nicht dazu führen, dass die Nachhaltigkeit aus den Augen verloren wird, dass die Vereinbarungen unbeachtet bleiben – das kann auch ohne strenges Protokoll funktionieren, muss dennoch aufmerksam verfolgt werden. Die Erfahrung aus den ersten Umsetzungen von Reorganisationen wird dabei helfen, bestehende Ablaufplanungen, vorgegebene Vorgehensmodelle auf den Prüfstand zu stellen und aus den Erfahrungen zu lernen. Selbstredend muss damit das Ziel verbunden sein, Erfahrungen und Wissen aus den ersten Umsetzungen zu verbreiten.

Ähnlich wie bei standardisierten Ablaufskizzen zu *Change* oder zur Reorganisation zeigt es sich bei einer praxisbezogenen Annäherung an Rollen wie Rollenverteilung, dass Klarheit nicht durch starre Rollenverteilung entsteht. Vielmehr ist es notwendig in den konkreten Situationen, die Handelnden zeitnah zu identifizieren, den Klärungsbedarf frühzeitig zu erfassen und darauf aufbauend die Rollenverteilung vorzunehmen. Erst im Konkreten entstehen die Herausforderungen, dort entscheidet sich, wer, wo zu bewegen ist, welcher Bedarf vorliegt und welche Möglichkeiten vorhanden sind.

Wer Veränderungen durchführen will, muss Mitarbeiter bewegen. Die Verantwortlichen müssen daher Kommunikation, Motivation, Identifikation und letztlich Veränderungsbereitschaft der Mitarbeiter im Auge behalten. Mögen Dynamik, Veränderung, Unternehmenssicherung wie -zukunft und Prozessmodelle eine sachbezogene Lösung von Herausforderungen gewährleisten, kann an manchen Stellen ein wenig Emotionalisierung dabei helfen, die Mitarbeiter zu erreichen: *ignite change.*[17]

Kurz und knapp

… beim Change alle mitnehmen und aus Mitarbeitern Change Agents machen.

Change managen, Mitarbeiter mitnehmen, Mitarbeiter zur Veränderung bringen und das Unternehmen voranbringen. Das wiederum impliziert, dass man weiß, wie man mit den Mitarbeitern zu kommunizieren hat, damit sie einen verstehen. Man weiß als Führungskraft, wie die Mitarbeiter reagieren und wie man sie erreicht. Man weiß, was die zentralen Kernbotschaften sind, die in gleicher Weise von allen Multiplikatoren ausgebracht werden, und man weiß, wie die Entwicklungsmöglichkeiten der Einzelnen aussehen und wie eine passgenaue und bedarfskonforme Weiterqualifizierung aussieht. Da ist eine bewusste Beschäftigung mit der Dynamik nicht mehr vonnöten. Dynamik entsteht so fast von selbst.

5.38 Trennung – nichts geht mehr

Es zählt zu den besonderen Herausforderungen als Führungskraft, wenn eine Trennung von Mitarbeitern ansteht. Dahinter steckt ein Prozess und dahinter verstecken sich manchmal ein paar Wahrheiten, die unangenehm sein können. Die Gründe können sehr unterschiedlich sein – solange ein rein wirtschaftlicher Hintergrund besteht, können ganz sachlich den betreffenden Mitarbeiter die Gründe für eine Trennung dargelegt und ihnen bestenfalls Unterstützung angeboten werden, die Situation zu verarbeiten. Die Kündigung muss kritisch betrachtet werden, wenn andere Gründe für eine Trennung durchschimmern. Manches Mal wirkt Persönliches hinein in ein Verhältnis von Mitarbeitern und Vorgesetzten. In solchen Fällen sind Führungskräfte aufgefordert, sich zu hinterfragen und nicht die Position auszunutzen. Werden sie dabei nicht zur Rechenschaft gezogen, manifestiert sich das Problem eher. Denn es kann geschehen, dass sich Trennungen von Mitarbeitern häufen und dahinter sich eine massive Unsicherheit der Führungskraft verbirgt. Bemerkt diese nicht selbst das Problem, stellt sich zu Recht die Frage nach der Eignung.

Eine Trennung anzugehen, das bedeutet grundsätzlich, genau zu prüfen, welche Gründe für eine Kündigung sprechen und welche Mitarbeiter es betrifft. Daraufhin erfolgt das Trennungsgespräch (siehe Abschnitt 5.31). Gut vorbereitet, mit den Fakten ausgestattet und mit einem gewissen Maß an Empathie wird dieses Gespräch gestartet. Mit der entsprechenden Vorbereitung und Einstellung wird es gelingen, auch schwierige emotionale Momente zu kompensieren. Es besteht im Übrigen die Möglichkeit, in dieser Situation Wertschätzung zu zeigen. Übertriebene Kälte, Gleichgültigkeit oder Feigheit, indem man das Unangenehme anderen überlässt, sind

17 Siehe auch Werner Bünnagel (2021): Mitarbeiter als Change Agents. Dynamik im Unternehmen neu denken, Strategie und Führung neu ausrichten, Berlin/Heidelberg: Springer Gabler, S. 236.

Signale für die im Unternehmen verbleibenden Mitarbeiter. Im schlimmsten Falle wirkt sich das gerade skizzierte Führungsverhalten auf deren Leistungsbereitschaft aus.

Kurz und knapp

... erst recht bei der Trennung müssen Führungskräfte Stärke und Größe zeigen.

5.39 Vom Mosaikstein zum Führungsbild – Überblick und Verstehen statt Komplettheit

Aus den bisher zusammengetragenen Bausteinen lässt sich mittels des Setzkastens nun ein individuelles Führungsbild zeichnen. Die vorhandenen Kompetenzen im Einklang mit den neu gewonnenen sowie den zu entwickelnden Fähigkeiten machen die Führungspersönlichkeit aus. Letzteres ist das Ziel, wenn sich jemand der Herausforderung stellt, Führung zu übernehmen. Der Weg dahin ist zugleich ein Prozess, der aus vielen kleinen Schritten besteht. Mit diesem Bewusstsein für die zum Teil kleinen Schritte entwickelt sich die Führungskraft. Dazu gehört ein gewisses Maß an Geduld, an Reflexion, aber auch an Bereitschaft, sich auf die Entwicklung einzulassen und diese nachhaltig zu verfolgen. Es steckt etwas Visionäres darin, für sich selbst einen Idealtypus als Vorgesetzter zu schaffen. Das Wichtigste und der Antrieb für alles ist die persönliche Weiterentwicklung. Der Altgrieche Heraklit hat schon mit seinem *panta rhei* darauf hingewiesen, dass alles in Bewegung ist. Starre Konzepte zur Unternehmensführung, rein hierarchiegeleitete Führung, falsch verstandene Stabilität oder ausschließlich Konsolidierung zu betreiben, all das wirkt anachronistisch, wenn das Umfeld in ständiger Bewegung bleibt.

Mancherorts nimmt die Unternehmensleitung für sich allein in Anspruch, Visionen zu verwalten und zu entwickeln. Das hindert keine Führungskraft daran, in die Zukunft zu schauen und ein eigenes Zukunftsbild zu entwickeln, auf dessen Basis Bewegung im eigenen Bereich erzeugt wird. Diese Dynamik bestimmt das Führungsbild und sie macht aus der individuellen Entwicklung einen voranschreitenden, immer fortwährenden Prozess. Die Bilder, die dabei entstehen, sind alle unterschiedlich, was erneut die Bedeutung der Individualität hervorhebt und dem Streben nach Vereinheitlichung widerspricht. Die Stärke von Führung liegt in der jeweiligen Einzigartigkeit, mit der Führungskräfte sich bewegen und mit der sie ihre Mitarbeiter mitziehen.

Rund um das Handeln als Führungskraft:

Jedes Manual ist nur so gut, wie die Handreichungen in der Praxis angewendet werden können. Selbst wenn es bei der Zusammenstellung von operativen Bausteinen Redundanzen zu anderen Kapiteln gibt, so bleibt die Botschaft unangetastet: Führungshandeln hat den Vorzug vor allen Theorien zum Führen. Beim Operativen wurde der Akzent nicht auf das ganz Konkrete gelegt. Die Führungskraft muss über Impulse die einzelnen Bausteine auf sich und ihren Führungsalltag anpassen. Das setzt nicht allein das Erkennen von Entwicklungsmöglichkeiten voraus. Die Wirkung der Führungsbausteine und die Bedeutung von Kompetenzen für die eigene Methode des Führens müssen verstanden werden, damit die einzelnen Führungskompetenzen zur Anwendung gelangen.

Der Bogen ist weitgespannt beim Handeln aus einer Führungsposition heraus. Das reicht von der Prozessorganisation über das Delegieren, Klären, Imitieren, Anstoßen bis zum Handeln allgemein. Und es reicht dann noch weiter bis zum Nachhalten, Kontrollieren, Gestalten und Vorantreiben. Das Schlichten von Konflikten kann an fast jedem Punkt der gerade zusammengestellten Reihe notwendig sein. Einige der in diesem Abschnitt näher betrachteten Führungsaspekte seien hier herausgestellt, weil sie einen Bogen über all die Einzelteile der Führung schlagen und weil sie so nochmals einen Überblick verschaffen. Sie sind weder besonders noch erfolgskritisch, sie geben allein Gelegenheit, Führung als Ganzes zu verstehen, das sich aus Bausteinen zusammensetzt. Im Einzelnen sind das:

- *Dynamik, die oft am Ende steht, macht hier den Anfang aufgrund der Bedeutung für die Zukunft von Unternehmen;*
- *Wissen, das zum Einsatz gebracht werden muss, weil Wissen eng mit Lernen verknüpft ist und Lernen Veränderung bringt;*
- *Kommunikation, denn der Austausch von Erfahrungen bedingt, dafür zu sorgen, dass ein Dialog in Gang kommt und fortgeführt wird;*
- *Strategie und Ziele, alles geht irgendwie auf die Kernaufgabe zurück, dass Führungskräfte mit ihren Mitarbeitern Strategie und Ziele umsetzen müssen;*
- *Handeln, denn in gewisser Weise schließt das Handeln alle Kreise, setzt alles in Bewegung und erzeugt damit Dynamik.*

Führen, das ist Menschen bewegen, was voraussetzt, diese zu erreichen. Schließlich helfen die Mitarbeiter beim Erreichen von Zielen. Sind all die Impulse für den einen oder anderen zu guter Letzt nur begrenzt tauglich wie brauchbar, so kann der Beschäftigung mit der eigenen Führungskompetenz und allein der Reflexion zum Führungsverhalten zugesprochen werden, dass dies den Blick auf die Wirksamkeit der eigenen Führung schärft. Verstehen hat dabei den Vorrang vor dem reflexionslosen Nachahmen.

6 Psychologie des Führens

> Führung will mehr als Standardtechnik oder Nachahmungsmuster sein. Führungskräfte kommen nicht umhin, sich mit der Psychologie des Führens auseinanderzusetzen. Dass die direkte Zusammenarbeit psychologische Momente hat, steht außer Frage, doch daneben taucht eine Vielzahl von Situationen auf, die ein entsprechendes Feingefühl im Umgang miteinander bedingen. Das Verhandeln sowie Konflikte verlangen neben einer kommunikativen Kompetenz entsprechende Techniken und bestenfalls Erfahrungen. Den Einstieg in die Psychologie der Führung bildet in jedem Falle die Kommunikation, ein Blickwinkel, der in diesem Abschnitt eine weitere eingehendere Beachtung findet. Erst, wenn Mitarbeiter erreicht werden, können deren Potenziale umfänglich genutzt werden. Führen ist menschlich und nicht betriebswirtschaftlich – zumindest nicht in erster Linie. Ein modernes, professionelles Führen von Mitarbeitern wird am Ende sowieso den betriebswirtschaftlichen Erfolg sichern.

Warum ist Psychologie so wichtig? Der kleine Exkurs zur Psychologie hat durchaus seine Berechtigung. Im Grunde genommen hätte dieser sogar an den Anfang des Manuals gehört, weil die Psychologie der Erkenntnis- sowie der Handlungsträger einer professionellen Führung ist. Die Psychologie des Führens wird schnell missverstanden und ist in die falsche Richtung gelenkt, wenn allzu sehr das Psychoanalytische Überhand gewinnt. Zweifelsfrei ist die Selbstreflexion eine analytische Arbeit, doch im Zusammenhang mit Führung interessiert vor allem, was zum Entwickeln von Menschenkenntnis vonnöten ist. Das bedeutet, dass all die Handreichungen der Führungskraft helfen, sich selbst, die Mitarbeiter und das Zusammenwirken von Menschen zu verstehen. Es ist dieses zu Anfang vorgeführte Netzwerk dependenter wie interdependenter Wirkungsstrukturen, das die Zusammenarbeit im Unternehmen ausmacht. Versteht man dieses Gefüge, kennt man die einzelnen Stellschrauben in diesem kybernetischen System, dann weiß man zugleich, wie sich Prozesse oder Reaktionen steuern lassen. Sie sind somit vorhersehbar und planbar.

Mit der Selbstreflexion beginnt der Weg der Erkenntnis, wenn Führungskompetenz zu entwickeln ist. Denn erst mit dem Verstehen des eigenen Ichs offenbaren sich Erkenntnisse, die helfen, Menschen zielgerichtet und letztlich menschenwürdig zu führen. Ängste und Wünsche bestimmen unser Handeln, obschon Wünsche fraglos eine sehr indirekte Triebfeder sind, denn sie werden leichter verdrängt als die Ängste. Beide als intrinsische Kräfte prägen jedenfalls das Verhalten. So erlaubt die Art, wie sich die Führungskraft verhält, einen Rückschluss auf deren Stärken und Schwächen. Nun muss eine Selbstanalyse nicht zwingend bis zum Äußersten getrieben werden und darf nicht in Verunsicherung umkippen. In jedem Fall trägt die Selbstreflexion dazu bei, die eigene Persönlichkeit zu entwickeln. Ein Abgleich von Selbsteinschätzung und Fremdbewertung steht am Anfang des Entwicklungsprozesses, damit eine realistische Bewertung vorgenommen werden kann (siehe Abb. 44).

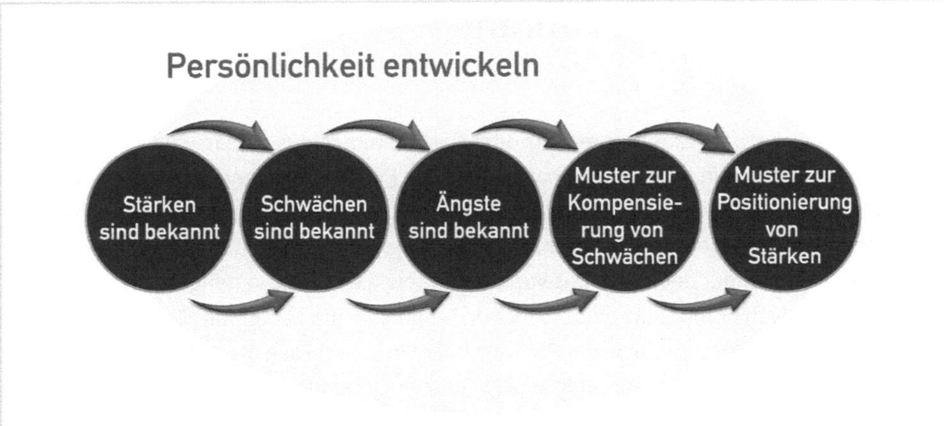

Abb. 44: Persönlichkeit entwickeln

Nun darf die Konzentration auf das Persönliche nicht zur Verblendung führen und die Führungskraft isolieren. Führung ist Teil eines Teams und folglich reicht die Psychologie bis zu jedem Einzelnen in diesem Team. Die Entwicklung zur Führungspersönlichkeit muss die Psychologie der Mitarbeiter und die Teampsychologie einschließen. Damit nicht der Überblick bei so viel Psychologie verloren geht, wird im Nachfolgenden Schritt für Schritt der Horizont der Führungspsychologie erhellt und mit dem Selbst der Zugang dazu geschaffen.

6.1 Selbsteinschätzung und Fremdbewertung

Einen wenn auch kleinen Baustein der Führungskompetenz liefert die strukturierte Selbsteinschätzung. Verständlicherweise und berechtigterweise hängt das Bewerten der eigenen Fähigkeiten etwas Subjektives an. Einen hilfreichen Faden knüpft dieser Erkenntnisprozess dennoch. Das beginnt bei der Gegenüberstellung von Kompetenzanforderungen mittels Selbst- und Fremdeinschätzung und kann bis zur Entwicklungsplanung mit Qualifizierungsplanung reichen. Zunächst werden Anforderungen sowie Erwartungen mit den vorhandenen Kompetenzen abgeglichen. Das Delta, das sich dabei ergibt, zeigt den Handlungsbedarf an und gibt vor, in welche Richtung die Kompetenzentwicklung führen sollte. Kompetenzprofile sind dann ein Mittel der Praxis. Was sie nur bedingt leisten können, das sind Persönlichkeit und Haltung erfassen. In diesem Zusammenhang müssen Bruchstücke des Verhaltens herangezogen werden. Indirekt liefern Einschätzungen zu Facetten wie z. B. Leistungsbereitschaft, Ehrlichkeit oder Loyalität Rückschlüsse auf das Verhalten. Persönlichkeit und Verhalten umfassen am Ende dann noch deutlich mehr als die gängigen *Skill*-Sammlungen.

Daraus leitet sich kein Anspruch auf Vollständigkeit ab. Es ergibt wenig Sinn, alle theoretisch möglichen Fertigkeiten erfassen zu wollen. Situation und Bedarf bestimmen die Themen, denen sich eine Führungskraft zuzuwenden hat, wenn Entwicklung ernst gemeint wird. Die Unternehmenskultur mit ihren Unternehmenswerten ergänzt hier die Orientierung für Mitarbeiter. Entsteht an dieser Stelle eine starke Abweichung, dann muss in der Tat kritisch geprüft werden, ob die Führungskraft ins Führungssystem passt. Sich selbst zu kennen und andere einschätzen zu können, da mag die Intuition helfen. Zur Objektivierung müssen hingegen nachvollziehbare und überprüfbare Bewertungskriterien herangezogen werden.

Kurz und knapp

... wer sich selbst kennt, versteht andere.

6.2 Von der Kompetenz zur Performanz

Fähigkeiten und Auftritt sollen mit der Begrifflichkeit *Kompetenz und Performanz* nicht verwissenschaftlicht werden. Beide Realitäten voneinander abzugrenzen, mag dementgegen hilfreich sein. Die meisten kennen die Situation, dass die eigenen Fähigkeiten in der einen oder anderen Situation nicht adäquat transportiert oder wahrgenommen wurden. Dadurch erfährt die Performanz ihre Bedeutung. Darüber hinaus ermöglicht sie einen Zugang zur Kompetenz, denn trotz allem Situativen, Zufälligen und manchmal Inkonsistenten bietet das konkrete Verhalten einen Zugang zur Persönlichkeit der Führungskraft mit all deren Kompetenzen. Kompetenz und Performanz stehen also nicht selten im Widerspruch. Beides in Deckung zu bringen, kann ein honoriges Ziel sein, kann indes sich als unerreichbarer Zustand offenbaren. Da bleibt zuweilen nur der Versuch, so viel wie möglich aus dem eigenen Kompetenzbereich in das konkrete Verhalten bei einem konkreten Anlass einzubringen.

Das Bewusstsein für die eigenen Fähigkeiten wie Fertigkeiten formt währenddessen eine hinreichende Grundlage für die Selbstsicherheit. Auf dem Weg zur Sicherheit können die erwähnte kritische Distanz, das Heraustreten oder die *Schwierig*-Pause helfen. Alle dienen dazu, noch einmal bewusst die Situation zu betrachten und den Blickwinkel auf die Situation zu erweitern. Das wiederum gibt die Gelegenheit, eigene Kompetenzen umfänglicher und besser auszuschöpfen. Fähigkeiten vollumfänglich zur Entfaltung zu bringen, das heißt, die eigene Kompetenz umsetzen zu können. Decken sich Kompetenz und Performanz, kann dies durchaus als seltener Glücksfall betrachtet werden. Ansonsten wird man nicht umhinkönnen, sich mit der Diskrepanz auseinanderzusetzen.

Kurz und knapp

... wer auf die eigenen Fähigkeiten vertraut und an sich selbst glaubt, kann Kompetenz erkennbar machen.

6.3 Unsicherheit

Mit Unsicherheit droht Angst, und dies ist der schlechteste Begleiter im Führungsalltag. Hinauszögern von Entscheidungen, Ausweichen bei Konflikten oder die Abwehr von Verantwortung – all das sind Vorboten eines Mangels an Sicherheit und schlimmstenfalls manifestiert sich dies, sodass Angst einen Nährboden finden kann. Auf den Punkt gebracht: Angst paralysiert und führt zu Stillstand. Nun ist Angst etwas Menschliches und es sollte nicht fälschlicherweise abgeleitet werden, dass es Angst zu unterdrücken gilt. Eine bewusste Auseinandersetzung mit derartigen Situationen scheint da hilfreicher als das oberflächliche Verdrängen. Dies muss nicht zum Ausleben von Ängsten vor den Mitarbeitern führen, nur muss man sich davor hüten, mit einer übertriebenen, gespielten Sicherheit von der eigenen Unsicherheit ablenken zu wollen.

In der Unsicherheit bezieht man oft Dinge, Verhalten, Kommentare o. ä. auf sich, was die Unsicherheit dann noch steigert, weil dies Anlass ist, an sich selbst bzw. seiner Fähigkeit zu zweifeln. Entdeckt jemand für sich, dass es ängstlich ist oder sogar Angst vor etwas hat, dann lohnt es, da reinzugehen, darüber nachzudenken und auf jeden Fall die Sicht darauf zu wechseln. Mit dem Perspektivwechsel und dem Weiterdenken nähert man sich der Wirklichkeit, die oft keinen Anlass zur Angst gibt. Was nicht heißen soll, dass die Wirklichkeit keine Angst bereitet. Sich selbst zu vertrauen, ist ein Weg zur Sicherheit und fast eine Voraussetzung, anderen Vertrauen zu können. Es sollte deutlich geworden sein, dass die Unsicherheit am ehesten überwunden wird, wenn man sich mit der Angst auseinandersetzt. Oft reicht es, sich der Unsicherheit oder auch der Angst zu stellen und diese frühzeitig zu entzaubern. Bewusst Unsicherheit wahrzunehmen, schafft die Gelegenheit, hinter die Kulissen zu schauen und festzustellen, dass die Unsicherheit der Begründung entbehrt. Um Sicherheit zu gewinnen, benötigt man vielleicht zu Anfang Bestätigung von außen, dass das richtig und gut ist, was man macht. Am Ende bleibt es aber ein intraindividueller Prozess, bei dem die Introspektion treibende Kraft sein kann. Dieses nach innen schauen und den eigenen Wert feststellen und sich bestätigen – das stellt die Keimzelle der Selbstsicherheit dar und führt dadurch aus einer Unsicherheit heraus.

Mit dem Beziehen einer Position drückt sich eine Form von Sicherheit aus. Unsicherheit als Gegenpol gehört zur persönlichen Wirklichkeit sogar dazu. Sie kann nicht vollständig ausgeschlossen werden, denn es dürfte vermessen sein, sich in allen Situationen sicher fühlen zu wollen. Unsicherheit darf dann nicht zur Angst führen, weil die bei Führung ein schlechter Begleiter ist. Die Unsicherheit erfährt mit der Angst einen Einfluss, der bis zu den Mitarbeitern reicht, die die Unsicherheit in solchen Fällen erst recht wahrnehmen. Es erweist sich als illusorisch, Unsicherheit vollständig ausschließen zu wollen. Sicherheit muss im Zuge des Gewinns an Selbstsicherheit die Unsicherheit verdrängen. Dass Unsicherheit zögerlich machen kann und dann auf diese Weise Entscheidungen verschiebt, verdeutlicht, wie weit das Ganze reicht. Denn Mitarbeiter verlieren die Orientierung, wenn Entscheidungen ausbleiben. Mitarbeiter brauchen Orientierung, sodass Aufgaben erfüllt werden können und Ziele nicht verpasst werden. Das legt offen, wie Kybernetik in der Führungspraxis zur Geltung kommt.

Kurz und knapp

... Mitarbeiter brauchen Orientierung, Unsicherheit überträgt sich auf ein Team, doch weitaus fataler wirkt Unsicherheit, wenn sie aus Angst genährt wird, denn das spüren die anderen genauso.

Seminare zur Stärkung des eigenen Führungsverhaltens haben an dieser Stelle ein Füllhorn an Techniken und Methoden parat, wie sich Sicherheit nach außen tragen lässt. Körperhaltung, Hochstatus, Brustton, ein fester Blick oder eine gewisse Lautstärke in der Rede sollen helfen, Führungsstärke nach außen zu tragen. Ohne Wirkung wird all dies dagegen bleiben, wenn das Verhalten nicht authentisch ist. Mitarbeiter erkennen schnell, was echt und was gespielt ist.

6.4 Selbstmarketing

Zum Führen gehört in gewissem Umfang das Selbstmarketing, denn außer Position zu beziehen, steht im Tagesgeschäft in gleichem Maße das Halten der Position an. Es muss nicht so sein, dass rundherum eine Art Positionskannibalismus im Unternehmen herrscht. Auf der anderen Seite kann es der Führungsalltag mit sich bringen, dass gelegentlich die eigene Führungsposition infrage gestellt wird. Hat normalerweise jeder mit sich und mit seinen Aufgaben genug zu tun, so schaffen es einzelne, sich mit der Arbeit der anderen so intensiv zu beschäftigen, dass sie sich eine Bewertung zum Handeln anderer zu erlauben glauben. Von daher ist es sinnvoll, gelegentlich die eigenen Erfolge, die Schaffenskraft und das Leistungsvermögen zur Schau zu tragen. Das muss nicht in Übertreibungen oder in Überheblichkeit enden –, es genügt, gezielt herausragende Erfolge bei passenden Gelegenheiten nach außen zu tragen. Über sich selbst zu sprechen, wird mit der richtigen Dosierung nicht als Prahlerei verstanden, wenn man jedoch Gutes geleistet hat, kann man dem noch jungen Sprichwort folgen und darüber reden.

Kurz und knapp

... manchmal ist es durchaus hilfreich, die eigene Bescheidenheit hintanzustellen und mit den eigenen Leistungen wie Erfolgen Position zu beziehen und zu manifestieren.

6.5 Ehrgeiz

Ehrgeiz sollte nicht grundsätzlich zu kritisch betrachtet werden, Ehrgeiz zu hinterfragen, scheint wiederum angebracht. Zumindest ist dies der Fall, wenn sich der Ehrgeiz so weit ausdehnt, dass er in das Wirken anderer hineinreicht. Für die Zwecke anderer lässt sich keiner gern ausnutzen, das sollte bei allem Ehrgeiz klar sein. Ehrgeizige Ambitionen in Richtung Ausbeutung anderer werden schnell entlarvt, die negative Langzeitwirkung des Versuches und das entstandene Misstrauen werden nur schwer aufzulösen sein. Es ist gut zu überlegen und abzuwägen, wie andere in eigene Ambitionen einzubinden sind. Vielleicht lässt sich ein Mehrwert für die Beteiligten generieren. Erfährt Ehrgeiz eine positive Konnotation, kann dies eine Vorbildwirkung entfalten und Teammitglieder mitziehen. Ehrgeiz muss dementsprechend nichts Falsches sein, er darf nicht blind machen und mit Rücksichtslosigkeit verknüpft sein.

Manchmal dient der Ehrgeiz als Zugang zur Motivation der Mitarbeiter, er ist nicht allein ein Phänomen bei Leitenden. Als ein Motiv zum Handeln kann Ehrgeiz mit Anreizen *angestachelt* werden. Inwieweit Ehrgeiz kritisch zu bewerten ist, hängt von seinem Ursprung bzw. davon ab, wie er sich zusammensetzt. Sind es Ruhmsucht oder Prestige, die den Ehrgeiz tragen, mag er je nach Sicht negativ bewertet werden. Sind es Fleiß und Tatkraft, mag die Bewertung positiver ausfallen. Ehrgeiz darf nicht andere behindern, einschränken oder zur Seite drängen, darauf haben Führungskräfte zu achten.

Kurz und knapp

... Ehrgeiz darf nicht die Grenzen anderer überschritten.

6.6 Körperhaltung und Stimme

An anderer Stelle wird davor gewarnt, die Authentizität nicht zu verlieren, da irritiert vielleicht ein Abschnitt zu Körperhaltung und Stimme, scheinen gerade diese beiden Themen eine Nähe zur Künstlichkeit aufzuweisen. Ist noch Unsicherheit vorhanden, können Hilfsmittel wie die Körperhaltung und die Stimme ein Defizit kompensieren. Das Überspielen eines Defizits an Sicherheit mit Hilfsmittel darf kein Dauerzustand werden. Solche Maßnahmen müssen dementsprechend mit Bedacht eingesetzt werden und dürfen kein dauerhaftes Überspielen von Schwächen sein. Eine aufrechte Haltung und Körperspannung und dazu eine feste, laute Stimme hinterlassen tatsächlich im ersten Moment den Eindruck von Sicherheit. Wird dies überstrapaziert, werden die Beteiligten die vermeintliche Sicherheit als Unsicherheit schnell erkennbar machen. Das Wesentliche liegt im Grunde genommen in der Umkehrung. Fehlende Körperspannung und eine leise Stimme werden schlimmstenfalls die Teammitglieder als Beteiligte verunsichern. Das Vertrauen muss gezwungenermaßen im Verlauf dessen verloren gehen. Manches Mal scheint es Nachlässigkeit zu sein, wenn Körperspannung schwindet und die Stimme merklich leiser wird, das mag dann im Einzelfall so sein. Es bleibt zu beobachten und nachzuhalten, dass dieser Einzelfall nicht zu permanentem Verhalten wird.

Kurz und knapp

... manchmal hilft gespielte Festigkeit, einen Anflug von Unsicherheit auszugleichen.

6.7 Rollenwechsel

Außer von Sachlogik geleitet zu werden und strengen Vorgaben zu folgen, müssen Führungskräfte sich hin und wieder aufs Feld der Emotionen wagen. Zwar ist das Emotionale eine Parallelwelt zu all den Sachebenen in der Zusammenarbeit, dennoch gebührt den emotional geprägten Situationen ebenso volle Aufmerksamkeit. Eine Führungskraft muss imstande sein, die Rollen je nach Situation zu wechseln. Meist wird der Vorgesetzte der Navigator im Tagesgeschäft sein, doch an anderer Stelle ist er ähnlich wie ein Therapeut gefordert oder muss Coaching-Qualitäten zeigen. Hilfestellung, Zuspruch oder Trost können in emotional geladenen Situationen zielführend sein und das sachlich Logische begründet in den Hintergrund rücken.

Das richtige Maß zwischen Sachlichkeit und Emotionalität zu finden, dazu gehört dann die Erfahrung aus der Zusammenarbeit.

Die Rolle als Führungskraft ist durch die Rollenvielfalt gekennzeichnet. Es gibt nicht die statische, eindimensionale Form der Führung. Innerhalb der Führungsrolle vollzieht sich beständig ein Rollenwechsel, das macht nochmals deutlich, dass zwischen der Rolle als Führungskraft in der Unternehmenshierarchie und den verschiedenen Rollen im Team zu unterscheiden muss. Denn mal ist der Führende ein Vorgesetzter und Richtungsgeber, mal ein Vertrauter, wenn Kollegen einen Gesprächspartner brauchen, mal ein Schlichter in Konflikten und ein anderes Mal sind Führungskräfte Feuerwehrleute, wenn die Prozesse aus den Rudern zu geraten drohen und gewichtige Entscheidungen zu treffen sind. In der einen Situation bewähren sie sich insofern als souveräne Entscheider, im nächsten Moment wechseln sie zum aufmerksamen Zuhörer, der stets ein Ohr für die Belange seiner Mitarbeiter hat.

Kurz und knapp

... Führungskräfte sollen keine Schauspieler sein, aber sie müssen die Fähigkeit besitzen, je nach Situation in die entsprechende Rolle zu schlüpfen.

6.8 Erfahrung und Lernen

Es birgt keinen brauchbaren Mehrwert, an dieser Stelle zwischen Erfahrung und Lernen zu differenzieren. So kann nicht in Abrede gestellt werden, dass Erfahrung etwas mit Lernen zu tun hat. Allerdings kann Lernen genauso von der Erfahrung profitieren, weil bei jedem Lernen vorhandenes Wissen zum Zuge kommt. Sowohl das Team mit seinen einzelnen Mitgliedern als auch der Teamleiter, also die Führungskraft, alle nutzen ihre Fähigkeit zum Lernen sowie ihre Erfahrungen zur Weiterentwicklung, zur Veränderung. In dieser Systematik, in einem Veränderungsprozess sind Führungskräfte mit deren persönlicher Entwicklung ein Vorbild für die Teammitglieder. In jedem Falle sollte Lernen nicht ausschließlich als formalisierter Prozess verstanden werden. Losgelöst vom institutionellen Lernen, wie es sich z. B. in Weiterbildungskatalogen widerspiegelt, müssen all die Situationen gesehen werden, in denen alle im Team Erfahrungen sammeln und lernen. Unbedingt zu erwähnen bleibt, dass Erfahrung und Lernen Intuition miteinbezieht.

Intuition ist nichts Mystisches. In Abgrenzung zu Instinkten setzt sie sich aus Erfahrungen zusammen, die ins Unbewusste abgesackt sind und dennoch Nachwirkung zeigen, indem sie zur rechten Gelegenheit sinn- wie wirkungsvoll zum Einsatz kommen. Intuition ist nichts Diffuses und ebenso wenig etwas Zufälliges. Als eine Form von Erfahrung bewährt sie sich oft als nützliche Entscheidungshilfe und greift auf das Gelernte, das Erfahrene zurück. Irgendwelche neurologischen Erklärungsmodelle bleiben an dieser Stelle ausgespart.

Kurz und knapp

... wer Veränderung will, muss lernen, wer lernwillige Mitarbeiter will, muss Lernen fördern.

6.9 Von Motivation bis Leistungsmotivation

Pauschal betrachtet und auf ein paar wenige Aspekte heruntergebrochen, stellt sich die Motivation als ein Antrieb dar, der auf Anreizen zum Handeln basiert. Damit daraus Leistungsmotivation wird, müssen ganz spezifische Anreize zur Leistung animieren. Das Spektrum dieser Anreize reicht von materiellen Zuwendungen, wie z. B. Geld, bis hin zur immateriellen Form, Mitarbeitern Aufmerksamkeit zu schenken. Zu erwähnen bleibt, dass all dies von der Individualität abhängig ist. Antriebe können ganz unterschiedlicher Natur sein: Für den einen reichen Geldprämien oder besondere Vergünstigungen, um Motivation freizusetzen, bei anderen Mitarbeitern wirken Aufmerksamkeit und persönliche Zuwendung im Hinblick auf die Bereitschaft. Eines gilt in allen Fällen: Mitarbeiter können nicht motiviert werden, es können ihnen allein Anreize geboten werden. Das heißt, um es nochmals ganz deutlich hervorzuheben, Mitarbeiter können sich nur selbst motivieren. Andere können lediglich Anreize zu dieser Motivation geben.

Motivation ist der Impetus, der Mitarbeiter antreibt, eine Leistung zu bringen. Mag dies auch eine Leistung sein, die von Mitarbeitern seitens des Unternehmens erwartet wird, bleibt sie dennoch eine Leistung, die von Mitarbeitern selbst, sozusagen von innen heraus erbracht wird. Das bedeutet, dass die Mitarbeiter bereit sein müssen, eine Leistung zu zeigen, und dass die Anreize ausreichen müssen, damit eine Leistungserbringung in Gang gesetzt wird. Trotz aller Individualität von Leistung geht manches nur zusammen, wenn kooperiert wird.

Kurz und knapp

... der Weg zur Leistung lässt sich nicht einfach vorzeichnen – Mitarbeiter müssen die Leistung erbringen wollen, damit deren Motivation umfänglich genutzt werden kann.

6.10 Teamgeist

Trotz aller Individualität von Leistung geht manches erst zusammen, wenn kooperiert wird. Einiges geht nur gemeinsam, das erfordert normalerweise Kommunikation – über Verständigung hin zu Vereinbarung, um am Ende in Kooperation das Ziel zu erreichen. Ob Subordination, Hierarchie oder exponierte Position, die Führungskraft bleibt Teil des Ganzen und sie muss sich so verstehen. Aus diesem Blickwinkel betrachtet, besteht die Führungsfunktion darin, Teammitglieder, Kompetenzen, Wissen und am Ende Kräfte wie Energie zusammenzuführen. Erfolge sind stets das Ergebnis einer gemeinsamen Leistung, daher versteht es sich von selbst, dass diese Erfolge zu teilen sind.

Der Weg hin zu einer Atmosphäre der Kollaboration und hin zu einem stimmigen Zusammenwirken kann nicht mit stereotypen Beschwörungsformeln oder einem verbalen Einpeitschen erreicht werden. Es ist schon notwendig, auf die Charaktere, aber ebenso auf die Fähigkeiten der Mitarbeiter einzugehen. Denn Teamgeist erwächst erst, wenn Mitarbeiter außer den eigenen Fähigkeiten, gleichfalls die Kompetenzen der anderen im Team zu schätzen wissen beim gemeinsamen Erreichen der zusammengesteckten Ziele. Dahinter verbirgt sich die Bereitschaft, andere zu respektieren, sich auf diese zu verlassen und damit ihnen zu vertrauen. Zum Teamgeist gehört die Solidarität. Sie gewinnt vor dem Hintergrund der internen Vernetzung eine neue Dimension. Fern von einer Verbrämung des Begriffs und von politischem Pathos meint ein neuer Solidaritätsbegriff den (Gemein-)Sinn für gemeinsame Ziele und die gemeinschaftliche Bearbeitung von Aufgaben. So wird der Grund für ein weiteres modernes Unternehmenskonzept gelegt: das Wissenskollektiv bzw. die Wissenskollektivität.

Wissensmanagement kann künftig nicht mehr allein durch die Verteilung von Wissen funktionieren. Die Handlungsrichtung oder besser die Handlungsmaxime muss die Vernetzung von Wissen sein. Da Wissen ein dynamisches Kontinuum ist, kann das höchste Maß an Veränderungsdynamik nur mit der kooperativen Wissensarbeit erreicht werden. Spezialwissen einzelner Mitarbeiter oder deren generalistisches Wissen sind zweifellos Glanzpunkte im Wissensschatz einer Unternehmung. Doch längst ist den Wissenslenkern in den Unternehmen bewusst, dass derartige Wissenskomponenten weder einfach übertragbar noch zuverlässig konservierbar sind. Die Wissenskollektivität bietet auch hier Lösungen, da Wissenstransfer in einer Atmosphäre der Bereitschaft zum Teilen von Wissen sowohl informeller als auch bereitwilliger funktioniert.

Kurz und knapp

... es bleibt beim Leitspruch der Musketiere »Uno pro omnibus, omnes pro uno«, ohne dass dies in Pathos zerfließt, es umschreibt Teilen, Handeln und das Verfolgen gemeinsamer Ziele.

6.11 Jedes Team eine psychologische Herausforderung

Ein Team kann sachlich als eine Menge von Mitarbeitern geführt werden. Es empfiehlt sich darüber hinaus, die Charaktere der Teammitglieder zu sehen und einzubeziehen. Sobald Menschen zu führen sind und dies ernst genommen wird, muss das psychologische Moment der Führung berücksichtigt werden. Es lohnt, zu verstehen, wie und warum die Mitglieder in einem Team reagieren. Dabei sollte nur das Verstehen von Interesse sein, das Therapeutische und die Therapie bleiben anderen vorbehalten. Dass die Psychologie in der Teamarbeit einen hohen Stellenwert hat, dürften schon viele irgendwann miterlebt und deutlich wahrgenommen haben. Auf jeden Fall darf die psychologische Herausforderung nicht dazu führen, dass der Teamleiter sein Verhalten und sein Handeln allein daran ausrichtet. Die Psychologie des Teams zu kennen, dient mehr dem Verstehen, dem Vorausschauen und dem Vorbereitet-Sein, was Reaktionen betrifft. Die Gründe und die Formen des Handelns bleiben weitestgehend davon unberührt. In besonderen Situationen kann durchaus auf die psychische Realität eines Teams eingegangen werden. Es können immer wieder Stresssituationen im Team entstehen, die einen psychologischen Hintergrund haben. Darauf müssen Führungskräfte vorbereitet sein und ihre eigenen Strategien wie Lösungen bereithalten, die Eskalationen vermeiden helfen und die Mitarbeiter auffangen. Für die Teamstabilität ist es entscheidend, dass keine Konflikte offengelassen und stattdessen zeitnah gelöst werden.

Teamarbeit und Teamentwicklung werden durch die verschiedenartigen Einflussgrößen geprägt. Umgebung und Arbeitsinhalte wirken generell ein, auch auf die Psyche im Team. Außer der individuellen Befindlichkeit kann z. B. Leistungsdruck eine Atmosphäre der Anspannung im Team erzeugen. Die Art der Aufgaben und die Art der Aufgabengestaltung wirken im Besonderen, was bis zu den Entscheidungen reicht. Die Reaktionen darauf sind individuell und erzeugen in der Gesamtheit eine Stimmung im Team. Die Verteilung von Aufgaben wird wahrgenommen und muss ggf. umgestaltet werden, wenn es dann doch nicht passt. Moderne Teamentwicklung braucht außer Partizipation und den positiven Affekten (z. B. Arbeitsklima, Emotionalität, Verständnis) zudem Aspekte der Diversität. Eine große Unterschiedlichkeit in einem breiten psychologischen Spektrum bei den Teammitgliedern kann für die Führungskraft herausfordernd sein. Immerhin hängt größtenteils von der Atmosphäre im Team ab, inwieweit die Teammitglieder sich verstehen, offen miteinander umgehen und Rücksicht nehmen. Die Stimmung wiederum wirkt auf andere Faktoren ein.[18]

Kurz und knapp

… ein Team ist kein Uhrwerk, darauf muss man vorbereitet sein, damit das Ganze nicht aus dem Takt und aus den Fugen gerät.

6.12 Mitarbeiter auswählen und Mitarbeiter bewerten

Außer dem Planen von Ressourcen gehört es zur Teamleitung dazu, Mitarbeiter auszuwählen, Mitarbeiter zu bewerten und Mitarbeiter zu fördern. Das Auswählen von Mitarbeitern oder das Bewerten von Mitarbeiter hat viele Gemeinsamkeiten, steht doch im Vordergrund, die Wirksamkeit der eigenen Menschenkenntnis unter Beweis zu stellen. Es mündet darin oder geht daraus hervor, dass Fähigkeiten, Leistungen resp. Leistungsvermögen eingeschätzt werden sollen. Dies kann intuitiv geschehen, was bei einer zuverlässigen Intuition durchaus Charme hat. Letzten Endes lässt sich in dieser bewusst unreflektierten Herangehensweise eine Struktur ausmachen. Wie weiter oben erwähnt, basiert das Intuitive auf Erfahrungen, die sozusagen ins Unbewusste hinabgesunken sind. Damit bekommt diese Form des Vorgehens oder der Entscheidungsfindung eine Struktur, in der auf Erfahrung Basiertes das Handeln bestimmt (beispielhaft für ein abstrahiertes Verfahren zur Bewerberauswahl siehe Abb. 45). Am Ende will alles auf irgendeine Art gelernt sein. Wie strukturiert die Auswahl von Bewerbern dann betrieben wird, unterliegt individuellen Präferenzen. Kommt die Intuition zum Tragen, kann das in vielen Fällen sogar hilfreich sein. Ein kleiner struktureller Rahmen kann ungeachtet dessen hilfreich sein.

18 Siehe u. a. Florian Becker (2016): Teamarbeit, Teampsychologie, Teamentwicklung. So führen Sie Teams, Berlin/Heidelberg: Springer, oder Rolf van Dick/Michael A. West (2013): Teamwork, Teamdiagnose, Teamentwicklung [mit Arbeitsmaterialien und Fallbeispielen], 2., überarb. und erw. Aufl., Göttingen u. a.: Hogrefe, Praxis der Personalpsychologie, Bd. 8.

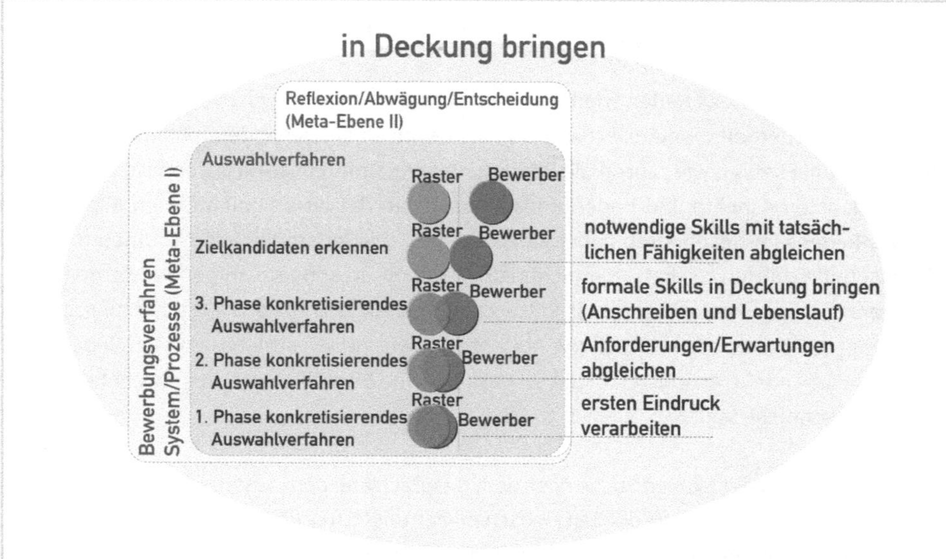

Abb. 45: In Deckung bringen

Zur Vorbereitung einer Bewerberauswahl dienen die typischen Checklisten, die durch alle möglichen Netze kursieren. Dazu muss kein Rad neu erfunden werden. Alle Listen und Sammlungen von Prüfpunkten helfen nur bedingt, wenn nicht klar der Bedarf berücksichtigt, die Teamstruktur einbezogen und genau hingeschaut wird. Eine Bewerbungsmappe kann Blendwerk sein, ein Grund mehr im Gespräch nicht nur genau hinzuhören, sondern außerdem die richtigen Fragen zu stellen. Es handelt sich unbestreitbar um eine Bindung, die in der Regel auf Langfristigkeit ausgelegt ist. Sicherheit resp. Unsicherheit der Führungskraft kann an dieser Stelle desgleichen einwirken. Eine negative Auswirkung besteht etwa darin, dass aus Unsicherheit hoch qualifizierte oder ehrgeizige Bewerber durchs Raster fallen. Schwache Vorgesetzte wollen so verhindern, dass sie in einen internen Wettbewerb geraten, in dem sie den Kürzeren ziehen. Eine falsche Entscheidung schwächt hingegen auf Dauer die Leistungsstärke des Teams.

Der Prozess der Mitarbeitergewinnung ist damit nicht abgeschlossen, denn erst die Einbindung neuer Mitarbeiter schließt diesen ab. Der Übergang zur Mitarbeiterbindung ist dann nahtlos. Das findet seine Fortsetzung darin, dass genau hingeschaut wird, wo die Stärken liegen, welche Anreize wirken und an welche Stellen im Team die neuen Kollegen passen. Es vollzieht sich der Schritt hin zur Mitarbeiterbewertung, die weitaus mehr umfasst, als einfach ein Urteil zu fällen. Dynamik und Veränderung stehen in Wechselwirkung mit der Entwicklung von Mitarbeitern, daher muss eine durchgängige und nicht einmalige Bewertung die Entwicklungsoptionen von Mitarbeitern aufzeigen. Die Bewertung erzeugt kein *Ja* oder *Nein*, sie bringt Entscheidungen und Veränderung voran.

Kurz und knapp

... Mitarbeiterauswahl braucht Sorgfalt, denn es geht um eine dauerhafte Zusammenarbeit, nicht um die spontane Lösung eines Personalproblems.

6.13 Kommunikationspsychologie und Umgang mit Sprache

Dass an dieser Stelle das Reden wieder auftaucht und als psychologisches Moment der Kommunikation wiederholt thematisiert wird, hat nichts mit einem besonderen Gefallen an Redundanzen zu tun. Es zeigt, wie zentral die Bedeutung der Kommunikation ist, sodass es lohnt, die verschiedensten Aspekte und Bedeutungsdimensionen der Kommunikation im Allgemeinen und des Redens im Besonderen näher zu beleuchten. Die kommunikative Kompetenz ist ein Wissens- und Erfahrungsschatz, der nicht naturgegeben ist, sondern aufgebaut werden muss. Dann kann sie eingesetzt werden, beispielsweise zum Praktizieren von Wertschätzung, zur Formulierung von Zielen, zur Klärung von Absichten sowie zum Festhalten von Vereinbarungen oder zum Verhandeln. Ansonsten bleibt all das nur reine Begrifflichkeit, der die echten Inhalte und das Wesentliche fehlt.

Mit dem Reden, mit der aktiven Suche nach dem Gespräch und dem Austausch ergibt sich gleichzeitig die Gelegenheit, im Laufe der Zeit Menschenkenntnisse auszubilden. Der praktische Einsatz von Kommunikation verhilft zu einer Intuition, die manches Mal hilfreich sein kann. Ungeachtet der Weisheit, dass derjenige, der fragt, führt, steckt mehr noch in der Psychologie der Reaktion. Denn diejenigen, die erklären, zeigen dadurch ihre Unsicherheit, was die Gegenüber antreibt, weitere Fragen zu stellen, um so die Gesprächsführung und das Führen des Gesprächspartners zu übernehmen. Ob das als Technik oder als Psychologie der Kommunikation verstanden wird, bestimmt der Betrachter mit seinem Blickwinkel. Das Verstehen und das Bewusstsein für diesen Wirkungszusammenhang versetzen in die Lage, eine Kommunikation zu steuern.

Ganz allgemein und grundsätzlich besitzt jeder genug Sprachkompetenz, um sachlich und zielführend zu argumentieren und zu klären – wenn da nicht die Emotionen wären. Diese drohen beständig, den berüchtigten Strich durch die Rechnung zu machen. Manchmal ergreift die emotionsgeleitete Sprache geradezu Besitz vom Sprecher, dass dieser kaum noch in der Lage ist, sich auf Fakten zu konzentrieren und sich auf Tatsachen zu stützen. Ein paar Tipps und Hinweise helfen, unfallfrei durch knifflige Gesprächssituationen zu navigieren. Adjektive wie Adverbien (Eigenschaftswörter und Beiwörter) sind wahrhafte Sprengsätze und müssen mit Bedacht gewählt sowie eingesetzt werden, wenn sie überhaupt notwendig sind. Ein *gut*, *schlecht*, *falsch* oder *besser* hat eine Qualität und ist infolgedessen eine Bewertung. Ein *überhaupt*, *unbedingt* oder *schnellstens* macht nichts konkreter, sondern emotionsgeladener. Kommunikation muss deswegen nicht vollständig von Emotionen befreit sein. Es ist unbestritten, dass zum einen Emotionen als Technik eingesetzt werden, andere zu überrollen, und zum anderen angemessen sind, wenn die Situation ein Maß an Empathie verlangt. Eine feste, deutliche und gut vernehmbare Stimme ist auf jeden Fall Ausdruck von Sicherheit. Es gilt demnach, den richtigen Ton zu finden.

Kurz und knapp

... es beginnt beim kontinuierlichen Hinterfragen der eigenen Sachlichkeit in der Kommunikation und es versetzt einen in die Lage, mit Fakten souverän ein Gespräch zu steuern – die kritische Distanz.

Gesprächsführung und Gesprächsvorbereitung

Gesprächsführung umfasst weitaus mehr als eine Technik. Am Ende geht es in einem Gespräch um Inhalte und Absichten. Die Absicht, mit Worten zu führen, bedarf aus diesem Grunde noch etwas mehr als einer ausgefeilten Fragetechnik. Vorbereitung ergibt Sinn, Einfühlungsvermögen kann oft hilfreich sein. Pauschale Weisheiten, wie zum Beispiel, dass derjenige führt, der fragt, mögen ihre Berechtigung haben, doch noch weiter reicht das Verstehen. Verhalten verstehen, die Bedeutung von Sicherheit wie Selbstbewusstsein erkennen und Respekt durch Zuhören vermitteln – daraus entsteht am Ende ein erfolgreicher Kommunikationsprozess. Zur Struktur gehören in der Vorbereitung die Ziele, das Sammeln von Argumenten und die Auseinandersetzung mit der Sichtweise der Gesprächspartner. Das Sich-Einstellen führt hinein in die Argumentation und das Verhalten der Gesprächspartner. Argumente können vorweggenommen werden, andere Sichten können neue Erkenntnisse bringen. Vorbereitet sein, bedeutet ebenfalls, dass mit der souveränen Reaktion die Führung eines Gesprächs deutlich leichter sein wird. Kommunikation ist keine Befehlsausgabe.

Sach- und Gefühlsebene

Die Kommunikationstheorie unterscheidet gern zwischen der Sach- und der Gefühlsebene, und das zu Recht, weil mit dieser Trennung Wege aus Sackgassen aufgezeigt werden können. Entgleist eine Kommunikation, da zu viele Emotionen einwirken oder sogar eine Eskalation droht, dann muss die Rückbesinnung auf Tatsachen und Fakten erfolgen. In diesem Augenblick kann es helfen, das Sachliche vom Emotionalen zu trennen und alle Beteiligten dafür zu sensibilisieren. Doch ebenso in weniger dramatischen Situationen hilft die kritische Distanz als starkes Instrument der faktenorientierten, der sachlichen Kommunikation dabei, Situationen wie Lösungen angemessen zu beurteilen. Sie leistet darüber hinaus einen Beitrag zur Vermittlung von Souveränität, die sich häufig gegen impulsive Reaktion oder aktionistisches Gehabe behaupten muss.

Wie weit sich der Horizont der kritischen Distanz ausdehnen kann, mag die Querverbindung zur (Selbst-)Sicherheit und zum Selbstbewusstsein klarmachen. Da Führungskräfte gegebenenfalls auch Vorgesetzte haben, kann die Situation entstehen, dass der Vorgesetzte eine entgegengesetzte Position vertritt. In einer allzu emotionalen Reaktion wird sich die untergeordnete Führungskraft möglicherweise zurückziehen und die eigene Position anzweifeln. Richtig ist es bei dieser Sachlage, die Position des anderen auf das Faktische hin zu prüfen und in einem Für und Wider die eigene Position mit derjenigen des anderen abzugleichen. Darüber offenbart sich, mit welchen Argumenten eine Position gestärkt werden kann. Dieser kleine Exkurs zeigt, wie wichtig Sicherheit und Selbstbewusstsein für das souveräne Führen sind und wie weit deren Arme in das Tagesgeschäft und die Kommunikation reichen.

Kurz und knapp
... Kommunikation verleiht der Führung einen Ausdruck und damit wird sie zum Schlüssel für Respekt und Wirkung.

6.14 Werte sind mehr wert

Mit Werten und Mehrwert will kein willkürlicher Zusammenhang hergestellt werden. Es ist schon so, dass Werte einen Einfluss auf das Erkennen von Mehrwert haben. Identifizieren sich Mitarbeiter mit den Werten eines Unternehmens, dann entsteht ein Mehrwert, der sich in Motivation niederschlägt. Die Werte stimulieren und schaffen Orientierung. Sie sind aus diesem Grunde ein Bestandteil eines wirksamen Anreizsystems. Dieser Mehrwert ist kein pekuniärer, was veranschaulicht, wie immaterielle Anreize in die Motivation der Mitarbeiter hineinwirken. Wird allgemein angenommen, dass sich Mitarbeiter fast ausschließlich durch materielle Anreize antreiben lassen, gibt es genug Situationen und Beispiele, die vorführen, dass auch andere Anreize Wirkung hinterlassen. Werte sind mehr als ein Beiwort in einer wirkenden Unternehmenskultur. Sie drücken aus, wie sich ein Unternehmen positioniert, und schaffen zugleich Orientierung. Die wiederum bietet für Mitarbeiter Gelegenheit, sich mit diesen Werten zu identifizieren. Im Allgemeinen setzt das voraus, dass die Führungskräfte die Unternehmenswerte kennen und transportieren können. Werte müssen ggf. nähergebracht werden, denn das Transportieren von Werten kann im Einzelfall Fragen hinterlassen.

Kurz und knapp

... wer Identifikation will, braucht Werte, die etwas wert sind, aber nicht um der Werte willen, sondern für die Mitarbeiter.

6.15 Identifikation erst durch Identifizieren

Corporate Identity ist schon früh als wirksamer Motor für die Verbundenheit mit dem Unternehmen erkannt worden. Mit diesem englischsprachigen *terminus technicus* ist ein Hype eingeläutet worden, der erst langsam ins Fahrwasser kommt hin zu einem konstruktiven Element der Mitarbeiterführung. *Corporates* und vor allem die *Identity* haben in sich viele Komponenten. Neben der Motivation, sich mit dem Unternehmen zu identifizieren, wirken bei der *Corporate Identity* weitere Faktoren, sodass Mitarbeiter sich mit ihrem Unternehmen verbunden fühlen. Identifikation ist ja nicht allein die Bereitschaft, sich auf den Arbeitgeber einzulassen. Bis Identifikation entsteht, braucht es Anreize, müssen Werte kommuniziert und Ziele transportiert werden. Der Austausch sowie die Sinnhaftigkeit von Strategie und Zielen hilft letztlich Mitarbeitern, ihrer Tätigkeit eine Sinnhaftigkeit zu geben. Eng an diese Sinnhaftigkeit ist dann die Sinnhaftigkeit des eigenen Tuns gebunden. Daraus ergibt sich ein weiterer innerer Prozess, der mit der Identifikation zusammenhängt, nämlich die Motivation, da sie als Triebfeder gilt für all das, was mit Einsatzfreude, Engagement, Bereitschaft, Mitdenken und Identifikation subsumiert wird. All das mündet letzten Endes in der Leistungsbereitschaft und treibt diese voran, wird zu einem großen Rädchen im Räderwerk des Erfolges. Das setzt voraus, dass Werte klar und eindeutig formuliert, nachvollziehbar und annehmbar sind. Letzteres hängt selbstverständlich vom persönlichen Wertesystem der Mitarbeiter ab. Dies wiederum bedingt, die besondere Bedeutung von Unternehmenswerten herauszustellen.

Kurz und knapp

... wer den Weg zur Identifikation der Mitarbeiter mit dem Unternehmen sucht, kommt nicht ohne den Blick auf die Motivation aus.

6.16 Druck von außen – Chefsache

Ein Teamleiter stellt sich vor sein Team, das umfasst zum einen, dass Teamleiter Druck von außen nicht in ihr Team hineintragen, zum anderen sollten Leitende die Verpflichtung spüren, sich schützend vor jeden Einzelnen im Team bei jedweden Angriffen von außen zu stellen. Einem Team vorzustehen, das bekommt dadurch noch eine weitere Bedeutung: die Schutzfunktion. Umgekehrt äußert sich eine Schwäche dann, wenn die Verantwortung von Fehlern offen Teammitgliedern zugewiesen wird. Druck von außen mag als unangenehm wahrgenommen werden, aber das muss in einer Führungsfunktion auszuhalten sein. Zu erwähnen bleibt, dass der Vorgesetzte sogar als Schutzschild fungieren sollte, wenn kapitale Fehler durch die Mitarbeiter begangen wurden. Loyalität darf nicht eine einseitige Forderung bleiben, Führungskräfte müssen Gelegenheiten nutzen, Loyalität zu zeigen, wenn Mitarbeiter Unterstützung oder Beistand brauchen. Diese verspüren bei solchen Gelegenheiten die Sicherheit, die sie für die Entfaltung ihrer Leistungsmotivation und Einsatzbereitschaft brauchen. Ob es nun Souveränität, Sicherheit oder Stärke darstellt, wenn Führungskräfte Mitarbeiter schützen, scheint am Ende unerheblich. Es entsteht eine sichere Umgebung, in der Mitarbeiter Potenziale entfalten können und die Bereitschaft zeigen, Verantwortung zu übernehmen. Mit der Verantwortlichkeit schließt sich einer der vielen Kreise. Denn Verantwortungsbewusstsein setzt Selbstorganisation in Gang und bringt auf diese Weise das Handeln in Bewegung.

Kurz und knapp

.... zu seinen Mitarbeitern stehen heißt, sie in allen Situationen und bei allen Anfeindungen von außen in Schutz zu nehmen.

6.17 Low Performance – kein Grund für pauschale Maßnahmen

Leistung besitzt in Unternehmen eine herausragende Bedeutung. Aus ökonomischen wie betriebswirtschaftlichen Gründen müsste dies fraglos ohne Widerspruch bleiben. Was in dieser Situation unberücksichtigt bleibt, ist das Kybernetische. Wie bedeutsam der Blick nach links und nach rechts sein kann, lässt sich am Beispiel der *Low Performer* vorführen. Wenn man betrachtet, wie oft die Bezeichnung allein zur Bewertung herangezogen wird, ohne an die Ursachen oder Lösungen heranzugehen, dann muss der Gebrauchswert der Bezeichnung angezweifelt werden. Tatsachen und Lösungsorientierung können dabei einfach und schnell der Bewertung einer Leistung als *Low Performance* Substanz verleihen. Beides sind Haltepunkte bei der konstruktiven Bearbeitung von *Low Performance*. Bleibt die Bearbeitung einer Minderleistung in der Beschreibung stecken, erweist sich das Kompetenzmanagement als defizitär.

Zur Problemlösung gehört, dass im konkreten Fall den (Hinter-)Gründen für eine Minderleistung nachgeforscht wird. Darunter fällt zuallererst die Feststellung, ob es sich um etwas Einmaliges oder eine manifeste Schwäche handelt, die sich nicht auflösen lässt. Der Umgang mit *Low Performer* muss konstruktiv und sachlich begründet sein, da nicht in jeder Situation, in der eine erwartete Leistung ausbleibt, eine Abmahnung oder eine Kündigung erfolgen kann.

Geeignete Maßnahmen bestehen darin, Klartext zu reden und ein individuelles Entwicklungsprogramm zu erarbeiten. Das umfasst, Stärken herauszuarbeiten und betreffende Mitarbeiter dementsprechend optimal einzusetzen. In letzter Konsequenz muss eine Trennung erfolgen, sollte weder die Weiterqualifizierung greifen noch ein geeigneter Einsatzort zu finden sein. Die härteste aller Entscheidungen bedingt, dass das Verfahren für die im Unternehmen Verbleibenden transparent ist und sie die Konsequenz nachvollziehen können. Ist es eine manifeste Schwäche, muss nachverfolgt werden, ob dies einer veränderten Arbeitssituation geschuldet ist oder ob bereits bei der Einstellung nachlässig agiert wurde. Es zeigt sich, wie wichtig es ist, sorgsam und vorbereitet in ein Bewerberprüfverfahren zu gehen, und wie kritische Fehler diesbezüglich aufzuarbeiten sind, damit sie sich nicht wiederholen. Leistungsschwäche darf kein Grund dafür sein, Mitarbeiter auszugrenzen, hier greift das *alle zusammen*.

Kurz und knapp

.... Low Performance ist kein Makel, sondern ein Anlass, den Gründen nachzuspüren.

6.18 Konflikte als Grenzsituationen der Zusammenarbeit

Der Konflikt kann als eine Normalität im Zusammenwirken am Arbeitsplatz betrachtet werden. Der Wunsch nach einem konfliktfreien Arbeitsplatz mag noch nachvollziehbar sein, entspricht dagegen nicht der Normalität. Konflikte können sogar dienlich sein, wenn sie Klärungen herbeiführen und helfen, Entwicklungen voranzubringen. Zum Problem werden sie, wenn aus einem Konflikt eine Animosität erwächst und das Reibungspotenzial nicht aufgelöst wird. Unmittelbarkeit und Klärung geben als Handlungsmaxime den Weg zur Konfliktlösung vor. Bleiben Konflikte oder exzessive Auseinandersetzungen unbearbeitet oder bestehen fort, können sie sich zu einem manifesten, d. h. dauerhaften Problem wandeln. Die Kunst besteht in derartigen Situationen darin, Sachlichkeit und Tatsachen in den Vordergrund zu rücken, nicht ohne ein nützliches Maß an Empathie mitzubringen. Die Emotionalität der Beteiligten lässt sich nicht immer einfach unterbinden, und es ist hilfreich, die Gefühlswelten der Mitarbeiter einordnen zu können.

Den Raum, den Emotionen brauchen, müssen mediatorisch einwirkende Konfliktschlichter bereithalten. Emotionen lassen sich nicht per Ansage unterbinden, das Ziel muss eher sein, diese zu kontrollieren und zu beherrschen. Eskalationen bergen eine Vielzahl an Risiken. Animositäten entstehen nicht nur, sie können sich auch verstärken und sogar verselbstständigen. Das erhöht den Druck, solchen Entwicklungen frühzeitig entgegenzuwirken. Es wäre naiver

Glaube, zu denken, dass sich Feindseligkeiten schnell und einfach auflösen könnten oder sich wegreden ließen. In diesen Ausnahmefällen muss sich die Führungskraft eher auf eine schrittweise, daher nicht selten lang dauernde Konfliktbearbeitung einstellen. In solchen Situationen drängt sich darüber hinaus die Forderung nach vorn, sich nicht allein mit der Aggression oder den Emotionen zu beschäftigen. In einigen Fällen kann sich hinter Unsicherheit Aggressivität verstecken. Dann kann es schon helfen, den Mitarbeitern die Verunsicherung zu nehmen, um den Konflikt zu überwinden.

Wirren in der Zusammenarbeit müssen nicht zwingend ein Gefahrenherd sein. Unstimmigkeiten müssen aber bearbeitet werden, da ansonsten Spannungsfelder sich ausdehnen und verselbstständigen können. Eine Kernfunktion der Führung ist, dass die Führenden als Konfliktbrecher fungieren, frühzeitig Konflikte erkennen und sie konsequent angehen. Als Handlungsmaxime in Bezug auf Spannungen und deren Bewältigung muss gelten, auf Spannungen sofort zu reagieren, das heißt, bereits zu dem Zeitpunkt, an dem sie auftreten. Dabei ist zu beachten, dass es Grenzfälle geben kann. Zum Beispiel wollen Empörer und *Skandalierer* keine Problemlösung. Dem muss in der Weise begegnet werden, dass Tatsachen, Wirklichkeit und Wahrheit diese Form von Emotionalität aus dem Dialog rausdrängen. Notwendigerweise müssen solchen Konfliktbeteiligten auf ihr zweifelhaftes Verhalten hingewiesen werden.

Kurz und knapp

... Konflikte sind konsequent anzugehen und genauso konsequent aufzulösen – das bedeutet, dass erst mit der rückstandslosen Aufarbeitung des Konflikts der Konfliktlösungsprozess abgeschlossen ist.

Es muss nicht das Ziel sein, eine verschworene Gemeinschaft herauszubilden. Der faire Umgang miteinander genügt, damit eine Basis für eine vertrauensvolle Zusammenarbeit entsteht.

6.19 Resilienz – kein theoretischer Formalismus

Die Resilienz ist fraglos eine Art Modethema, die Beurteilung als modische Erscheinung ist indes alles andere als eine Abwertung oder Verunglimpfung, denn Gesundheitsthemen haben allzeit eine Berechtigung im Führungsalltag. Mit Nachdruck muss dennoch darauf hingewiesen werden, dass wie bei allen Führungsthemen das Handeln statt der Deskription maßgeblich ist. Dieses Handeln zielt hinsichtlich der Resilienz in zwei Richtungen. Nicht nur Mitarbeiter stehen beim Thema *Gesundheit und Widerstandsfähigkeit* im Mittelpunkt des Interesses. Die Führungsperson muss für sich selbst in gleichem Umfang Sorge tragen. Bei den Mitarbeitern scheint es aber in der Weise mehr ins Gewicht zu fallen, da davon ausgegangen wird, dass bei einem Ausfall des Mitarbeiters die Produktivität direkt und unmittelbar betroffen sei. Das ist insoweit ein Fehlschluss, dass ein Schwächeln des Führungspersonals keinen Einfluss auf die Produktivität hat. Wahrscheinlich liegt es daran, dass es eben nur mittelbar festzustellen ist, wenn erst auf längerer Sicht die verminderte Leistungsfähigkeit Auswirkungen zeigt.

Das Gesundheitsfördernde in der Zusammenarbeit stärken, besteht nicht allein aus dem Organisieren von Betriebsausflügen und dem Veranstalten von Weihnachtsfeiern. Positiv wirkt sich zweifelsfrei die Bewegung aus, wobei an dieser Stelle insbesondere die geistige Beweglichkeit gemeint ist. Außer Frage steht, dass die physische Beweglichkeit in gleichem Maße Wohlbefinden wie Gesundheit fördert. Im Vordergrund stehen keine spezifischen Konzepte zur Stärkung der Widerstandsfähigkeit mittels einer geistigen Robustheit. Es sind mehr die Gelegenheiten, die zu schaffen sind, damit eigene Stärke, eigenes Bewusstsein, eigenes Vertrauen und Zutrauen aufgebaut werden und zugleich wirken. Das beginnt mit der Förderung, sei es durch ein empathisches Verhalten der Vorgesetzten gegenüber ihren Mitarbeitern und der Pflege eines vertrauensvollen Miteinanders, und reicht darüber hinaus bis zur Fürsorge, wenn sich Anzeichen mehren, dass Mitarbeiter einer psychischen Stärkung bedürfen.

Der Grad des Bedarfs steht dabei nicht im Vordergrund, vielmehr sollte es Vorgesetzte interessieren, wie sie Zuspruch geben können und dass sie Verständnis zeigen, indem sie auf betreffende Mitarbeiter eingehen. Selbstwert Fördern sowie Selbstsicherheit Aufbauen resp. Ausbauen hat in diesem Falle nichts mit psychologischer Beratung zu tun, die bleibt ausgebildeten Fachleuten vorbehalten. Hier ist erneut das Hinhören, das Zuhören, das Verstehen und das Reden gemeint. Auf dieser Grundlage gibt die Führungskraft Zuspruch sowie Impulse, die den Betroffenen stärken.

Kurz und knapp

… außer in einem gesunden Körper stecken auch in einem gesunden Geist Energie und Schaffenskraft.

Um den Widrigkeiten der Arbeit nicht zu erliegen, brauchen Mitarbeiter die entsprechende Widerstandsfähigkeit – dazu können Vorgesetzte mit Zuspruch und Fürsorge einen Beitrag leisten.

6.20 Grauzone des Führens

Es gibt auch eine Grauzone des Führens. Sie soll zumindest Erwähnung finden, was keiner Propagierung gleichkommt. Mit den Inhalten muss mit Bedacht und bestenfalls mit Distanz umgegangen werden. Hierbei sollte auf das Erkennen und Verstehen nicht zwangsläufig das Anwenden folgen. Zum Führen gehört nun einmal dieses Grenzwertige, wie erwähnt, nicht um dies propagieren. Der Vollständigkeit halber muss das eine oder andere aus der Grauzone Erwähnung finden. Führungskräfte müssen die Grauzone nicht zwingend betreten, doch sollten sie erkennen, wenn andere es tun. In einem Handbüchlein darf der Hinweis auf die Grauzone jedenfalls nicht fehlen. Ein kleiner Ausschnitt bringt die grenzwertigen Tricks und die Tipps, die meist unter der Hand gehandelt werden, etwas näher.

- Projekte sind grundsätzlich erfolgreich. Es mag eventuell sein, dass man ebenfalls ein paar wertvolle Erfahrungen gesammelt hat, weil es Dinge gab, die man noch nicht kannte. Jedenfalls ist darauf zu achten, dass nicht Tür und Tor für Kritik geöffnet wird. Es steht

außer Zweifel, dass Kritik konstruktiv sein kann. Wenn jedoch eine Spielweise dafür eröffnet wird, toben sich viele gern darauf aus. So ist in einer Flucht nach vorn das Positive herauszustellen, selbst wenn dabei die Wahrheit strapaziert wird.
- Bei Budgetierungen wie bei Verhandlungen gehören Streichpositionen zur Strategie. Sie schaffen Spielräume, über die die eigenen wichtigen Punkte durchgesetzt werden sollen. Getreu dem Motto *Darf es ein bisschen mehr sein* soll sichergestellt werden, dass zum Beispiel das Wunschbudget freigegeben wird.
- Negatives erahnen oder einen negativen Ausgang erwarten, das hat nicht selten etwas von einer sich selbsterfüllenden Prophezeiung. In zum Teil unbewusster Weise fördert eine allzu kritische Haltung das Eintreten eines negativen Ergebnisses. So etwas kann auch mit Absicht betrieben werden. Durch das *Schönreden* wird auf jeden Fall der Kritik vorgebeugt.
- Ähnlich wie bei den vorangegangenen Punkten haben Veranstaltungen immer einen guten Verlauf, unabhängig vom tatsächlichen Ausgang, obgleich die Suche nach positiven Aspekten schwierig sein kann. Das Positive wird nicht auf Nachfrage verbreitet, sondern sofort ausgegeben, wenn die Veranstaltung beendet ist. Im Vorfeld der Veranstaltung wird eine Notiz angefertigt, die den erfolgreichen Ablauf schildert – nichts ist unmöglich.
- Gern werden andere zum eigenen Schutz in den Fokus von Kritik gerückt, damit man nicht selbst zum Mittelpunkt von Angriffen wird. In dem Zusammenhang wird nicht selten versucht, zum Beispiel Projekte mit negativem Verlauf oder mit zu erwartendem Scheitern gewissermaßen anderen in die Schuhe zu schieben.
- ...

Was die suspekten Methoden des Führens betrifft, so böten sich auch hier unzählige Beispiele an und die Liste ließe sich noch durch eine Menge Punkte erweitern, wenn nicht das zukunftsweisende Führen Gegenstand wäre. Bei Führung darf es nicht um Tricks gehen – ein authentisches wie aufrichtiges Miteinander formen ein Fundament für die Zukunft. Die Grauzone soll daher nicht allzu sehr strapaziert werden, auch bleibt jegliche Art der Bewertung ausgespart. Die wenigen Einblicke vermitteln einen Eindruck dazu, wie weit die Wirkung reichen kann. Festzuhalten bleibt in jedem Falle, dass die wenigen Beispiele aus der Realität der Führung ausgesucht wurden. Da sie real sind, verdienen sie zumindest der Erwähnung und wollen deswegen beachtet werden. So sensibilisieren solche Abgründe des Führens für ein nachhaltiges, zukunftsweisendes Verhalten ohne Tricks.

Kurz und knapp

... Führungskräfte müssen sich nicht in der Grauzone des Führens tummeln, doch sollten sie die Grauzonen zumindest kennen.

6.21 Führen als Umgang mit Menschen

Der Streifzug durch die Psychologie des Führens macht deutlich, dass Menschenführung über irgendwelche Techniken hinausreicht. Wenn Menschen zusammenkommen und zusammenarbeiten, kann Menschlichkeit nicht außen vor bleiben. Damit wird zum Ausdruck gebracht, dass Menschen nicht programmierbar sind wie Maschinen. Aus diesem Grunde ist die Psychologie ein wichtiger Baustein der Führung. Manch einer muss sich je nachdem darauf erst einmal einlassen, um einen Zugang zu finden. Scheint doch gelegentlich und anfänglich das Psychologische noch weit entfernt von der alltäglichen Praxis der Führung, die Annäherung an diese eventuell ungewohnte Denkwelt wird unumgänglich sein. Die Verantwortung für Mitarbeiter ist mehr als eine betriebswirtschaftliche Pflicht. Der Blick auf Führung als Ganzes kann zu Anfang verunsichern, da sich eine Vielfalt von Führungsaufgaben aufbaut, die einen zu erdrücken droht. Damit dies nicht geschieht, scheint es angebracht, wie bei der Zerlegung von Aufgaben in einzelne Teile in ähnlicher Weise Führung in kleine Schritte aufzuteilen und die eigene Führungsentwicklung zu segmentieren. Diese kleinschrittige Herangehensweise erstreckt sich bis hin zur Mitarbeiterführung. Psychologie kommt keinem Rundumschlag gleich, sie wirkt je nachdem am besten, wenn sie in kleinen Dosen und schrittweise eingesetzt wird.

Psychologie als Werkzeug des Führungshandelns:

Psychologisieren ist kein Führungshandeln. Einen Blick für die Psychologie zu haben, sei es in der Kommunikation oder im Umgang mit den Mitarbeitern, ist dagegen hilfreich und zielführend, wenn nicht sogar ein echtes, ein wichtiges Führungsmoment. Die Psychologie des Führens hat ganz viele Facetten. Diese Facetten ins eigene Führen zu integrieren, hat eingeschränkt mit Lernen zu tun. Hier steht das Verstehen noch mehr im Vordergrund, das weiter reicht als ein formalisiertes Lernen. Diese Differenzierung an dieser Stelle hat nichts Wissenschaftliches, es ist eine Sensibilisierung dafür, dass die Psychologie des Führens mehr ist als ein standardisiertes Führungskräfteseminar. Eher noch hat es etwas mit Intuition zu tun, die in vielen Fällen – wie weiter oben erwähnt – eine Art Erfahrung ist.

Ohne einzelne psychologische Aspekte zu propagieren, werden im Zusammenhang mit diesem Kapitel und mit Blick auf die Psychologie des Führens nachfolgend ein paar ausgewählte psychologische Momente nochmals herausgestellt. Es sind vor allem das Sich-selbst-(Er-)Kennen, die Überwindung von Unsicherheit, das Lösen von Konflikten, das Bewusstsein für die Wirkung der Kommunikation und die Wirkungsweise der Motivation, der Umgang mit Werten sowie die psychologischen Aspekte der Teamführung. In jedem Fall zeigt die Psychologie des Führens, dass Führen neben betriebswirtschaftlichen Funktionen zusätzlich den Umgang mit Menschen umfasst. Das wiederum erfordert mehr als Führungstechnik – zum Repertoire der Führungsqualitäten zählen Einfühlungsvermögen, Empathie, Verständnis und Kognition. Sie gehören gleichfalls in den Werkzeugkasten der Führung.

Es schwächt nicht das Ansehen und es entfernt die Führungskraft auch nicht von ihrer Rolle, wenn sie statt nur auf sich bei Gelegenheit auf ihre Mitarbeiter schaut, und wenn es nur dazu dient, sie besser zu verstehen, um sie am Ende besser einzusetzen und die größtmögliche Leistung herauszuholen.

7 Der Setzkasten – Einzelteile zur erfolgreichen Führung

Der Baukasten als eine Art Modulplan veranschaulicht, was Führung alles umfasst. Einerseits hilft er, Defizite zu lokalisieren, andererseits geben die beispielhaften Führungssequenzen Impulse zur individuellen Weiterentwicklung. Dass Beispiele allein nicht ausreichen, Führungsverhalten zu professionalisieren, bedarf im Grunde genommen nicht der Erwähnung. Da jedoch Qualifizierung wie Weiterbildung hin und wieder als Alibimaßnahmen missbraucht werden, muss mit Nachdruck darauf hingewiesen werden, dass Führungskräfteentwicklung etwas Durchgängiges, nichts Temporäres, etwas Strukturiertes, nichts Zufälliges und vor allem etwas Veränderndes ist. Letzteres bedeutet, oder besser gesagt, weist darauf hin, dass Lernen und Veränderung eng verknüpft sind und dass mit Lernen Veränderungen angestoßen werden. Am Ende von Sensibilisierung, Selbsteinschätzung Stärken-Schwächen-Analyse und Bedarfsdefinition steht das individuelle Programm. Der Baukasten wird an diesem Punkt zum Setzkasten. Während der Baukasten Impuls und Orientierung gibt, schafft der Setzkasten Individualisierung. Er kann genauso als Kontrollmöglichkeit herhalten, sodass der Entwicklungswillige immer wieder schauen kann, wo er in seinem individuellen Entwicklungsplan steht.

Eines ist klar hervorgegangen aus der Sammlung von Führungsaspekten: Führung ist einerseits eine Gesamtheit, also ein Ganzes, das sowohl innen, z. B. in einem Team, als auch von außen wahrgenommen wird. Andererseits setzt sich Führung aus vielen kleinen Komponenten zusammen. Der persönliche Setzkasten sorgt dafür, dass die Weiterentwicklung bedarfskonform erfolgt. All die Einzelteile lassen vielleicht den Überblick verlieren oder vermissen. Aus diesem Grunde sind hier in einem Modulplan noch einmal die Einzelteile in einer sortierten Form zusammengefasst. Die Zusammenstellung wird nie vollständig sein können, genauso wenig wird der Anspruch vermittelt, dass nur wer alle Punkte der Sammlung vorweisen kann, eine gute Führungskraft sei. Nichtsdestominder offeriert das Tableau eine Orientierung, wird somit zum Navigationsinstrument. So kann die junge, aber auch die erfahrene Führungskraft sich einen Überblick verschaffen, welche Punkte noch individuell stärker erarbeitet oder neu angegangen werden könnten. Dieser erste Schritt bereitet den Weg hin zur Individualisierung.

Das persönliche Programm zur Kompetenzentwicklung selbst zu entwerfen und zu planen, kann zu Anfang überfordern. Unterstützung und ein begleitendes Coaching können helfen, typische Fehler als junge Führungskraft zu vermeiden und die eigene Entwicklung in die richtige Spur zu bekommen. Es muss ein Bewusstsein entstehen, dass die eigene Entwicklung in die eigenen Hände gehört. Allzu oft fehlt dieses Bewusstsein sowohl bei Führungskräften als auch bei Mitarbeitern. Stattdessen wird erwartet, dass Vorgesetzte oder die Personalverantwortlichen einen Qualifizierungsbedarf vorgeben. Führung ist in einer zukunftsgewandten Unternehmensstrategie kein Strukturmoment mehr, künftig will Führung viel mehr Dynamisierung einer Unternehmung sein, was über die Struktur hinausreicht, die sogar verändert. Da mag es unausweichlich sein, dass Führung ganz allgemein und übergreifend neu geordnet wird.

7.1 Zukunft in die eigenen Hände nehmen

Die neue Führungskraft wird aus einem Mangel an Erfahrung stellenweise überfordert sein, die persönliche Weiterentwicklung vollends selbst zu bestimmen. Dahingegen kann durchaus erwartet werden, dass Führungskräfte von Anfang an das Bewusstsein für eine selbstbestimmte Zukunftsgestaltung zeigen. Dazu gehört es, dass kritisch auf die eigenen Stärken und Schwächen geblickt wird, um sich an die Auflösung von Defiziten heranzumachen. Dass all dies mit Verantwortlichkeit zusammenhängt, ist mehr als eine Randnotiz. So ist es mehr als Eigenverantwortung, es ist ganz allgemein ein Verantwortungsbewusstsein, dass die (moderne) Führungskraft auszeichnet. Bisher war das im Grunde nicht anders, es wurde indes meist nur punktuell und manchmal nur aus der Situation heraus in den Vordergrund gerückt. Dementgegen beinhaltet Führungskompetenz im Zuge der Dynamisierung ganz allgemein, durchgängig und stets deutlich erkennbar die Übernahme von Verantwortung durch die Vorgesetzten. Wurde dies auch bislang immer erwartet, so wurde es nur selten deutlich herausgestellt – es war mehr beiläufig vorausgesetzt worden.

In diese neue Verantwortlichkeit fällt eben nun die Professionalisierung als Führungskraft. Das wiederum setzt voraus, dass entsprechende Entwicklungsmöglichkeiten vorhanden sind. Außer mit einer individuellen Betreuung oder mithilfe eines Coachings können durch das hier skizzierte Tableau Entwicklungsimpulse weitergegeben werden. Damit das Tableau kein Sammelsurium bleibt und seiner Bestimmung nach zum Setzkasten wird, ist der Einzelne aufgefordert, die Navigationslinie zu zeichnen. Die Individualisierung stellt die Bedarfskonformität sicher und schafft nach der Umsetzung einen echten Mehrwert. Es ist wie mit den Merk- und Leitsätzen – jeder sucht seine eigene Linie. Der persönliche rote Faden muss keinen zeitlich eng gesteckten Rahmen haben, auch hier zählt Nachhaltigkeit und es ist auf nachhaltige Ziele Wert zu legen. Am Ende entsteht eine Kompetenzlandkarte, die Ausdruck einer erfolgreichen Führungskräfteentwicklung ist. Ausgangspunkt bildet eine Gesamtschau von Führungskompetenzen, die wohlgemerkt nur eine Art Nomenklatur darstellt und die weder Verbindlichkeit beansprucht noch vollumfänglich sein will. Als Übersicht kann sie jedoch Impulse liefern und eine Vorstellung vermitteln, wie die eigene Führungskompetenz zusammengesetzt sein könnte. Wer seine Entwicklung in die Hand nehmen will, braucht Werkzeuge – im Tableau bzw. in der Matrix finden die Anwender ihre persönlichen Navigationspunkte.

Bereits zu Anfang erfolgte der Hinweis darauf, dass dieses Handbuch keine strenge Beispiel-, sondern eher eine Situationssammlung sein will. Es mag spitzfindig klingen, dass diejenigen, die diesen Werkzeugkasten zur Hand nehmen, nicht einfach imitieren oder nachahmen sollen, sondern außer dem Erkennen noch das Verstehen in den persönlichen Veränderungsprozess einbringen. Der Akzent liegt hierbei auf der Bewusstheit, während dem einfachen Nachahmen von Beispielen etwas Mechanisches, etwas Reflexionsloses anhaftet. Und so sind die einzelnen Kapitel, Abschnitte und Schlagworte nicht zum Abarbeiten gedacht. Weder Chronologie noch Reihenfolge noch Priorität bestimmen die Auswahl der einzelnen Stichworte. Jede Führungskraft muss selbst wissen, was sie interessiert oder welchen Wissensbedarf sie gerade decken will.

Führung zu gestalten, umfasst mehr, als Aufgaben zu verteilen. Es gehört auch mehr dazu, als Rechte zu wahren und Zielvorgaben zu machen. Gestaltung von Führung, das ist im Kern Handeln. Aufgrund dessen offenbart sich Führung komplexer als vielleicht auf den ersten Blick wahrgenommen. Denn die vielfältigen Teilfunktionen der Führung erfordern ganz viele wie verschiedenartige Fertigkeiten und Fähigkeiten. Doch das Wichtigste bleibt der Kern: das Handeln. Die Form, wie geführt wird, und der Umfang dessen, welche Funktionen als Führungskraft übernommen werden, sind äußerst unterschiedlich, da Situationen und Bedarf variieren und ein ganz breites Spektrum beanspruchen. An dieser Stelle kommt das *EVA*-Prinzip zur Entfaltung, denn Kompetenzentwicklung will in dieser Situation spontan, flexibel und nicht zuletzt bedarfsorientiert sein. Das Gestalten gewinnt in diesem Moment den Charakter einer Modellierung. Weder starres Vorgehen noch vorgefertigte Qualifizierungspläne können vollumfänglich die Anforderungen der Bedarfsorientierung erfüllen.

7.2 Ein individuelles Progressionsmodell gestalten

Dient der Baukasten noch zur Orientierung, indem er einen Überblick bietet und Impulse geben kann, so zielt der Setzkasten darauf, das Individuelle herauszulösen. Das beginnt dann damit, dass die Führungskraft erst einmal die eigene Situation erfassen muss. Die Stärken und Schwächen rücken dabei ins Blickfeld und vor allem die erkennbaren Defizite sollten interessieren, da es diese zu kompensieren gilt. Über den Baukasten findet die Führungskraft also die Bausteine, die in den persönlichen Setzkasten einzusortieren sind. Ist diese Übersicht geschaffen, kann der persönliche Entwicklungsplan erstellt werden (siehe Abb. 46). Die Form der Planung oder die Wahl der Qualifizierungsinstrumente unterliegt keiner Formalisierung und keiner Vorgabe. Was am Ende zählt, das ist die erfolgreiche Umsetzung.

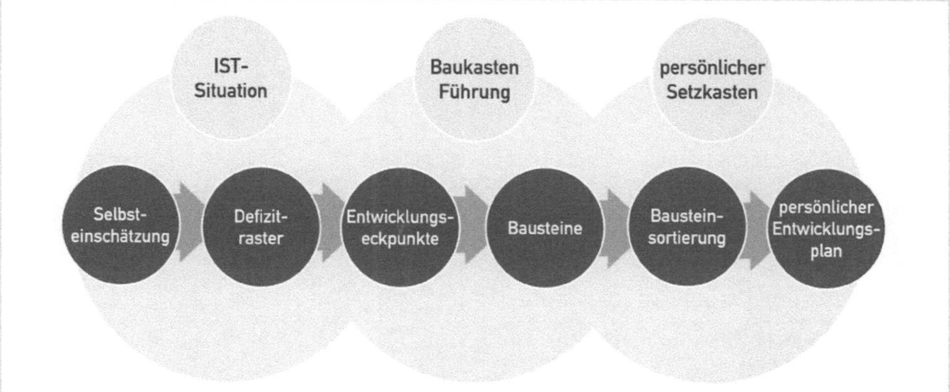

Abb. 46: Entwicklungsprogression I

Ein paar Strukturierungen helfen dabei, eine klare Linie zu finden, ohne dass das daraus eine Formalisierung wird. Es sind Punkte zur Orientierung, die ein Gefühl für den Ablauf des Prozesses vermitteln und die Entwicklungsprogression fassbarer machen. Die Banalität der Fortsetzung sollte nicht dazu verleiten, in der Nachhaltigkeit nachzulassen, denn im Gegensatz zu einem Projekt hat die persönliche Weiterentwicklung keine typischen Projekteigenschaften und ist deswegen nicht zeitlich begrenzt (siehe Abb. 47).

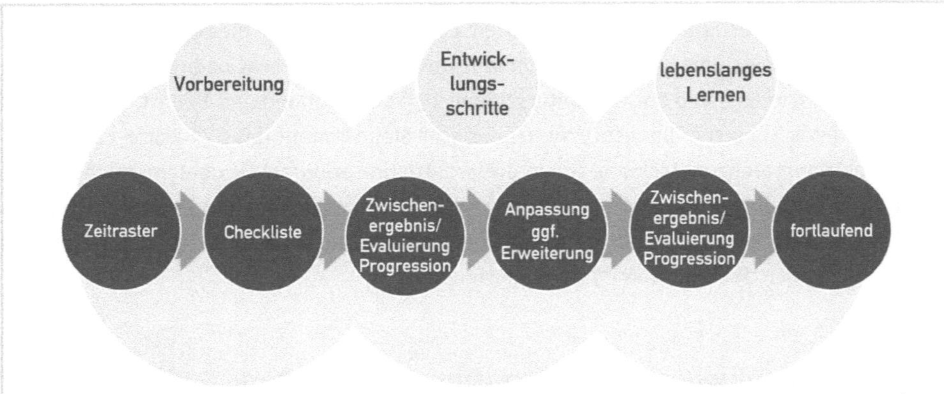

Abb. 47: Entwicklungsprogression II

Bis zu diesem Punkt ist die Progression noch sehr konzentriert auf die Führungskraft und dessen Belange im Hinblick auf die eigene Entwicklung. An irgendeiner Stelle muss jedoch ein Übergang geschaffen werden, der ein weiteres Blickfeld eröffnet. Führen ist nicht egozentriert und wirkt nicht allein zurück auf die Führungskraft, Führung ist auf Führungsaufgaben und auf Mitarbeiter gerichtet. In Bezug auf die Führungsfunktion und auf die Mitarbeiter muss die Entwicklungsprogression noch einen parallelen Strang erkennen lassen. Dieser führt vor Augen, mit welchen Herausforderungen Führungskräfte im Tagesgeschäft sich auseinandersetzen und wo sie ihre Kompetenzen unter Beweis stellen müssen. Sie müssen das strategisch Vorgegebene zur Umsetzung bringen und dabei Mitarbeiter einbeziehen (siehe Abb. 48). An dieser Stelle tauchen noch keine spezifischen Führungskompetenzen auf. Diese ergeben sich erst beim Durchlaufen der Entwicklungsprogression.

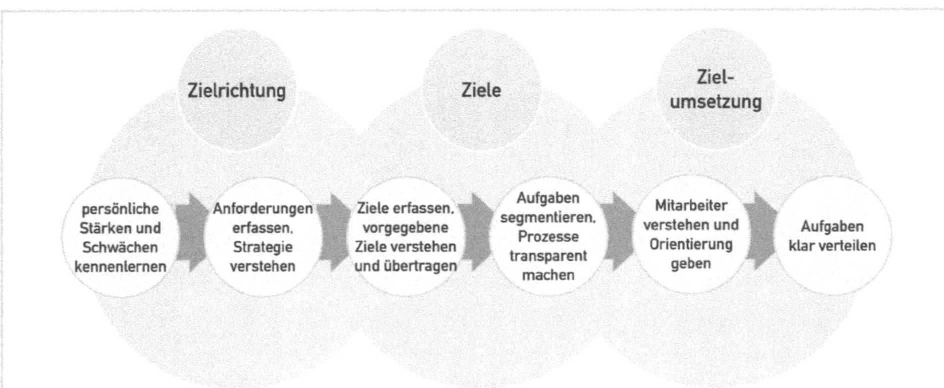

Abb. 48: Entwicklungsprogression III

Die Progression kann kein definiter Prozess sein, sie will dafür sensibilisieren, wie Führungsentwicklung in Gang kommt, wo sich diese anbindet und dass Mitarbeiter in gewisser Weise Teil der Entwicklung sind.

7.3 Führungskompetenz als Ganzes und Kompetenzen als Bausteine

Bevor Führungskompetenz in viele Details zerlegt wird, muss eine Relativierung vorangeschickt werden. Kompetenzen sind, was die Inhalte anbelangt, sehr weit zu fassen und es wird keine strenge wissenschaftliche Definition zugrunde gelegt. Dasselbe gilt für die Inhalte, die dann unter den Kompetenzen eingeordnet sind. Das Spektrum der Fähigkeiten wird sehr weit ausgedehnt, damit nahezu alle Führungsbereiche und Aufgabenfelder der Führung erfasst werden können. So verschwimmt an manchen Stellen die Grenze zwischen Fertigkeiten und Eigenschaften, was schließlich gewollt ist, damit die Führungskompetenz so breit als möglich und umfänglich ausgelegt ist. Aus Gründen der Umfänglichkeit fließen genauso Führungsaufgaben an einigen Stellen ein. Zur Verbalisierung im wahrsten Sinne des Wortes *Verbalisieren* werden die einzelnen aufgeführten Fähigkeiten, Eigenschaften, Aufgaben mit Verben, mit *Tunwörtern* beschrieben. Tritt dabei gelegentlich eine Unschärfe auf, dann ist dies als Impuls zu verstehen, eigene Vorstellungen zum jeweiligen Inhalt zu entwickeln.

Ausgangspunkt und somit Anfang für die Erstellung eines individuellen Kompetenzprofils bildet die Gesamtschau zu den Kompetenzen, die Führung ausmachen resp. ergänzen. Als tabellarische Zusammenstellung birgt sie die Gefahr, dass leicht und paradoxerweise der Überblick verloren geht, weil Führung nun einmal eine kaum überschaubare Anzahl von (Teil-)Kompetenzen umfasst (siehe Abb. 55). Das Tableau zu den Führungskompetenzen muss als Ergänzung zum Setzkasten verstanden werden. Es schafft dergestalt als eine allumfassende Zusammenschau und als eine Landkarte zur Strukturierung/Weiterentwicklung der eigenen Führungskompetenz einen Überblick. Wie die Karte anzulegen sei, dazu gibt es keine Vorgabe. Hinsichtlich der Navigationslinie besteht gleicherweise die Anforderung nach dem eigenen Bedarf die Kurskoordinaten zu bestimmen, ausgerichtet auf die spezifischen Situationen vor Ort und die Belange des Unternehmens. Dieses Tableau oder auch Matrix will wie die eigene Weiterentwicklung kein Fertigprodukt und schon gar kein gültiger Standard sein. Das Meer von Komponenten der Führung muss nicht vollständig durchschwommen werden, es gilt vielmehr einen eigenen Kurs zu legen, um zum eigenen Ziel zu gelangen. Das begründet die Offenheit der Matrix, bei der es sogar gefordert ist, diese ggf. zu erweitern und zu ergänzen. Sie unterliegt genauso einer Dynamik wie jedes in sich nicht abgeschlossenes System (siehe den Systemausschnitt in Abb. 49).[19]

19 Die vollständige Matrix ist aus Gründen der Übersichtlichkeit als Anhang am Ende des Buches angefügt. Vielfalt wie Anzahl der Bausteine kann nur bedingt grafisch dargestellt werden. Die Matrix selbst ist als Werkzeug nicht auf eine grafische Darstellung ausgerichtet. Ganz ihrer Natur will die Matrix Werkzeug sein, das zum Gebrauch und zur aktiven Nutzung bereitsteht.

BAUKASTEN KOMPETENZEN - KOMPETENZ-MATRIX		
Achtsamkeit achtsam sein	Aktionspläne Aktionspläne erstellen	Analysieren analysieren
Aufwand und Nutzen Aufwand-Nutzen abschätzen	Authentizität authentisch sein	Autorität natürliche Autorität erzeugen, ohne Angst zu verbreiten
Besprechung Besprechungen organisieren	Bewegung Bewegung initiieren	Beweglichkeit in Bewegung halten
Commitment Commitment finden	Compliance Compliance beachten	Controlling Finanzen überwachen
Ehrgeiz Ehrgeiz zeigen und auf sich begrenzen	Ehrlichkeit Zuverlässigkeit über Ehrlichkeit erreichen	Einfühlungsvermögen über das Mitfühlen besser verstehen
Entscheidungsfreude Entscheidungen nicht übereilt, aber schnell treffen	Entwicklungsbereitschaft Weiterbildungsbereitschaft entfalten	Ergebnisorientierung an Ergbnissen orientieren

Abb. 49: Ausschnitt Kompetenz-Matrix

Die Zusammenführung von Beispielhaftem, von Hinweisen und Empfehlungen, von Bausteinen und Führungskomponenten will nicht bloße Auflistung von bereits Dargestelltem oder Erörtertem sein. Der Baukasten ist viel mehr, er dient als Werkzeug und Hilfsmittel. Eine Führungskraft darf weder fremd- noch ferngesteuert sein, Leitende besitzen Individualität und Eigenständigkeit, was sich u. a. durch die Übernahme der individuellen Weiterentwicklung und die Verantwortlichkeit dafür zeigt. Selbstredend sollen und können leitende wie führende Angestellte Hilfen, Unterstützung und Handreichungen annehmen. Kompetenzentwicklung ist Ausdruck einer inneren Dynamik und erzeugt mit dem Lernen eine Verhaltensänderung, was im selben Augenblick als nach außen gerichtete Dynamik wahrgenommen werden kann.

Der Baukasten selbst setzt sich zusammen aus den einzelnen Bausteinen, die einmal als Kernelemente oder als operative Bausteine oder psychologische Führungsmomente zusammengefasst wurden. Die *Bausteine 1* (siehe Abb. 50) sind wiederum eine Auswahl grundsätzlicher Kompetenzen/Eigenschaften/Inhalte der Führung.

Abb. 50: Bausteine 1

Diese Sammlung wird im nächsten Schritt ergänzt durch besondere Fähigkeiten im Führungsalltag. Als operative Bausteine (siehe Abb. 51) weisen sie darauf hin, dass Führung operativ ist. Daher haben diese ausgewählten Fertigkeiten eine Ausrichtung hin zum Machen. Führung ist Aktion, die mehr als Delegation umfasst.

Abb. 51: Bausteine 2

Die beiden Bausteinsammlung sind ergänzt durch psychologische Aspekte des Führens und ein paar ausgesuchte, weitere Führungsfunktionen wie -kompetenzen (siehe Abb. 52).

Abb. 52: Bausteine 3

Der Baukasten schließt eine Lücke auf dem Weg zur Professionalität, indem die (angehende) Führungskraft selbst organisiert zum einen Bedarf erkennt und auf der anderen Seite selbst dafür Sorge trägt, ihre Schwächen in Angriff zu nehmen und ihre Stärken weiter auszubauen. Dies ist Bestandteil der Verantwortlichkeit. Die Verantwortung im Prozess der Führung reicht bis zur Eigenverantwortlichkeit. Zeigt sich damit doch, dass Vorgesetzte die Notwendigkeit zu Veränderung wie Dynamik erkannt haben und auf diese Weise zum Vorbild werden. Daraus folgt, dass der Baukasten sowohl ein nützliches Werkzeug für das selbst organisierte Lernen als auch Ausdruck dessen ist, dass die Verantwortung für die eigene Entwicklung und letzten Endes auf diese Weise für die Dynamik im Unternehmen übernommen wurde. Personalentwicklung, will sie sich am Bedarf orientieren, muss individuell sein. Und so ist dieses Manual weder Vorgabe noch Anleitung, eher handelt es sich um einen Leitfaden, der Anregungen und Orientierung gibt.

Nicht erst der Setzkasten hat etwas Individuelles, das beginnt bereits beim Baukasten. Jeder hat seine Präferenzen, wie er sich Themen annähert, und das beginnt bei der Auswahl von Werkzeugen und Hilfsmitteln. Der Baukasten als eine Ganzheit kann für den Gebrauch unterschiedliche Formen annehmen. Eine dieser Repräsentationsformen ist hier die Zusammenstellung all der in den Abschnitten zusammengetragenen Kompetenzen in einer Tabelle. Sie ist eine Annäherung an die Praxis, indem alle bislang behandelten Inhalte in einer tabellarischen Schau als ein Ganzes einen ersten Baukasten ergeben (siehe Abb. 53)[20].

20 Zur vergrößerten Ansicht und zur besseren Lesbarkeit siehe dieselbe Tabelle im Anhang.

BAUKASTEN MODERNER FÜHRUNG

Fähigkeiten und Fertigkeiten in tabellarischer Schau

Ausschnitt aus einer Gesamtheit möglicher Kompetenzfelder der Führungskompetenz	aus der Sicht operativer Führung	aus der Sicht psychologischer Führung	verstreute Kompetenzinhalte und Schlagwörter	Leitsatzsammlung
Achtsamkeit	Aktionspläne	Bewerberauswahl	Analysieren	seiner Selbst sicher sein
Aufmerksamkeit	Anreize	Coaching	Autorität	selbstbewusst sein
Authentizität	Arbeitsmethodik	Druck	Bindung von Fachkräften	authentisch auftreten
betriebswirtschaftliches Handeln	Arbeitsorganisation	Ehrgeiz	Bindung von Leistungsträgern	achtsam handeln
Controlling	Aufwand und Nutzen	Emotionen	Dynamisieren	Strategie entwickeln
Delegieren	Befindlichkeiten	Erfahrung	Ehrgeiz	Perspektive wechseln
Durchsetzungsstärke	Bewegung	Fremdbewertung	Emotion	vertrauen und zutrauen
Dynamik	Change	Gefühlsebene	Empathie	unabhängig bleiben
Entscheidungen	Coach-Rolle	Grauzone	EVA-Prinzip	souverän auftreten
Entscheidungsfreude	Digitalisierung	Identifikation	Fachkräfte	nachhaltig agieren
Erkennen	Entscheidungsfindung	Identifizieren	Flexibilisierung	verbindlich bleiben
Fakten	Entscheidungsfreude	Kommunikationspsychologie	Fremdbewertung	Entscheidungen treffen
Handeln	Fähigkeiten erkennen	Kompetenz	Handeln	selbstbestimmen lassen
Ideen	Flexibilisierung	Konflikte	Identifikation	weiterentwickeln
Individualität	Hierarchien	Konfliktlösung	Kommunikationspsychologie	machen
Kollektiv	Kennzahlen	Körperhaltung	Kompensierung Druck	Probleme lösen
Konflikte	Kollektivgedanke	Leistungsmotivation	Kompetenz und Performanz	delegieren
Kontrolle	Kraft der Sprache	Lernen	Körperhaltung	wertschätzen
Krisen	Kultivierung Fehler	Low-Performance	Leistungsmotivation	achtsam sein
Kultur	Macht der Fakten	Menschenführung	Leistungsträger	zuhören
Kybernetik	Mehrwert	Mitarbeiterauswahl	Lernen	Konsequenz zeigen
Leistung	Mitarbeiterbindung	Mitarbeiterbewertung	Mitarbeiterauswahl	mit Freude entscheiden
Lernen	Moralisches	Motivation	Mitarbeiterbewertung	an Zielen orientieren
Loyalität	Plattformen	Performanz	Motivation	Richtung geben
Management	Prozessgestattung	psychologische Herausforderur	Multifunktionalität	wollen
Mehrwert	Prozesssicht	Resilienz	Prüfen	sich selbst treu bleiben
Nachhaltigkeit	Reorganisation	Rollenwechsel	Organisationsentwicklung	klar sein
Orientierung	Rollenbewusstsein	Sachebene	Qualitätsbewusstsein	sachlich entscheiden
Persönlichkeit	Rollenverteilung	Schutzfunktion	Resilienz	kritische Distanz wahren
Probleme	Ruhebewahren	Selbsteinschätzung	Rollenwechsel	objektivieren
Problemlösung	Schritt-für-Schritt	Selbstmarketing	Selbsteinschätzung	Prägnanz praktizieren
Qualität	Sicherheitsgewinn	Stimme	Selbstmarketing	am Mehrwert orientieren
Rechte	Strategieumsetzung	Team	Stimme	vernetzt denken
Reden	Strukturabgrenzungen	Teamgeist	Strukturfindung	gerecht entscheiden
Respekt	Talente	Umgang mit Menschen	Team	einfühlend einwirken
Richtung	Tatsachen	Umgang mit Sprache	Teamgeist	begeistern
Rollen	Transparenz	Unsicherheit	Umgang mit Sprache	sich seiner Arbeit freuen
Selbstbestimmung	Tun	Verhandeln	Verhandeln	Fehler tolerieren
Sicherheit	Wandel		Vernetzen	als Vorbild fungieren
Standpunkt	Wandlungskultur		Zukunftsgestaltung	Zuversicht ausstrahlen
Strategie	Werkzeuge			Konflikte aushalten
Synergien	Wertevermittlung			ausgeglichen bleiben
Teambildung	Wissen-teilen			Motivation erzeugen
Teamführung	Zerlegung Komplexität			Anreize geben
Übersicht	Zielerreichung			teilhaben lassen
Überzeugen	Zielfindung			Dynamik erzeugen
Umgestalten	Zukunftsorientierung			Zukunft gestalten
unternehmerisches Denken				Richtung geben
Verändern				unternehmerisch denken
Verantwortlichkeit				betriebswirtschaftlich handeln
Verhalten				
Verhandeln				
Vertrauen				
Vorausdenken				
Vorausschauen				
Vorbild				
Werte				
Wertschätzung				
Wissen				
Zufriedenheit				
Zusammenhalt				

Abb. 53: Fähigkeiten und Fertigkeiten in tabellarischer Schau

Die Art der Sortierung ist eine willkürliche, dennoch erlaubt sie eine Annäherung an die Funktion des Baukastens. Kriterien der Sortierung könnten noch sein: Kernkompetenzen, Kompetenzbündel, Mitarbeiterführung, Arbeitsorganisation, Kultur oder operative Führung. Der thematischen Gliederung sind gleichfalls keine Grenzen gesetzt. Typologisieren, Segmentieren oder Kategorisierungen geben nicht die Zielrichtung vor. In erster Linie will der Baukasten einen Überblick zu den Kompetenzen verschaffen und erst die Gelegenheit geben, mit Bausteinen eine Entwicklungsprogression zu gestalten. Anhand dieser Form einer Kompetenzmatrix wird eine erste Eingrenzung der Inhalte vollzogen. Auf der anderen Seite wird mit einer Leitsatzsammlung der Übergang zum Operationalisieren geschaffen.

Gewiss könnte unmittelbar das umfängliche, weitreichende Inventar herangezogen werden und eine Art Allgemeingültigkeit eingefordert werden. Doch dieses Ansinnen lässt schnell übersehen, dass Dynamik und Vielfalt von Anforderungen kaum vollständig fassbar sind. So wird ein Baukasten aufgrund dessen ein begrenztes Inventar an Kompetenzen umfassen. Diese Begrenztheit hindert nicht daran, eine erste Matrix zu schaffen. Im nächsten Schritt müssen diesen Inhalten die weiter oben erwähnten Verbalisierungen zugeordnet werden, ein Schritt, wodurch Kompetenzentwicklung fassbarer wird (siehe dazu Abb. 54)[21].

BAUKASTEN MODERNER FÜHRUNG

Über die Verbalisierung zur Operationalisierung

Achtsamkeit	achtsam sein als die menschliche Seite des Führens
Anreize	Motivraster erstellen und gezielt Leistungsanreize schaffen
Anwenden	Erkanntes und Verstandenes zur Anwendung bringen, der Königsweg zur Veränderung
Arbeitsorganisation	immer das Tun fest im Blick behalten
Aufwand und Nutzen	Aufwand und Nutzen in Beziehung setzen, das heißt unternehmerisch denken und betriebswirtschaftlich handeln
Authentizität	Verstellen schafft Misstrauen, daher authentisch sein in Verhalten und Handeln
Bewegung	Bewegung im Team durch Selbstorganisation erzeugen
Change	die kontinuierliche Veränderung als eine zentrale Führungsaufgabe verstehen
Coaching	Coaching als Führungsaufgabe verstehen
Coach-Rolle	als Führungskraft sich gleichfalls als Coach verstehen
Controlling	Controlling als Instrument der Nachhaltigkeit verstehen und nicht als misstrauische Kontrolle
Druck	Druck aushalten und Druck nehmen, statt Mitarbeiter unter Druck zu setzen
Dynamik	durch Bewegung im Team und durch Synergien Dynamik erzeugen

Abb. 54: Über die Verbalisierung zur Operationalisierung

Dieser Tabellenteil ist, wie erwähnt, als Ausschnitt aus der Gesamtheit zu sehen, allein aus Gründen der Übersichtlichkeit findet eine thematische Aufteilung wie Auswahl statt. Die Tabelle kann bei Bedarf durchaus zur Hand genommen werden (siehe Abb. 55)[22].

21 Die vollständige Abbildung Von der Verbalisierung zur Operationalisierung befindet sich im Anhang.

22 Zur vergrößerten Ansicht und zur besseren Lesbarkeit siehe dieselbe Tabelle im Anhang.

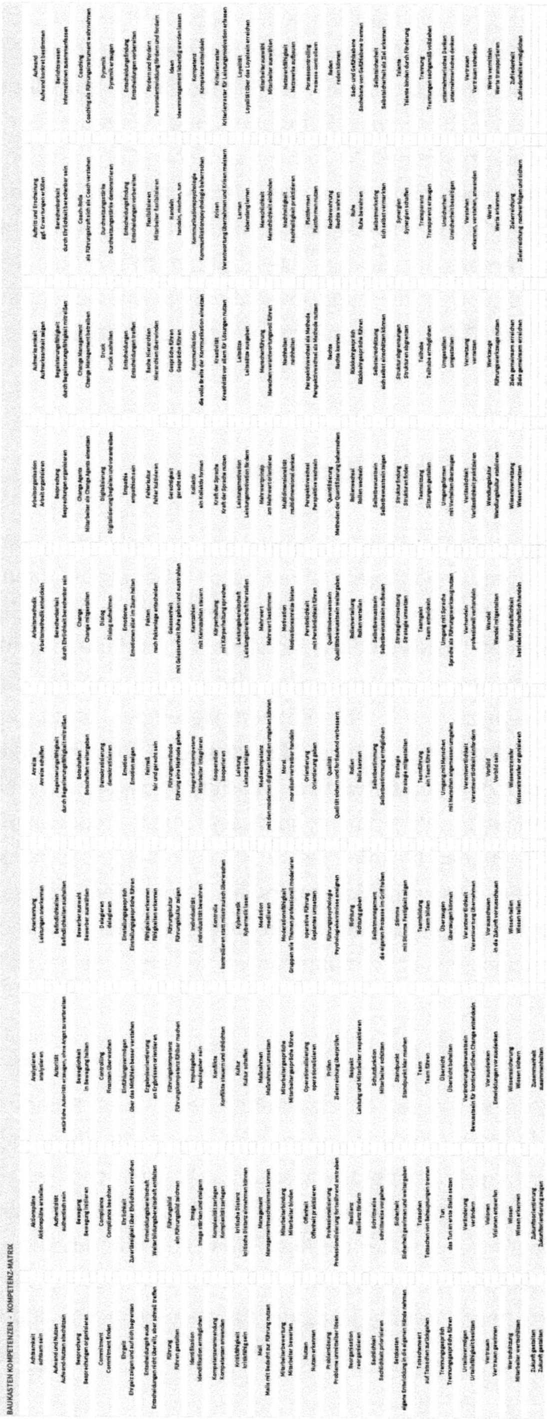

Abb. 55: Baukasten in der grafischen Komprimierung

Bei all den Erwartungen, möglichen Fähigkeiten oder diversen Aufgaben kommt eine große Zahl an Inhalten zusammen. Da wird es verständlich, warum im Setzkasten eine Konzentration auf die individuelle Situation und eigenen Bedarf stattfinden sollte. Der ganze Baukasten kann weiterhin als Impulsgeber dienen, dagegen muss für die praktische Arbeit gelten, seine eigene Linie zu finden. Mit dem persönlichen Setzkasten nutzen die Anwender die verschiedenen Inhalte als Impulse, um danach zu sondieren, wie und mit welcher Unterstützung sie sich einer Professionalisierung annähern können. Die funktionale Bedeutung der übergeordneten Personalentwicklung bleibt demnach mit dem Beginn der modernen Führung erhalten. Externe Qualifizierung sowie die Begleitung durch externe Coaches sind weiterhin integriert in die Mitarbeiterqualifizierung, sobald der konkrete Bedarf dafür entsteht.

7.4 Der individuelle Entwicklungsplan

Mit dem Gefühl für die eigenen Stärken und Schwächen und mit einem guten Maß Intuition kann dann der Werkzeugkasten zur Hand genommen werden. Das eigene Handeln kommt unter die Lupe und die Effizienz im Handeln muss hinterfragt werden. Das Persönliche im Vorgehen gibt dem Ganzen Individualität. Inwieweit diese Individualität das Führen erfolgreich werden lässt, hängt u. a. von der Effizienz und der Wirksamkeit des Handelns ab. Es kann nicht das Ziel eines Handlungsleitfadens sein, so viel Komplexität zum Wesen der Führung aufzubauen, dass der Überblick verloren zu gehen droht und der Elan versiegt, Führungsstärke aufzubauen. Diejenigen, die sich ihrer persönlichen Entwicklung als Führungskraft bewusst zuwenden, werden ihren Bedarf erkennen. In diesem Moment, an diesem Punkt greift eine Handreichung, indem sie auf diesen konkreten Bedarf hin Impulse und Hilfen anbietet. Das bedeutet wiederum, dass Führungskräfte offen sein müssen für deren persönliche Weiterentwicklung sowie für mögliche Defizite, die es auszugleichen gilt. Mit dieser Offenheit gelingt das Erkennen von Entwicklungsbedarf, das Verstehen von Kausalzusammenhängen und am Ende das erfolgreiche Anwenden der Führung.

Im Entwicklungsplan nimmt das Handeln die zentrale Stelle ein (siehe Abb. 56). Führen ist Handeln, das reicht bis in die persönliche Weiterentwicklung. Kompetenzen ausbilden ist ebenso Handeln und dieses Tun steht verständlicherweise in einem engen Zusammenhang zu dem, was eine Führungskraft operativ leistet. Das Wesentliche besteht darin, dass all die Kompetenzen, die eine Führungskraft ausmachen, auf Ausführen und Ausüben zurückgehen. Dasselbe gilt folgerichtig genauso für die Ausbildung von Kompetenzen. Erst durch das Machen wird Kompetenzentwicklung wirksam, können Erfahrungen gesammelt werden. Noch weiter heruntergebrochen lautet die Maßgabe für die persönliche, individuelle Ausbildung: Machen lernen.

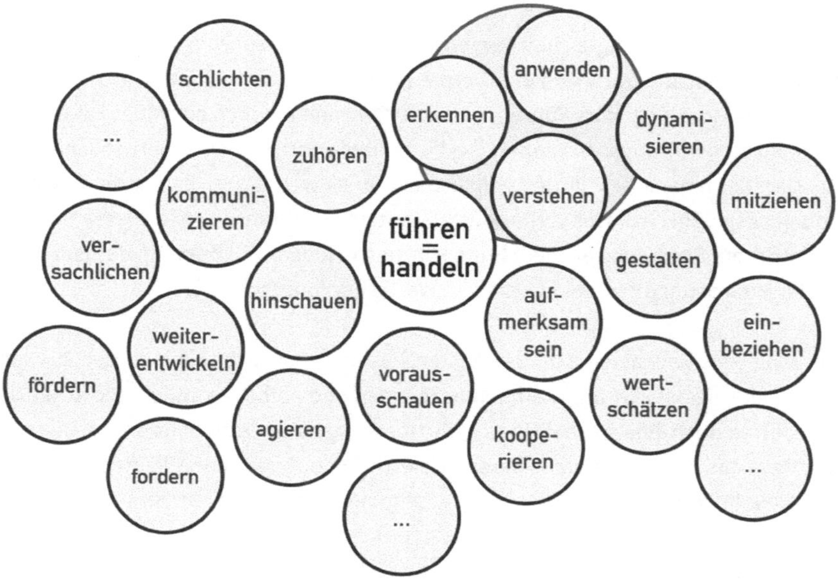

Abb. 56: Operativ werden

Die vielen Impulse und alle möglichen Bausteine des Führens können am besten in der tabellarischen Schau oder in der Gesamt-Matrix überblickt werden (siehe Abb. 53 und die *Gesamt-Matrix* im Anhang). Auf diese Weise wird ein Zugang zur Gesamtheit der Führungsfähigkeiten angeboten, mit dessen Hilfe – auf die eigene Person bezogen – das Bild zur Führungskompetenz zusammengefügt werden kann. Mit dem individuellen Anspruch an Führung beginnt die persönliche Weiterentwicklung. Das Segmentieren will eine Vorstufe des Handelns sein. Denn damit die persönliche Entwicklungsplanung nicht zum Hin- und Herspringen bei den Inhalten wird, kann mithilfe der Übersichten zunächst das notwendige Bewusstsein geschaffen und daraufhin der individuelle Entwicklungsweg hin zur professionellen Führung gefunden werden. Dass dieser Weg womöglich nicht auf Anhieb ohne fachliche Unterstützung geschehen kann, bleibt unbestritten. Eine Auswahl an Eigenschaften, die an die verschiedenen Aspekte von Führung anknüpfen, gibt noch einmal Impulse zur Zusammenstellung des Baukastens. Sie erleichtern den Zugang, wenn mit deren Hilfe erste Bausteine identifiziert werden (siehe Abb. 57).

Abb. 57: Eigenschaften als Gerüst

Ein Manual ist kein Übungsbuch. Wie die bisherigen Beispiele gezeigt haben, ergibt es kaum Sinn, einzelne Faktoren erfolgreichen Führens zu isolieren und Führungsstärke *einzuüben*. Führen ist übergreifend, integrativ und eine Vernetzung von Faktoren. Diese Faktorenkomplexion ist die wirkende Grundlage fürs Führen, und das Zusammenwirken einzelner Faktoren in den unterschiedlichen Führungssituationen ist die Konkretisierung des kybernetischen Systems *Führung*. Darüber hinaus ist Führung genauso ein Stück weit intuitives Handeln, wobei – wie weiter oben ausgeführt – dieses verinnerlichte System aus Erfahrung wie Wissen besteht. Was eine moderne, auf Bewegung ausgerichtete Führung in jedem Fall braucht, das ist eine Einbeziehung der Mitarbeiter als wirkende Kraft im Wertschöpfungsprozess.

Der Übergang vom Baukasten zum Setzkasten besteht aber nicht allein in der Auswahl von Inhalten, die die eigene Führungskompetenz festigen und aufbauen sollen. Die ausgewählten Inhalte bedürfen noch einer Verbalisierung als Übergang zu Operationalisierung. Dies fasst zusammen, dass das Besondere eines personalisierten Handbuchs darin liegt, die eigenen Entwicklungsziele in Worte kurz zusammenzufassen, sie nachvollziehbar zu machen und ihnen eine Aktivität zuzuschreiben. Am Machen, an der konkreten Anwendung lässt sich dann bemessen, ob *Erkennen – Verstehen – Anwenden* zur Vollendung geführt wird. Hilfsätze geben die Richtung vor, schaffen damit Orientierung und füllen den Setzkasten mit Leben.

7.5 Von der Gesamtheit zum Baukasten zum Setzkasten

Selbstverständlich könnte man sich eine umfangreiche Stellenausschreibung für eine Führungskraft vornehmen, um zumindest die allgemein gestellten Anforderungen und damit die geforderten Kompetenzerwartungen zusammengefasst zu haben. Ein Abgleich mit dem eigenen Profil bietet danach eine erste Möglichkeit, Defizite zu erahnen. Legt man mehrere Stellenangebote zum Arbeitsbereich oder zur Branche nebeneinander, kann ein ganzer Katalog von erwarteten Kompetenzen zusammengestellt werden. Eigene Defizite könnten wiederum leicht aufgedeckt werden. All die Nomenklaturen bieten dennoch nur bedingt eine Entscheidungshilfe im Hinblick auf die eigene Kompetenzentwicklung. Die Situation, die konkreten Anforderungen, der Bedarf, die Prioritäten und die Umsetzbarkeit geben die notwendigen Orientierungspunkte vor bei der Erweiterung des persönlichen Kompetenzspektrums. Aus der Orientierung heraus muss dann der notwendige nächste Schritt folgen, nämlich die konkrete Umsetzung. Dafür stellt dieses Manual eine Art Setzkasten zur Verfügung. In den hereingegeben wird, was der eigene Bedarf definiert hat (siehe Abb. 58).

Dieser Setzkasten hat zwei Dimensionen, einerseits sind die bisher aufgeführten Entwicklungspunkte hier tabellarisch als Übersicht, als visualisierter, angewandter Baukasten zusammengestellt, andererseits enthält diese Übersicht eine Sammlung von Merksätzen. Diese Sätze dienen als Begleiter, der Setzkasten als eine Art individueller Lernplan. Leitsätze und das Beispielhafte schaffen Eingängigkeit beim Betrachter und sind parallel dazu didaktische Struktur. Auf dem didaktischen Unterbau aufsetzend legt sich jeder Einzelne seinen Faden wie einst Ariadne für Theseus, um aus dem kretischen Labyrinth herauszufinden: der persönliche Setzkasten.

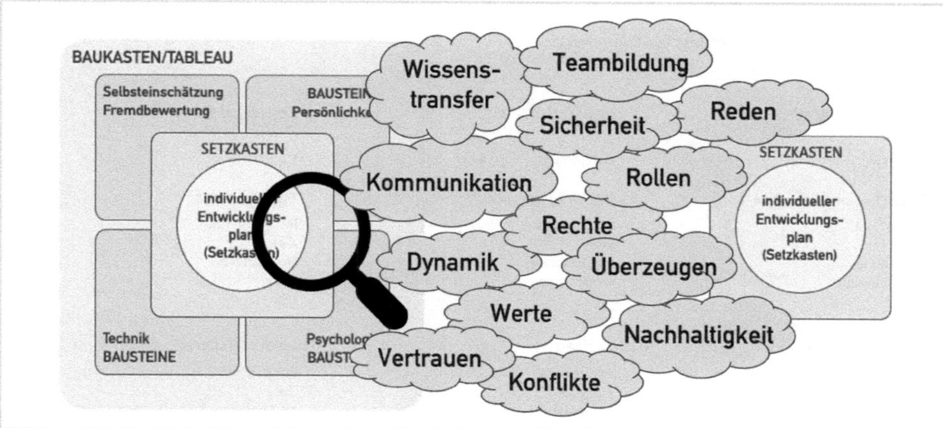

Abb. 58: Setzkasten nutzen

Eine vorgegebene Chronologie der Kompetenzentwicklung kann hilfreich sein, muss sie aber nicht. Es sind, wie immer herauszustellen bleibt, Bedarf und persönliche Entscheidung, die eine Abfolge von Qualifizierungsinhalten bestimmen sollten. Hierbei schwingt stets die Motivation mit, was der Sache, der Weiterentwicklung äußerst dienlich ist. Der Wille zum Lernen, wohlverstanden zu einem Lernen, das sowohl das formale als auch das informelle umfasst, dieser Wille hält Erwerb neuen Wissens lebendig. Und auch hier greift die Selbstsicherheit, das Vertrauen in sich selbst. Mit der eigenen Sicherheit trifft sich schneller eine Entscheidung, was wie zu lernen ist, gerät das Tun unmittelbarer in Gang. Während Unsicherheit oder gar die Furcht vor Versagen den notwendigen Elan hemmen und Entscheidungen wohlmöglich hinauszögern. Das Abwägen und die Versagensangst lassen zögerlich werden. Bei der persönlichen Entwicklung darf es kein Zaudern geben, denn dadurch wird Bewegung zum Stillstand gebracht. Handlungsvorsatz muss sein, die eigene Weiterentwicklung ernst zu nehmen und die sich ergebenden Gelegenheiten zum Ausbau der Führungskompetenz wahrzunehmen. Der Baukasten will ein mögliches Angebot sein.

Durch den Setzkasten erfährt der Baukasten eine Anpassung an den Bedarf. Situation und Anforderungen, auf die eine Führungskraft trifft, bestimmen die persönliche Sammlung von Inhalten. Die Führungskraft organisiert für sich auf dieser Grundlage ihre Kompetenzentwicklung. Welche Mittel zum Beispiel für das Kompensieren von Defiziten eingesetzt werden, wie die Inhalte zu konkretisieren sind oder in welchem Zeitraum eine Qualifizierung stattfinden soll, legt die Führungskraft mit oder ohne Hilfe der Personalentwicklung fest. Trotz der Unterschiedlichkeit von Bedarf und der Vielfalt von Individualität veranschaulicht ein kleiner Ausschnitt, wie ein Setzkasten aussehen kann (siehe Ausschnitt Abb. 59)[23].

23 Siehe auch das vollständige Beispiel zum Setzkasten im Anhang des Buches.

SETZKASTEN DER MODERNEN FÜHRUNG

PERSÖNLICHKEIT	VERHALTEN	KOMMUNIKATION
HALTUNG	**AGILITÄT**	**KULTUR**
Selbstbestimmtheit Ist-Zustand: Ziel: Maßnahmen: Unterstützung: bis	**Selbstbewusstsein** Ist-Zustand: Ziel: Maßnahmen: Unterstützung: bis	**Engagement** Ist-Zustand: Ziel: Maßnahmen: Unterstützung: bis
Selbstvertrauen Ist-Zustand: Ziel: Maßnahmen: Unterstützung: bis	**Vertrauen** Ist-Zustand: Ziel: Maßnahmen: Unterstützung: bis	**Leistungsbereitschaft** Ist-Zustand: Ziel: Maßnahmen: Unterstützung: bis
Selbstwert Ist-Zustand: Ziel: Maßnahmen: Unterstützung: bis	**Aufmerksamkeit** Ist-Zustand: Ziel: Maßnahmen: Unterstützung: bis	**Einsatzfreude** Ist-Zustand: Ziel: Maßnahmen: Unterstützung: bis

Abb. 59: Nicht-systematisiertes Beispiel eines Setzkastens

Nicht aus Freude an der Redundanz erscheinen in diesem Abschnitt erneut kurz gefasste Merksätze. Zwar ist das Format ein wenig verändert zu den *Kurz-und-knapp*-Sätzen, aber sie fassen in ähnlicher zugespitzter Form die dargelegten Führungssituationen zusammen und schaffen einen Überblick zum Spektrum des Führungsalltags. Die Situationssammlung schafft den Rahmen für den Setzkasten des Führens und befüllt diesen zugleich. Der Setzkasten ist von seiner Natur her nicht starr vorgegeben und damit veränderlich. Von der Bestimmung her wird dieser immer individuell sein, da der Setzkasten jeweils nur die persönlichen Kompetenzen der Führungskraft enthält. Für dieses Persönliche muss jeder seine eigene Form finden. Daher kann der persönliche Setzkasten grundsätzlich eine selbst gewählte Form annehmen, am Ende werden die Leitsätze bleiben, die eine Orientierung schaffen.

Leitsätze als Lernhilfen und Gedankenstütze

Die Leitsätze, die auf diese Weise zusammengeführt werden, beinhalten Auszüge und Beispiele aus Bau- wie Setzkasten und somit aus dem Führungsalltag. Mit solchen Lernhilfen zeigt dieses Manual den Weg auf, den diejenigen zu beschreiten haben, denen Führen am Herzen liegt und dessen Führen einen Mitarbeiterbezug haben soll. Es beginnt mit den Prinzipien, reicht über die Moral bis zum betriebswirtschaftlichen Handeln und lässt sich eben auf Leitsätze herunterbrechen.

- ***Prinzipien***
  Sie sind Ausdruck des Charakters, prägen den Charakter und bilden damit im Laufe der Zeit das Rückgrat.
- ***Moral***
  Sie ist mehr Philosophie und Ausdruck eines humanistischen wie von Menschlichkeit geprägtes Denken.

Obschon die nachfolgende Zusammenstellung eine willkürliche Auswahl darstellt und deswegen von der Vollständigkeit weit entfernt ist, bedarf es kaum mehr, um Menschen gut und verantwortungsvoll zu führen:

- ***seiner Selbst sicher sein*** – die eigene Sicherheit ist der psychologische Kern der Führung, davon geht alles andere aus, sei es die Vorbildfunktion, die Entscheidungsfreude, die Überzeugungskraft oder die kommunikative Kompetenz;
  - *»Wer erklärt verliert.«*
- ***selbstbewusst sein*** – die Klarheit im Verhalten und Handeln ist eine Grundlage, Überzeugung und Gewissheit sind der Aufbau in Bezug auf das eigene Handeln;
  - *»Positionen und Beiträge anderer aufgreifen, um selbst Position zu beziehen, das ist nicht nur aufmerksam, sondern genauso selbstbewusst.«*
- ***authentisch auftreten*** – das Gesprochene muss zum Verhalten passen und damit im Einklang sein;
  - *»Schauspielerei und Schaumschlägerei behindern Vertrauen, Authentizität schafft Vertrauen.«*
- ***achtsam handeln*** – im Sinne der Menschlichkeit und als moralische Verpflichtung zur Mitmenschlichkeit;
  - *»Höre deinen Mitarbeitern zu!«*
- ***Strategie entwickeln*** – erst eine transparente Ziellegung schafft Orientierungspunkte, die Halt geben und Identifikation bieten;
  - *»Zukunft braucht eine Strategie, damit Ziele geschaffen werden können.«*
- ***Perspektive wechseln*** – der Perspektivwechsel ermöglicht es, den eigenen Horizont zu erweitern und andere ggf. besser zu verstehen, aber darüber hinaus eröffnen andere Blickwinkel mehr oder vielleicht passendere Lösungsmöglichkeiten;
  - *»Wer nie den Blickwinkel wechselt, wird vielleicht nie die Wahrheit erfahren und die Wirklichkeit sehen.«*
- ***vertrauen und zutrauen*** – aus Offenheit entsteht Vertrauen, und sobald Vertrauen spürbar wird, kann Verantwortungsbewusstsein entstehen;
  - *»Hab Vertrauen und schaff Vertrauen!«*
- ***unabhängig bleiben*** – selbstredend kann eine Führungskraft nicht vollkommen unabhängig agieren, dennoch gehört es zur Souveränität, dass sich die Führungskraft mit ihrer Haltung positioniert;
  - *»Bilde Dir Deine Meinung und lass Dir keine Meinung bilden!«*

- ***souverän auftreten*** – deutlichstes äußeres Zeichen von Führungskompetenz ist die Souveränität, da sie viele Eigenschaften in sich vereint;
  - *»Nicht Erwartungen erfüllen, sondern mit Sicherheit, Stärken, Qualitäten und Erfolgen überzeugen.«*
- ***nachhaltig agieren*** – da Aktionismus pures Gift für eine strukturierte Entwicklung ist, muss dafür gesorgt werden, dass jeder Anfang ein Ende hat und dass auch im Nachhinein noch einmal die Sinnhaftigkeit des Handelns überprüft wird;
  - *»Wer eine Sache anstößt, muss daran interessiert sein, was aus ihr im Nachhinein wird.«*
- ***verbindlich bleiben*** – sobald gesprochen wird, muss das, was versprochen wird, auch eingehalten werden;
  - *»Mach keine Zusagen, die Du nicht halten kannst!«*
- ***Entscheidungen treffen*** – Führungskräfte werden als Entscheider gesehen, eine Rolle, der sie Gehalt geben müssen;
  - *»Keine Entscheidung treffen, das bedeutet Stillstand.«*
- ***selbstbestimmen lassen*** – wirksame Motivation schöpfen Mitarbeiter erst aus der Selbstbestimmung und Selbstverantwortlichkeit;
  - *»Gib Freiräume und lass selbstbestimmt arbeiten, damit sich Potenziale entfalten!«*
- ***weiterentwickeln*** – Lernen ist Veränderung, und da Veränderung am Ende Dynamik ist, nimmt die Führungskraft die eigene Entwicklung selbst in die Hand. Profis aus der Personalentwicklung können dabei unterstützen, doch Lernen und Qualifizierung muss jeder selbst verantworten;
  - *»Eigenes Verhalten beobachten oder Beiträge nach Sitzungen nachbereiten, um daraus zu lernen.«*
- ***machen*** – zwischen Analysen und Mitarbeitergesprächen muss ausreichend Raum zum Handeln sein, denn daran wird eine Führungskraft festgemacht, das ist der Kern der Führung;
  - *»Reden ist gut, machen ist besser.«*
- ***Probleme lösen*** – aus dem Handeln ergibt sich bereits, dass nicht das Analysieren oder Bewerten weiterbringt – genauso wenig die Suche nach einem Schuldigen, also nach Lösungen suchen und Entscheidungen treffen;
  - *»Nicht Probleme beschreiben, sondern Lösungen herbeiführen.«*
- ***delegieren*** – Verantwortung für einen Bereich bedarf nicht des ständigen Nachweises von Sachkompetenz, sondern der steten Präsenz von Führungskompetenz;
  - *»Delegieren ist nicht, andere für sich arbeiten zu lassen, sondern das intelligente Verteilen von Aufgaben nach den Fähigkeiten der Mitarbeiter im Team.«*
- ***wertschätzen*** – ein großer und oft strapazierter Begriff, dem erst durch das Tun statt durch das Reden Leben eingehaucht wird und dadurch, dass der Gegenüber ernst genommen wird;
  - *»Sei aufmerksam und achtsam im Umgang mit deinen Mitarbeitern!«*
- ***achtsam sein*** – Mitarbeiter sind nicht nur Kollegen, die es zu steuern gilt, es sind genauso Kollegen, die Rücksicht wie Aufmerksamkeit verdienen;
  - *»Lass deine Mitarbeiter an deinem Erfolg teilhaben!«*

- ***zuhören*** – nicht das Sprechen führt, sondern das Verstehen und das Erkennen der Bedürfnisse oder der Absichten anderer;
  - *»Mitarbeiterkommunikation muss bilateral sein, das heißt, eine Führungskraft muss auch zuhören können.«*
- ***Konsequenz zeigen*** – Entscheidungen zu treffen, das ist das eine, konsequent zu sein, komplettiert das Ganze;
  - *»Grenzen erkennen und festlegen und Übertritte sofort ahnden.«*
- ***mit Freude entscheiden*** – dies bedeutet nicht, dass unüberlegt und ungeprüft Weichen gestellt werden sollen, doch Entscheidungen sind ständig zu treffen;
  - *»Entscheidungen schnell und entschlossen herbeiführen und keine Angst vor Fehlern haben, Entscheidungen treffen.«*
- ***an Zielen orientieren*** – Ziele entstehen zwangsläufig aus dem strategischen Handeln, doch erst das operative Führen nach und mit konkreten Zielen ist dann Strategieumsetzung;
  - *»Klarheit schaffen mit Zielen, gezielt in die Zukunft führen.«*
- ***Orientierung geben*** – Orientierung zu geben, beinhaltet mehr, als anderen den Weg weisen, dahinter steckt noch der Anspruch, die anderen in Bewegung zu versetzen, und das ist Teil der Unternehmensdynamik;
  - *»Lass Deine Mitarbeiter wissen, worum es geht und wo es lang geht!!«*
- ***wollen*** – übertriebener Ehrgeiz ist degenerierter Wille, etwas unbedingt wollen aus dem tiefsten Inneren heraus oder der Sache wegen, das ist vorbildlich und zielführend;
  - *»Erkennen, was man erreichen will, und dann wollen.«*
- ***sich selbst treu bleiben*** – Führung bietet vielfältige Möglichkeiten, sich zu verändern, dennoch muss das Bestreben sein, sein Selbst zu erhalten und sich nicht von außen korrumpieren zu lassen;
  - *»Ein Rückgrat ist nicht zum Beugen da.«*
- ***klar sein*** – Klarheit für alle Beteiligten entsteht erst, wenn Entscheidungen, Verhalten und Aussagen eindeutig sind;
  - *»Nicht drumherum, sondern geradewegs!«*
- ***sachlich entscheiden*** – erst aus der kritischen Distanz können adäquate Entscheidungen getroffen und Dinge bewertet werden;
  - *»Emotionen raus und Sachverstand rein!«*
- ***kritische Distanz wahren*** – nicht alles Vorgetragene oder Vorgebrachte geht auf eine Tatsache oder die Wirklichkeit zurück, daher ist es unumgänglich, vor einer Entscheidung Sachverhalte zu klären, Fakten aufs Faktische hin kritisch zu prüfen und damit Informationen zu hinterfragen;
  - *»Tatsachen von Gerede trennen, um kritische Distanz zu finden, also, immer wieder raustreten und Dinge von außen betrachten.«*
- ***objektivieren*** – ob Sachlichkeit oder kritische Distanz, irgendwann steht die Validierung an, und auch wenn nicht alles auf empirischem Wege geprüft werden muss, so muss die objektivierte Bewertung eine übergeordnete Handlungsmaxime sein;
  - *»Perspektiven wechseln und Gültigkeit kritisch hinterfragen!«*

- ***Prägnanz praktizieren*** – Weitschweifigkeit zerstört Informationen wie Botschaften, daher muss eine Führungskraft bestrebt sein, auf den Punkt zu kommen und sich auf das Wesentliche zu beschränken;
  - *»In Vorträgen und Beiträgen nur das Wesentlichste bringen, bestenfalls mit höchstens drei Strichpunkten.«*
- ***am Mehrwert orientieren*** – die Ermittlung des Mehrwerts muss nicht zwingend über ein strenges mathematisches Verfahren geschehen, aber der Mehrwert muss ein quantifizierbares Ergebnis wiedergeben, damit man entscheiden kann, ob er erreicht worden ist;
  - *»Aufwand und Nutzen über Werte zu klären, macht den Mehrwert!«*
- ***vernetzt denken*** – alles unterliegt stets der Form einer mehr oder minder komplexen Kybernetik, daher ist es wichtig, sei es bei der Analyse oder sei es beim Handeln, auch immer auf die Seiten- und Nebeneffekte zu schauen;
  - *»Genau beobachten und Zusammenhänge erkennen und herstellen!«*
- ***gerecht entscheiden*** – nicht um jeden Preis muss nach Gleichbehandlung gestrebt werden, jedoch muss angemessen und wertschätzend beurteilt, bewertet und behandelt werden;
  - *»Das Recht, Entscheidungen zu treffen, darf nicht zur Willkür verführen, eher muss stets abgewogen und berücksichtigt werden.«*
- ***einfühlend einwirken*** – da nicht allein Sachlichkeit das Allheilmittel ist, muss gegebenenfalls bestimmten Situationen genauso mit Empathie begegnet werden;
  - *»Einfühlsamkeit ist keine Schwäche, sie kann auch Zeichen der Sicherheit sein, sich auf Gefühlszustände anderer einzulassen.«*
- ***begeistern*** – erst wenn andere spüren, dass man etwas aus und mit innerer Überzeugung macht, dann lassen sie sich auch mitreißen;
  - *»Zusammen Ziele erreichen!«*
- ***sich seiner Arbeit freuen*** – Mitarbeiter müssen sich von der Freude an der Arbeit anstecken lassen, so kann am Ende Zufriedenheit auf allen Seiten entstehen;
  - *»Mit Tatkraft ans Tagwerk reißt andere mit.«*
- ***Fehler tolerieren*** – Fehler sind Zeugnisse des Tuns und deshalb dem Grunde nach gut;
  - *»So abgegriffen es klingt, so zeitlos ist die Forderung: aus Fehlern lernen.«*
- ***als Vorbild fungieren*** – Führungskräfte sind Vorbilder, an deren Verhalten und Handeln sich Mitarbeiter orientieren;
  - *»Sei Vorbild!«*
- ***Zuversicht ausstrahlen*** – zu den Aufgaben der Führung gehört es ebenfalls, eine positive Atmosphäre zu schaffen, da Motivation einen Optimismus braucht, der ansteckend ist;
  - *»Lächeln und Zuversicht ausstrahlen!«*
- ***Konflikte aushalten*** – Konflikten aus dem Weg zu gehen, hilft keinem, vielmehr gilt es, Konflikte unmittelbar anzugehen, damit sie sich nicht verselbstständigen, und nicht sich aus Furcht vor einem Konflikt zurückzuziehen, was im Übrigen eine Schwäche darstellt, die sofort wahrgenommen wird;
  - *»Keiner kann Dich beleidigen, das kannst Du nur selbst.«*
- ***ausgeglichen bleiben*** – dabei steht nicht die psychische Balance im Mittelpunkt, sondern das ausgeglichene Führen, das ein Hin- und Herwechseln zwischen Bestimmen/Durchset-

zen und Nachsicht/Einlenken umfasst, wozu ebenfalls die Weiterentwicklung der Mitarbeiter zählt;
  - *»Fordere und fördere!«*
- ***Motivation erzeugen*** – das Erzeugen von Motivation kann nicht von außen gesteuert werden, es können allein Anreize als Impulse in dieses Wirkungssystem von außen hineingegeben werden;
  - *»Anreize schaffen, damit sich Motivation entfalten kann!«*
- ***Anreize geben*** – Anreize bringen die Motivation in Gang, denn motivieren können sich Mitarbeiter nur selbst, diese Realität gilt es zu beachten, wenn ein Team in Bewegung kommen soll, damit Veränderung stattfindet;
  - *»Kennst Du Deine Mitarbeiter, weißt Du, wie sie ticken, weißt Du, wie sie in Bewegung kommen!«*
- ***teilhaben lassen*** – es ist wichtig, dass Mitarbeiter Erfolge miterleben, denn über diese Teilhabe erfahren sie ihre Bedeutung, ihre Mitwirkung am Ergebnis und erleben auf diese Weise den Erfolg selbst;
  - *»Alle zusammen ein Ergebnis!«*
- ***Dynamik erzeugen*** – sie entsteht bei Mitarbeitern erst, wenn sie eingebunden sind und wenn sie für sich einen Mehrwert erkennen, Führungskräfte müssen daher die Erzeugung von Dynamik als eine Leitlinie ihres Handelns fixieren;
  - *»Gestalten, statt verwalten!«*
- ***Zukunft gestalten*** – stets den Blick nach vorn gerichtet haben, das gehört zur Grundhaltung, zumal Veränderung Unternehmenszukunft sichert;
  - *»Zukunft entsteht erst durch Bewegung und am besten mit dem Blick nach vorn.«*
- ***Richtung geben*** – damit nicht alle wild umherrennen oder unwissend wie teilnahmslos Aufgaben verrichten, brauchen Mitarbeiter eine Perspektive, die eine Antwort enthält auf das Warum;
  - *»Kein Loslaufen ohne Ziel!«*
- ***unternehmerisch denken*** – das unternehmerische Denken endet nicht bei Einsparungen oder Einsparpotenzialen, es reicht bis in die Zukunft, bringt Entwicklungspotenziale hervor;
  - *»Zukunft wird nicht vorgegeben, sie wird gemeinsam gestaltet, das setzt voraus, das Führungskräfte mitdenken.«*
- ***betriebswirtschaftlich handeln*** – das Handeln als Führungskraft für ein Unternehmen wird stets auf wirtschaftlichen Erfolg ausgerichtet sein, daher muss der Umgang mit Kennzahlen selbstverständlich sein;
  - *»Erfolg ist kein Freudentaumel, wirtschaftlicher Erfolg basiert auf Kennzahlen!«*

Solche Leitsätze müssen nicht unbedingt zu einer Bibel werden, die stets zur Hand ist. Leitsätze können ebenso auf Situationen, übergreifende Themen, wiederkehrende Aufgaben oder besondere Herausforderung bezogen sein. So hat vielleicht jeder sein Sitzungskonzept, zum Beispiel ein Sitzungsakrostichon kann eine Eselsbrücke sein, indem die ersten Buchstaben der selbst gewählten Kernsätze eine Losung ergibt. Das wiederum muss jeder für sich selbst entwickeln, denn vorgegebene Muster treffen nicht immer den Geschmack derer, die damit losziehen sollen. Das nachfolgende Akrostichon kann somit nur ein Beispiel sein:

- **J**ede Gelegenheit zur Kommunikation sollte genutzt werden.
- **E**in Satz reicht.
- **T**hemen sorgfältig auswählen und eher weglassen.
- **Z**iele sind in Aufgaben zu zerlegen.
- **T**ermine sind streng einzuhalten, Versäumnisse genauso streng nachzuverfolgen.
- **G**eradlinig und mit erhobenem Kopf in die Arena zu gehen, muss eine Grundhaltung sein.
- **E**rklärungen sind tabu, stattdessen handeln.
- **H**inhören, was andere sagen, um andere zu verstehen.
- **T**atsächliches von Dahergesagtem trennen.
- **S**ich selbst und andere ernst nehmen sowie achten und dies den anderen zeigen.
- **L**ösungen suchen, statt Probleme beschreiben.
- **O**ffen sein für kritische Einwände, aber restriktiv vorgehen bei Übergriffen.
- **S**achverstand in den Vordergrund und Emotionen nach hinten gedrängt.

Solche und ähnliche Muster, solches oder ähnliches Vorgehen erreichen nicht jeden. Zumindest sollte klar sein, dass Führungskompetenz ein bestimmender Bestandteil des Führens ist – Grund genug für die Führungskraft, sich mit seiner Führungskompetenz fortwährend auseinanderzusetzen. Es kann der Bedarf entstehen, andere Strukturen zu schaffen, sich Führungskompetenz anzueignen. Eine weitere Möglichkeit bestünde darin, Kompetenzbündel zu schaffen. Demnach werden eng zusammenhängende Kompetenzen verknüpft, eine Annäherung erfolgt also über ein isoliertes Kompetenzbündel. Egal wie sich der Einzelne seine Entwicklung als Führungskraft organisiert und welche Bausteine sich die Einzelnen zusammenstellen, der Bedarf, die Situation und persönliche Präferenzen bestimmen das individuelle Vorgehen. Das verdeutlicht erneut, dass ein Setzkasten nicht an irgendeine Form gebunden ist. Der individuelle Bedarf und die eigenen Lerngewohnheiten bestimmen die letztgültige Form des persönlichen Setzkastens. Die Suche nach der eigenen Form darf nur nicht vergessen lassen, wozu der Setzkasten dient. All die Ausführungen dazu (fast analog gilt dies für den Baukasten) lassen sich herunterbrechen auf einen Satz: *Den Setzkasten nicht nur befüllen, sondern auch zum Einsatz bringen und Kompetenzentwicklung ernst nehmen.* Dessen muss man sich stets bewusst sein, sei es ein Setzkasten oder sei es eine Annäherung an Führungskompetenz mittels Kompetenzbündel, dass erst mit der Umsetzung eine Entwicklung stattfindet.

7.6 Den eigenen Weg durch den Impulswald finden

Matrix, Baukasten, Setzkasten sind Impulsgeber gewesen, und das in einem doppelten Sinne. Einerseits sind alle Bausteine Inhalte und wesentliche Merkmale erfolgreicher Führung, andererseits will das Handbuch als Ganzes Anlass zur Reflexion und zur Organisation der eigenen Entwicklung geben. Jeder Leser macht das für sich, dieses Manual zur Hand nehmen. Vom Baukasten zum Setzkasten und so zum individuellen Entwicklungsplan – das will das übergeordnete Ziel sein, wenn man die eigene Entwicklung als Führungskraft in die Hand nimmt. Auf welche Inhalte man stößt, das bestimmen Situation und Bedarf. Ein Handbuch wird dabei zum Begleiter, der bei der Hand ist, wenn Kompetenz ausgebaut werden soll. Was ein Handlungsleitfaden nicht ersetzen kann, ist das Tun. Anleitungen und Impulse werden erst zu produktiven Hilfsmitteln, wenn Führungskräfte sie annehmen und umsetzen. Das Probieren geht auch hier über das Studieren. Die Angst vor Fehlern sollte nicht vom Ausprobieren abhalten.

Damit aus Lernen Bewegung wird und das Lernen als Verhaltensänderung Vollendung findet, muss das Gelernte angewendet werden. Der fortgesetzte Besuch von Seminaren oder die Anhäufung von Teilnehmerzertifikaten hat nur bedingt etwas mit Lernen zu tun. Es muss sogar am Lernen gezweifelt werden, wenn danach die Anwendung, die Veränderung des Verhaltens ausbleibt. Trotz des Bedarfs an Qualifizierung und des Bewusstseins für die Kompetenzentwicklung darf nicht aus den Augen verloren werden, dass das Handeln als Führungskraft die originäre Führungsfunktion ausmacht. Dieses Führen wiederum darf weder punktueller, bloßer Aktionismus sein noch auf das Vorrecht reduziert werden, das Sagen zu haben. Führen erfordert Übersicht, Abwägen, Einbeziehen, den Blick nach vorn und vor allem das Umsetzen von Zielen. Die Führungskraft kann gewiss mit Stolz auf das Erreichte ihre Position genießen, sollte darüber aber nicht vergessen, dass gesteckte Ziele erst durch das Zusammenwirken eines Teams erreicht werden. Damit dies nicht vergessen wird, lohnt es, sich den einen anderen Leitsatz selbst vorzugeben und vielleicht mit diesen Leitsätzen den eigenen Setzkasten zur Führung zu beginnen oder auszubauen.

Ein Baukasten und ein Setzkasten zur Professionalisierung der eigenen Führungsmethode:

Ob Fertigkeiten, Fähigkeiten oder Kompetenzen, die Aspekte und Sichten auf ein Kompetenzmodell der Führung sind äußerst vielfältig. Das kann wiederum den Blick verstellen oder sogar dazu führen, dass der Überblick verloren geht. Eine Matrix zur Führungskompetenz will ein Ansatzpunkt und ein erster Zugang sein, um sich eine Übersicht zu verschaffen. Aus dieser Matrix heraus können dann Bausteine zusammengefügt werden, ganz nach dem persönlichen Bedarf. Mit diesem Schritt wird die Matrix zum Baukasten. Der Baukasten in diesem Manual will nicht vollständig sein, da die Vielzahl der Perspektiven eine ähnlich große Zahl an Aspekten oder Ausformungen haben kann. Mehrfach ist deshalb darauf hingewiesen worden, dass Führungskräfte im Prozess der individuellen Weiterentwicklung den Bedarf an Qualifizierung erkennen und sich die Bausteine selbst zusammenstellen müssen.

Ob Baukasten oder Setzkasten, beide haben keine feste Form. Darstellung, Anordnung und Ausgestaltung der Bausteine kann variieren. Der Baukasten als Ganzes wird jedenfalls mit der Individualisierung zum persönlichen Setzkasten, in dem die nach individuellem Bedarf und nach situationsspezifischen Anforderungen erkannten, notwendigen wie hinreichenden Fähigkeiten zusammengestellt sind. Dies ist unabhängig vom vorliegenden Setzkasten, der nur beispielhaft sein kann und der keinesfalls verbindlich sein will. Allein der konkrete Bedarf und die Präferenzen, wie individuell am besten gelernt werden kann, bestimmen die Kompetenzbausteine und ob z. B. mithilfe von Leitsätzen der Erfahrungsprozess in Gang gesetzt werden soll. Ein Handbuch ist kein Lehrbuch, und zwar in dem Sinne, dass nicht ein formalisiertes Lernen im Vordergrund steht, sondern dass Inhalte, Zusammenhänge und Anforderungen erkannt und verstanden werden. Auf diesem Wege ist der notwendige Transfer in die Praxis durch das Anwenden greifbarer, weil er unmittelbarer an das Verstehen anknüpft, anstatt losgelöste Aufgaben im Anschluss an eine Lektion wie in einem Lehrbuch darzubieten. Das heißt nicht, dass ein Handbuch nicht zum Lernen taugt. Es ist lediglich eine Art des Lernens, die den Erfolg des Lerntransfers im Anwenden von Verstandenem sieht.

Führungskompetenz ist ein Kontinuum, das in sich stets in Bewegung ist und das aufgrund dieser Dynamik nie vollständig sein kann. Auf der Grundlage dieser Maxime zur Führung und der Erkenntnis, dass Lernen Veränderung ist, muss mit Blick auf Unternehmensentwicklung und Unternehmenszukunft dafür Sorge getragen werden, dass sich Führungskräfte stetig weiterentwickeln. Am besten wie zuverlässigsten geschieht dies aus einem inneren Impuls heraus. Denn verordnete Qualifizierung wird nur beschränkt wirken können, solange Erkennen, Verstehen und Anwenden ausbleiben. Dynamik bleibt dann auf der Strecke.

8 Alles zusammen: die moderne Führungspersönlichkeit

Die Zusammenfassung ist eine Skizze der modernen Führungskraft, die Wirklichkeit erfordert derweil das Abarbeiten der vielen Anforderungen an das Führen eines Teams oder einer Arbeitseinheit oder eines Geschäftsbereiches. So werden Erfahrungen zu Fertigkeiten. Führungskompetenz ist ein dynamisches Kontinuum, das sich ständig verändert und sich an die Wirklichkeit des Arbeitsplatzes anpasst. Die einzelnen Fertigkeiten auszubilden, das muss kein Zufallsprodukt sein. Dieses Handbuch hat aufgezeigt, wie ganz nach Bedarf einzelne Themen erarbeitet werden können und wie aus den Einzelteilen eine Ganzheit, eine komplexe Führungskraft entsteht. Sicherheit, Eigenständigkeit, Selbstorganisation, Individualität und Verantwortlichkeit sind einige zentrale tragende Säulen, erweitert durch viele andere Stützpfeiler im eigenen, individuellen, auf den Bedarf ausgerichteten Kompetenzgebäude. Über all das spannt sich eine der zentralsten Führungskompetenzen: das Handeln. Eine Führungsfibel wird aufgrund dessen immer etwas Persönliches sein, am Bedarf orientiert und der Arbeitssituation angepasst. Die Umsetzung all der Handreichungen geschieht unter der persönlichen Vorgabe, die eigene Entwicklung in die eigenen Hände zu nehmen.

Die hier propagierte Führungsfibel will eine Art Nachschlagewerk sein. Aus diesem Baukasten werden die Bausteine herausgenommen, die dabei helfen, die eigene Führungskompetenz beständig auszubauen. Das macht ein Handbuch zu einer Werkzeugkiste und veranschaulicht zugleich das individuelle Moment der Führung. Manch ein Unternehmenslenker mag vielleicht einen Idealtypus im Hinterkopf haben, wenn Führungspositionen zu besetzen sind. Letzten Endes lassen sich Führungskräfte nicht gleichschalten, und wahrscheinlich trägt sogar die Individualität und deren Vielfalt zur Dynamik im Unternehmen bei. Erst, wenn das Stereotype und die Einförmigkeit überwunden wird, können Veränderungen angestoßen werden. Führungskräfteentwicklung darf aus diesem Grunde auch nicht einfach als ein Abschnitt im Weiterbildungskatalog verstanden werden. Die Förderung von Potenzialen und das Personalisieren von Maßnahmen gehören sowohl in die Unternehmenskultur als auch ins Bewusstsein der Führung. Die zunehmende Dynamik außerhalb der Unternehmungen erfordert eine gesteigerte Agilität im Unternehmen. Führung sowie Unternehmensentwicklung werden organischer, was bedeutet, dass die im Unternehmen wirkende Kybernetik bewusster wahrgenommen wie genutzt werden muss. Der Betrieb und dessen betriebliche Einheiten müssen als Organismus verstanden werden. Dem Organischen ist inhärent, dass alles auf irgendeine Weise zusammenhängt und steten Veränderungen unterworfen ist.

Führung ist nach all den Darlegungen als ein erfolgskritisches Moment für die Zukunftssicherung und somit für die Unternehmenszukunft zu sehen. Das muss auch in den Köpfen der Führungskräfte verankert sein, denn sie sind letztendlich diejenigen, die das Führen umsetzen. Die Fähigkeit dazu darf nicht als naturgegeben vorausgesetzt werden. Führen lässt sich lernen und Lernen bildet sowieso das Zentrum der Unternehmensentwicklung. Jede Veränderung hängt mit Lernen zusammen, ein Lernen, das nicht allein als etwas Didaktisches, etwas Pädagogisches zu sehen ist. Lernen muss vor allem als ein Verstehen begriffen werden. Führungskräfte obliegt es, dieses Verstehen zu fördern, und auf diese Weise *Change* zu entzünden. Führung wird einmal kompetenzspezifisch ausgelegt, ein anderes Mal wird der Aspekt der generalistischen Führungspersönlichkeit hervorgehoben. Was bei der Diskussion persönlichkeitsbezogener Kompetenzen von Führungskräften oft zu kurz kommt, das sind die unternehmensspezifischen Erfolgsparameter. Eine der wesentlichen Säulen einer erfolgreichen Unternehmensentwicklung ist zum Beispiel auch die Kommunikation. An einigen Stellen ist diese ebenfalls eng an die Führungskultur geknüpft. Die Führungskultur geht dabei auf die Unternehmenswerte und auf die Leitlinien der Unternehmenspolitik zurück. Während bei der Auswahl der Führungskräfte meist auf das Fachliche geachtet wird, muss bei der Umsetzung von Werten auf die Kompetenzentwicklung gesetzt werden. Kommunikation beinhaltet aber nicht allein Gesprächsführung. Unternehmenswerte sowie Offenheit und Transparenz müssen in der Führungskultur deren Umsetzung finden. Sei es die reine Wertesicherung oder das Strategiecontrolling, es müssen operative Maßnahmen erkennbar sein, wie Werte in der Führungskultur ihren Ausdruck finden sollen. Regelmäßige Teambesprechungen sind Detailschritte, eine durchdachte Kommunikationsstruktur ist die andere Stelle, die Informationsfluss und damit Transparenz sicherstellt.

Führen ist zwar mehr als eine Sammlung von Inhalten, aber ein paar Leitsätze helfen durchaus dabei, die Herausforderungen des Alltags zu meistern. Alles kann damit nicht erfasst werden, da sich die Vielfalt des Lebens weder in ein Lehrbuch hineinpressen noch mit einer Sammlung von Weisheiten kompensieren lässt. Jeder muss sich daher seine eigenen Maximen des Handelns setzen und seine persönlichen Lehrsätze aufstellen (siehe beispielhaft Abb. 60). Sie helfen, immer wieder die Orientierung zu finden. Und sie sollten alle in eine Richtung zeigen, nämlich hin zum Handeln. Führen ist Aktion, was nicht von Kontemplation und Reflexion befreit. Handeln soll ja nicht unüberlegt sein, Reflektieren darf hingegen nicht vom Machen abhalten.

Abb. 60: Führen als Akronym

Vollzieht sich die Wahl der Themen für die persönliche Weiterentwicklung nach individuellem Bedarf und Plan, so wurden in diesem Handbuch willkürlich die Inhalte nebeneinandergestellt. Trotzdem bleibt eine thematische Segmentierung erkennbar, was beabsichtigt war, um eine Form von Übersichtlichkeit zu schaffen. Auch die Zusammenfassung erfährt an dieser Stelle noch einmal eine Segmentierung – nicht eines Ordnungsbedürfnisses wegen. Da das Ganze als eine Art Nachschlagewerk zu verstehen ist, kann so noch einmal eine Orientierung angeboten werden, wenn Führungskräfte Antworten auf ihre Führungsfragen suchen oder der Komplexität des Führens eine Struktur geben wollen. Komplexe Aufgaben oder Herausforderungen in kleine Schritte zerlegen und diese kleinen Schritte nacheinander angehen – darin muss das Führen münden. Dementgegen führt die Konzentration auf das Ganze, auf das Komplexe eher dazu, dass man den Anfang nicht findet oder in der Betrachtung der Vielschichtigkeit verharrt. Demzufolge gilt, beständig das Blickfeld zu erweitern, sobald eine Situation oder ein Problem einen spürbar zu starken Fokus verursacht und sich nicht von der Vielfalt und der Betrachtung fesseln zu lassen. Führen fordert geradezu das Handeln, weil Führen zielgerichtetes Handeln sein will.

8.1 Bedarf und Veränderungsbewusstsein als Taktgeber der Kompetenzentwicklung

Wichtiger als eine strukturierte Komplettheit scheint angesichts wechselnder Herausforderungen heutzutage die Entwicklungsfähigkeit. Den Entwicklungswillen vorausgesetzt, bedeutet dies für die Führungskraft, eine fortschreitende Passung eigener Fähigkeiten mit den sich ändernden Anforderungen zu suchen. Außer dass Dynamik in der Unternehmensentwicklung das *Change Management* herausfordert, muss sich in gleicher Weise eine Dynamik in der Personalentwicklung über das Unternehmen spannen. Damit wird nicht einem dicken Bildungskatalog das Wort geredet oder modernen Bildungsformen die Tür geöffnet. Eine solch ausgerichtete Bildungspolitik, die den Wert auf Individualität und erst recht auf die Bedarfsorientierung legt, braucht keinen rigiden Bildungskanon, eher Flexibilität, Spontanität und Umsetzungswillen. Im Grunde genommen verlangt dies einen weiteren Paradigmenwechsel. Neben einem neuen modernen Konzept vom Mitarbeiter als Dynamiktreiber und *Change Agent* müssen Führungskräfte von morgen ihre Mitarbeiter sowohl führen als auch auf eine ganz gewisse Art zugleich coachen. Eine Führungskraft sollte eine solche Unterstützung ebenfalls erfahren haben. Und wiederum steht nicht die formalisierte, strukturierte Coaching-Leistung, sei es eine interne oder externe, im Vordergrund. Es ist das teils informelle, teils formalisierte Beratungsnetz, das die Grundlage der Neuordnung bildet. Stellenweise wird dieses Netz vielleicht mehr Wissensnetz sein, indem Führungskräfte Wissen teilen oder dafür sorgen, dass Wissen vernetzt wird. Das setzt voraus, dass es eine Transparenz zum Kompetenz-Inventar im Unternehmen gibt. Das Komplette mag reizvoll sein, das Passende und das Notwendige führen dagegen durch den Alltag.

8.2 Digitalisierung, Demokratisierung und Selbstbestimmung

Die Digitalisierung hat in der jüngeren Vergangenheit deutlich wahrnehmbar an Geschwindigkeit zugelegt und genauso erkennbar Arbeitsplätze tiefgreifend verändert. Das mobile Arbeiten ist gewissermaßen über Nacht und im Zuge rasanter Entwicklungen zu einer Normalität geworden, nachdem im Vorfeld dazu eher Skepsis und Zurückhaltung gegenüber derartigen Arbeitsformen geherrscht hat. Selbst wenn all dies nicht unmittelbar als direkte Einflussfaktoren auf die Führung verstanden wird, so muss Führung mittelfristig neu gedacht werden. Selbstbestimmtes Handeln, gegenseitiges Vertrauen, dezentrales Führen und mobiles Arbeiten werden künftig den Arbeitsalltag bestimmen. Dadurch tritt die Führung, personifiziert durch eine Führungskraft, in den Hintergrund. Nicht dass sie dadurch an Bedeutung verliert – das Agieren der Führung erhält ein neues Format. Diese Entwicklung darf ebenso nicht missverstanden werden, dass einer radikalen Demokratisierung des Führungsstils das Wort geredet oder die Führungslosigkeit propagiert wird. Diese Veränderungen müssen als notwendige Entwicklungsschritte verstanden werden, und zwar in die Richtung, dass Führung nicht allein durch eine Führungsperson repräsentiert wird. Die Führungskraft wird zum Gestalter, zum Bewegungsmotor und erst recht zum Coach. Die Asymmetrie verliert an Einfluss, das Miteinander gewinnt an Bedeutung. Die Veränderungskraft der Einzelnen rückt ja mit der Dynamisierung des Unternehmens in den Vordergrund. Als Konsequenz daraus ergibt sich eine Verschiebung im Profil von Führungskräften. Psychologie des Führens, Souveränität und Selbstsicherheit, Veränderungsmanagement und Transparenz sind beispielsweise neue wie wichtige Bezugspunkte in der Entwicklung des leitenden Personals.

Gemeinsam Ziele zu erreichen, darf keine bloße Losung oder eine leere Worthülse bleiben. Es liegt an der Führung, Unternehmensstrategie, Zusammenarbeit und Zukunftsgestaltung mit Leben zu füllen. Allzu oft degenerieren Vorhaben zur Gestaltung der Unternehmenszukunft derart, dass vieles in der Deskription und in wortgewaltigen Vorhaben stecken bleibt. Da ist es an Führungskräften, tatkräftig für Umsetzung zu sorgen. Und weil moderne Unternehmensführung nicht mehr allein die Sicherung von Prozessen wie Prozessbausteinen umfasst, müssen Vorgesetzte die Voraussetzungen schaffen, dass Dynamik entsteht, Dynamik sich fortsetzt und erhalten bleibt.

8.3 Multidimensionalität

Es gibt verschiedene Möglichkeiten, die Führungsarbeit aufzugliedern. Eine davon unterscheidet drei Handlungsfelder. Danach richtet sich im ersten Handlungsfeld das operative Tagesgeschäft auf das Führen von Mitarbeitern. Das zweite Handlungsfeld bezieht sich auf das Organisieren von Abläufen wie Prozessen, somit auf das Zusammenwirken aller im Team. Das dritte Handlungsfeld umfasst das Lösen von Problemen, das bis zur Aufarbeitung von Konflikten reicht. Allen gemein ist das Handeln. Führung ist kein Vorrecht bei Entscheidungen, Führen will ein Handeln, das sowohl im Interesse des Unternehmens geschieht als auch die Belange von Mitarbeiter berücksichtigt. Allein bei diesen beiden Blickwinkeln wird schon klar, dass das Handeln als Führungskraft nicht allein umfasst, Handeln zu bestimmen, Entscheidungen zu treffen und Vorgaben zu machen. Die Komplexität erschließt sich folglich erst mit dem Perspektivwechsel. Führen zu verstehen, das bedeutet, die Multidimensionalität zu erfassen und aufzufächern. Das allein reicht hingegen nicht, Führen operativ werden zu lassen. Ein Handbuch will nicht beschreiben, vielmehr besteht der Sinn einer Handreichung darin, einen Handlungsrahmen zu skizzieren und Impulse zum Handeln zu geben. Führen sagt ja bereits, dass ein Tun im Vordergrund steht. So will ein Handlungskompass zur Führung das Operative herausstellen und Wege hin zum Handeln aufzeigen. Obgleich ein Anleiten zum Führen einen Praxisbezug beansprucht, will ein Manual zur gleichen Zeit eine besondere Art eines Lehrbuchs sein, allerdings ein Lehrbuch, das mehr die Aufgabe eines *Anwendungs*buches übernimmt. Der Weg zum Anwenden kann von zum Teil recht unterschiedlichen Betrachtungspunkten aus gefunden werden. Es ist dieses Bewusstsein für unterschiedliche Sichten, das die Fähigkeit zum Perspektivwechsel begründet. Die Theorie des Führens hat einen bedingten Einfluss auf die Praxis des Führens. Allein wenn die Wirkung wie Wirksamkeit des Theoretischen erkannt, die Zusammenhänge verstanden werden und das neue Wissen Anwendung findet, kann Theorie einen Raum in einer Handreichung beanspruchen.

8.4 Selbstsicherheit und Selbstbewusstsein

Angelpunkt des Führens ist die Sicherheit, das heißt die Selbstsicherheit und das Selbstbewusstsein der Führungskraft. Die Sicherheit ist Motor und Vorbild, sie ist Entscheidungshilfe und Kern der Selbstorganisation, sie drückt sich in Klarheit und Transparenz aus, sie gibt Orientierung und kann auf andere ausstrahlen. Mit der Selbstsicherheit kann demzufolge eine Kettenreaktion ausgelöst werden. Dieser Dominoeffekt sorgt für Bewegung, die weiter reicht als beispielsweise bis hin zur Vorbildfunktion oder bis zum konkreten Handeln. Sie begründet darüber hinaus eine Dynamik sowohl in der persönlichen Entwicklung als auch im Unternehmen. Damit reicht das sichere Auftreten erst recht bis ins Zentrum der Führungspersönlichkeit. Ist das Gesamtbild einer Führungskraft auch von den vielen Faktoren, die bereits dargelegt wurden geprägt, so muss der Sicherheit eine ganz zentrale Bedeutung zugestanden werden. Umso verständlicher erscheint es dann, dass bei der Entwicklung wie Qualifizierung einer Führungskraft ganz besonderes Augenmerk auf Selbstvertrauen und Selbstsicherheit zu legen ist. Einmalige oder standardisierte Qualifizierungsmaßnahmen können dabei nur bedingt helfen. Allenfalls ein Begleiten in Form eines Coachings kann dort unterstützen, wo es der Führungskraft an Selbstsicherheit mangelt. Manchmal muss die Unterstützung auch viel weiter gehen. Eng geknüpft an die Sicherheit sind jedenfalls Ängste als intrapsychische Wirklichkeit. Sind Unternehmen auch nicht verantwortlich für die Psychohygiene oder die psychische Verfassung ihrer Führungsmannschaft, so müssen Verantwortliche gleichwohl rasch erkennen, wann ihre Führungskräfte in ihrem Wirkungshorizont durch irgendwelche Unsicherheiten oder Ängste eingeschränkt sind.

8.5 Dynamik und Change

Moderne Unternehmensführung basiert auf Leistungsergebnissen, die das Produkt eines kollektiven Zusammenwirkens sind. Zumindest trifft dies zu, sobald das Handeln von Mitarbeitern nicht in streng formalisierte Abläufe wie determinierte Prozesse gezwängt ist. Lebt eine Unternehmung von fortgesetzter Veränderung und einer im Unternehmen wirkenden Dynamik, dann reicht es nicht, sich Veränderungsimpulse von außen zu holen. *Change* und Dynamik müssen in einem modernen Unternehmen einem klaren Konzept folgen. Diese Konzeptstruktur reicht bis zu den Mitarbeitern. In einer derartig ausgerichteten Modellierung des *Change Managements* werden Mitarbeiter als *Change Agents* verstanden. Führungskräfte dürfen in diesen Dynamikmodellen keine Fremdkörper sein, ganz im Gegenteil, ihnen obliegt es, *Change Agents* in Bewegung zu bringen.[24]

Jede Branche, jeder betriebliche Bereich, jede Sicht auf die unternehmerische Wertschöpfung hat einen eigenen Blickwinkel. Manchmal ist dieser einzigartig, hin und wieder auch eigenartig. In einigen Strukturen hat sich das Führen mit Druck und Gängelei etabliert, doch sobald es um Langfristigkeit und Qualität der Arbeitsleistung geht, ist ein anderer Führungsstil erforderlich. Erst recht trifft dies zu, wenn ein Unternehmen im Innern Dynamik braucht und wenn Wandel gewissermaßen zum Tagesgeschäft gehört. Denn weder Dynamik noch Wandel lassen sich verordnen oder erzwingen. Damit einer objektivierten Bewertung von Druck Genüge geleistet ist, bleibt zu erwähnen, dass Druck als positiver Stress selbstredend genauso gut förderlich für Leistung sein kann. Dies ist dann situativ, während Druck als Führungsstil, konstant und permanent, kein Mittel der Qualitätsförderung ist. Was alles umspannt, das ist der Erhalt und die Förderung der Entwicklungsfähigkeit. Zukunft braucht Bewegung.

8.6 Wissenstransfer und Wissensvernetzung

Wissen hat ganz verschiedene Erscheinungsformen – die Fixierung auf *großes* oder *wichtiges* Wissen erscheint unangemessen. Vermeintlich bedeutungsloses Wissen oder Wissensstücke sowie partielle Erfahrungen von Mitarbeitern sind nicht viel weniger wertvoll, dieses Wissen verdient dieselbe Beachtung. Das wird beim betrieblichen Wissensmanagement schon mal übersehen, wenn ausschließlich erfolgskritisches Wissen zur heiligen Kuh gemacht wird. Wissenswandel und sich ständig verändernde Anforderungsstrukturen erfordern mittlerweile mehrschichtige Wissensmanagement-Modelle. Wissen muss mehr als etwas Veränderliches und von seiner Vernetzung her betrachtet werden. Es ist nicht mehr das Wissen des Einzelnen, das zählt, immer mehr wird wichtig, Wissen zu vernetzen, zumal auf diese Weise wieder neues Wissen entstehen kann. In der Praxis des Wissensmanagements sind es die Führungskräfte, die beim Managen von Wissen eingreifen. Sie stellen sicher, dass sich Wissen vernetzen kann. Wis-

24 Siehe auch Werner Bünnagel (2021): Mitarbeiter als Change Agents. Dynamik im Unternehmen neu denken, Strategie und Führung neu ausrichten, Berlin/Heidelberg: Springer Gabler.

sen managen will mehr sein als die Erstellung und Verteilung von Bildungskatalogen. Die moderne Wissenswirtschaft im Unternehmen macht aus Wissen ein Kapital des Unternehmens, sie stellt adäquate Methoden, Werkzeuge und Hilfsmittel zur Verfügung, die aus Wissen einen unternehmerischen Mehrwert machen.

8.7 Ein modernes Führungsmodell

Moderne, dynamische Unternehmen brauchen moderne, agile Führungskräfte. Deren fortlaufende Professionalisierung zu betreiben, ist keine einmalige Angelegenheit, die mit einem Führungsseminar abgedeckt ist. In einem derart dynamischen Umfeld, wie es aktuell in den meisten Unternehmungen vorzufinden ist, wandelt sich fast zwangsläufig die Rolle der Führungskraft. Während die fachliche Führung lange Zeit allein im Vordergrund stand, sind nun weitere Qualitäten gefragt. Einmal fungieren die Vorgesetzten heutzutage als Coach für ihre Mitarbeiter, ein anderes Mal schlüpfen sie in die Rolle der Personalentwickler, wenn sie aktiv die Weiterentwicklung der Mitarbeiter mitprägen. Sie sollen nicht diejenigen ersetzen, die sich bisher um solche Aufgaben gekümmert haben, allerdings erfordert die moderne Arbeitsumgebung, dass sie ihr Kompetenzspektrum um weitere Fähigkeiten ausbauen. In diesem Zusammenhang gewinnt darüber hinaus dann eine weitere Anforderung hinsichtlich des Führens an Kontur, nämlich der geschärfte Blick auf das Wissen und damit das Bewusstsein, im Arbeitsbereich zudem als Wissensmanager zu agieren. Wissen wird nicht Zukunftsfaktor, Wissen ist längst bestimmendes Moment geworden und gehört in der Dienstleistungswelt für Unternehmen zu den erfolgskritischen Einflussfaktoren. Dadurch gebührt Wissen in der Unternehmensstrategie ein fester Platz. Wissen managen, das braucht einerseits ein gutes Maß an Erfahrung, andererseits macht es ein großes Maß an Offenheit notwendig, sich auf die vielen Formen sowie die verschiedenen Methoden zur Wissenssteuerung einzulassen, sich ihnen zu stellen.

Das Führen von Menschen in starren Produktionsprozessen mag als vielleicht grundsätzlich anders empfunden werden als das Führen im Dienstleistungsprozess. Jedoch stellt jede Art von Führen, die mit Menschen zu tun hat, einige Anforderungen – zumindest wenn der Mensch in diesem Führungskonzept einen Wert darstellt, den es zu achten gilt wie die Würde des Menschen im Allgemeinen. Die Führung ist keine Waffe in einem Krieg, sie ist ein Elixier zur Belebung der Arbeit und am Ende gleichermaßen zur Sicherung der Unternehmenszukunft. Die allgemeine Dynamik in der Unternehmensentwicklung geht teilweise auf die Bewegung zurück, die von den Mitarbeitern getragen und vorangetrieben wird. Deshalb ist Führungskultur zugleich Wandlungskultur in den Unternehmen, die der Dynamik einen strategischen Wert zuschreiben und auf fortlaufenden Wandel setzen.

Stereotype Arbeitsabläufe oder sich gleichförmig wiederholende Mechanismen sind mittlerweile Randerscheinungen. Sie sind zurück gedrängt zugunsten eines sich ständig verändernden Arbeitsbereiches. Der Weg, dies zu kompensieren, führt über die Mitarbeiter, über jeden Einzelnen im Team. Dabei steht nicht die mit Pathos gefüllte Forderung nach Engagement und

Leistungsbereitschaft im Mittelpunkt, vielmehr werden die Führungskräfte geschickt und weitsichtig für die Qualifizierung, also für das Lernen ihrer Mitarbeiter sorgen. Lernen ist die Veränderung des eigenen Verhaltens, zugleich verändert dieses Lernen die eigene Arbeitsumgebung und ist Reaktion auf Veränderungen. Nur so kann ein Höchstmaß an Dynamik erzeugt werden, eine Veränderungskraft, die bei einer rasanten Entwicklungsgeschwindigkeit zwingend ist.

8.8 Führung als Impulsgeber

Warum muss sich eine Führungskraft entwickeln? Es ist klar, dass ein Leitender stets daran interessiert sein sollte, in seinem Job voranzukommen. Doch was ist dieses Vorankommen? Teils handelt es sich um das fachliche Vorankommen, teils geht es darum, die Ressourcen im Team optimal zu nutzen. An diesem Punkt kommt Führungspsychologie zum Zuge. Am Ende muss Entwicklung jedoch mehr sein als Erwerb von Techniken. Führung will vor allem Erzeugen und Steuern von Dynamik sein, und in diesem Moment wird Führen zu einer Herausforderung mit hoher Komplexität. Außenstehende können nur bedingt die Steuerung des Entwicklungsprozesses zur professionellen Führungskraft übernehmen. Die Führungskraft ist der eigentliche Gestalter, sie hat die Verantwortung für die Gestaltung an sich zu ziehen und die eigene Entwicklung in die Hand zu nehmen – ein Bewusstsein, das nicht als selbstverständlich vorausgesetzt werden darf. Bringt eine Führungskraft dieses Verständnis nicht mit, darf dies nicht dazu führen, die Führungskompetenz in Abrede zu stellen. Dies muss eher als Anlass gesehen werden, von außen eine Sensibilisierung für die Entwicklung als Führungskraft zu betreiben.

Es wird deutlich geworden sein, dass Dynamik kein äußeres Geschehen ist – es ist ganz im Gegenteil dazu eine alles durchdringende Bewegung. Impulse für das In-Gang-Bringen und für den Erhalt wie die Verstärkung der Bewegung erfährt die Dynamik an ganz unterschiedlichen Stellen. Als Impulsgeber, als eine Steuerung und zugleich als ein Impulserhalter muss sich derjenige zeigen, der ein Team, eine Gruppe, eine Arbeitseinheit im Unternehmen führt.

8.9 Der neue Führungstypus

Mehrfach ist es erwähnt worden, mal als Hinweis, mal mahnend, dass dieses Handbuch keine Vorgabe sein will, vielmehr eine Handreichung. Es verdient der wiederholten Erwähnung, dass das Führen von Mitarbeitern nicht über starre Vorgaben und stereotype Muster erfolgen darf, zumal wenn Dynamik und Mitarbeitermotivation die Treiber der Unternehmensentwicklung sein sollen. Starre oder zu strukturgebundene Handbücher zur Mitarbeiterführung lassen sich oft nicht mit der Unternehmenswirklichkeit der Führungskraft in Deckung bringen. Das Aneignen von fehlenden Führungsqualitäten und die Lösung eigener aktueller Führungsherausforderungen wird jedenfalls durch ein starres Hilfesystem erschwert. Modernes Führen in modernen Zeiten stellt enorme Anforderungen an die Menschenführung. Multifunktionalität, Perspektivwechsel, Antizipation, Agilität und kybernetisches Handeln sind alles neue Kompetenzanforderungen, obwohl es sie schon immer gegeben hat. Sie erhalten eine neue Gewichtung ähnlich wie die Nachhaltigkeit, bei der es meist in der Vergangenheit nicht über die Forderung hinausging.

Spezifische Fertigkeiten ragen heraus aus dem, was bisher als Kernkompetenzen von Führungskräften im Vordergrund stand. Angehende Führungskräfte werden sich voraussichtlich solchen Anforderungen leichter stellen können als die gestandenen Kollegen. Für Letztere bedeutet die Kompetenzverschiebung eine Veränderung gewohnter Strukturen, und ausgetretene Pfade werden ungern verlassen. Bei solch tiefgreifenden Neuerungen in der Führungskultur reicht die Sensibilisierung nicht mehr aus. Bei diesem Übergang muss Führung kritisch auf Führung schauen und darauf achten, dass Maßgaben und *Commitments* zu einem neuen Führungstypus nachhaltig sowie vollständig umgesetzt werden. Auf jeden Fall wird der neue Führungstypus seiner Rolle gerecht, kein verlängerter Arm und nicht lediglich ausführendes Organ zu sein, sondern stattdessen Verantwortung zu übernehmen und sich als Entscheider zu zeigen. Führungsverantwortung betrifft sowohl das Personal als auch die Entscheidungen.

8.10 Bereitschaft zur Weiterentwicklung und zur Veränderung

Neu berufene Führungskräfte müssen rasch verstehen, dass es nicht allein die großen Stücke sind, die ein Ganzes bilden – auch die kleinen Mosaiksteine tragen dazu bei, dass das Ganze zur Vollendung findet. Deswegen übernimmt die Beharrlichkeit eine tragende Rolle in der Führungskräfteentwicklung. An dieser Stelle müssen Führende ihre Qualität unter Beweis stellen, denn so weit greifen Programme wie Handbücher zur Mitarbeiterführung selten. Erkennt und begreift die Führungskraft die Notwendigkeit von Nachhaltigkeit, wird der individuelle Entwicklungsplan gelingen. Das Vertrauen auf Vorgaben und die reflexionslose Übernahme von Mustern behindern diesen Reifeprozess. Verallgemeinerungen vermitteln nicht selten Allgemeingültigkeit, was den Bausteinen des Führens nicht gerecht wird. Ungeachtet dessen dürfen die aufgeführten Führungskomponenten als Universalien verstanden werden. Denn es sind strukturgebende Elemente, mit deren Hilfe jeder Einzelne ganz individuell und nach seinem Bedarf sein Modell der Führungskompetenz zusammenfügen und seine Kompetenzentwicklung ausrichten kann. Auch das Einzigartige hat etwas Universalistisches, weil jede Führungspersönlichkeit ein Ergebnis aus Situation, Bedarf und Fähigkeiten ist. Aus diesem Grunde gibt es kein perfektes Kompetenzmodell, sondern nur ein veränderliches Ganzes, das aus diesen universellen Bausteinen zusammengesetzt ist. Es sind nicht die konkreten Ausprägungen, die das Universelle begründen, es sind mehr die Wirkkraft und der Wirkungshorizont. Wenn Führungskräfte das Verstehen, beherzigen und aktiv die eigene Entwicklung gestalten, dann geraten sie in eine notwendige Bewegung und erzeugen zukunftsweisende Bewegung.

All die Erfahrungen zur eigenen Entwicklung wirken selbstverständlich hinein bis in die Führung von Mitarbeitern. Warum sollen die Unterstützungen wie Handreichungen zur persönlichen Ausbildung nicht auch den Teammitgliedern zuteilwerden? Führungskräfte handeln in diesem

Moment als Multiplikatoren, sie delegieren und organisieren nicht nur, sondern sie (ver-)teilen auch Wissen, fördern Mitarbeiter und vernetzen bestehendes Wissen zu Neuem. Daneben steht zugleich die Vorbildfunktion im Zentrum der Führungsaufgaben. Denn Führung umfasst nicht allein die Organisation von Arbeitsprozessen, sie besitzt darüber hinaus eine psychologische Komponente, dass nämlich der Leitende dem Team als Vorbild vorstehen muss. Findet der Teamleiter keine Anbindung zum Unternehmen oder sogar zu den Unternehmenszielen, werden die Teammitglieder dies spüren. Dass dies dann sich eher dämpfend auf die Motivation auswirkt, liegt nahe, darauf wurde mehrfach eingegangen.

8.11 Flache Hierarchien ernst gemeint

Am Ende eines Wandlungsprozesses, was die Führung betrifft, muss ein Dynamik-Modell stehen, das als Garant der Unternehmenssicherung verstanden wird. Diese Modellierung begründet zugleich eine Führungskultur, die an vielen Stellen die gewohnten Strukturen der Asymmetrie auflöst. Das darf nicht missverstanden werden, denn damit wird nicht der Auflösung von hierarchischen Strukturen das Wort geredet. Anstelle eines starren wie strengen Systems der Subordination tritt ein funktionales Führen in den Vordergrund, bei dem Hierarchien durchaus noch eine Berechtigung haben, weil es aus dieser funktionalen Sicht heraus weiterhin die Notwendigkeit gibt, Verantwortlichkeiten zu regeln und Entscheidungsprozesse eindeutig zu definieren. Der Führungsstil zeigt sich dagegen weitaus kollegialer als dies strenge Systeme der Subordination zulassen, vor allem weil eben das Zusammenarbeiten wörtlich genommen wird und weil der Wirkung der Einzelnen in einem neuen System der betrieblichen Wertschöpfung mehr Beachtung geschenkt wird.

Veränderung und damit Dynamik sind Säulen der Unternehmenszukunft. Die Herausforderung liegt in der Vermittlung des Wandels, wie man damit umgeht und wie man ihn gestaltet, dass er zum Wohle aller Verbreitung findet und auch bei allen ankommt. Vor der Dynamik im Unternehmen kommt die Bewegung in den Köpfen. Erst, wenn die Mitarbeiter die Veränderungen nicht nur hinnehmen, sondern auch aufnehmen, weitertragen und durch eigene Dynamik ergänzen, findet ein nachhaltiger *Change* statt. Die Praxis der Veränderung sieht deswegen dergestalt aus, dass der *Change* in die Köpfe gebracht wird. Der Weg dahin führt über das Lernen, denn Lernen ist Veränderung. Führungskräfte helfen dabei und unterstützen.

8.12 Menschlichkeit

Menschlichkeit in der Führung darf nicht mit irgendeiner Form von Schmusekurs verwechselt werden. Zuvorderst leisten der humane Umgang und das respektvolle Miteinander einen Beitrag dazu, dass eine wirksame Kommunikation entstehen kann. Die ist dann von Offenheit geprägt, damit angstfrei kommuniziert werden kann. Doch moderne Führungsmodelle brauchen vorrangig wie grundsätzlich eine moderne Unternehmensführung. Es muss in die Vision einer Unternehmung passen, dass Vorgesetzte und Mitarbeiter zu einer kollaborativen Produktions-/Dienstleistungsgemeinschaft zusammenwachsen. Isolierte Versuche, traditionelle Modelle einer Unternehmensführung zu durchbrechen, können durchaus gelingen. Doch dies kommt eher einem Glücksspiel nahe, weil in der Regel einige Widerstände zu überwinden sind. Ein moderner Führungsgeist benötigt normalerweise eine umfängliche Führungskultur, die die Navigationspunkte der Modernität vorgibt und Führungsmaßstäbe setzt. Jedenfalls muss irgendwann und irgendwo von irgendwem begonnen werden, neue Maßstäbe zu setzen. Das Menschliche will kein Tribut an ein idealistisches, humanistisches Führungsmodell sein. Führung im Unternehmen bleibt etwas Betriebswirtschaftliches.

Da die Entwicklungsdynamik den Kern der Unternehmensentwicklung bildet und Dynamik eine Anbindung an die Einsatzbereitschaft sowie das Mitgestalten der Mitarbeiter hat, schließt sich dieser Kreis, indem das Menschliche der Mitarbeiter, nämlich deren Schaffenskraft und die Motivation in die Entwicklung einfließen. Führung darf nicht als Überlegenheit interpretiert werden, sie bedingt Verantwortung und manchmal Fürsorge, sobald sie auf Menschen gerichtet ist. Das Fördern von Lernen gehört dazu. Mitarbeiter wollen keine Belehrung, sie wollen verstehen, damit sie lernen können. Manchmal ist Bewegungslosigkeit von Mitarbeitern kein Desinteresse an Weiterbildung sowie Weiterentwicklung, es sind dann eher inadäquate und nicht am persönlichen Bedarf angepasste Entwicklungsangebote.

8.13 Aufwand, Nutzen, Mehrwert

Trotz aller Menschlichkeit darf nicht vergessen werden, was fürs Unternehmen immer eine Maxime ist, nämlich der Dreisatz des Handelns, der sich aus Aufwand, Nutzen und Mehrwert zusammensetzt. Bei allem Tun sollte die Führungskraft abwägen, in welchem Verhältnis Aufwand und Nutzen zueinanderstehen, so kann sie erkennen, welchen Mehrwert ein Handeln hat. Die Gefahr, den Mehrwert aus den Augen zu verlieren, lauert überall. Wenn Nutzen mehr ein diffuser Wunsch oder ein unscharfes Ergebnis beinhaltet, steigt das Risiko, dass der Mehrwert auf der Strecke bleibt. Strenges Controlling, das auf Quantifizierung beruht, wird dem entgegenwirken. Doch dort, wo die Zahlen nur von sekundärer Bedeutung sind, hilft nur die kritische Prüfung von Zielen. Das reicht von der Sinnhaftigkeit eines Ziels bis hin zur Objektivierung der Zielerreichung – schließlich muss es einen konkreten Punkt geben, wann ein Ziel erreicht worden ist. Ob dieses Ziel dann tatsächlich einen Mehrwert für die eigene Arbeit oder das Unternehmen hat, lässt sich ohne Quantifizierung kaum klären. In jedem Falle zählt für ein Unternehmen der betriebswirtschaftliche Erfolg, der sich aus dem genannten Dreiecksverhältnis ergeben sollte. Der Mehrwert ist mehr als eine betriebswirtschaftliche Größe, selbst wenn er intuitiv bestimmt wird, gibt er eine Orientierung vor, was am Ende erreicht, vollzogen, durchgeführt oder erfüllt werden soll. Einen Bezug zur Wirklichkeit oder zu gestellten Anforderungen muss dieser Wert besitzen, daher kann er nicht einfach ohne Bezug bestimmt, sozusagen aus der Luft gegriffen werden. Den Bezug stellen Aufwand und Nutzen her, sie geben die Möglichkeit, Werte zu konkretisieren, und stellen sicher, dass der Aufwand nicht den Nutzen aufbraucht.

8.14 Über das Verstehen zum Anwenden und zum Handeln

Die einzelnen Abschnitte hinterlassen zu Recht stellenweise den Eindruck, eine erste Fibel des Führens sein zu wollen. Doch das Belehrende geschieht nicht mit einem erhobenen Zeigefinger, vielmehr will die Beispielsammlung, wie immer wieder erwähnt, eine Sammlung von Impulsen sein. Zugleich sind auf diese Weise Aspekte der Mitarbeiterführung zusammengetragen, die insbesondere das mitarbeiterorientierte wie menschliche Führen in den Vordergrund rücken, zumal es in der täglichen Zusammenarbeit um eine gemeinsame Sache geht. Die Persönlichkeit der Führungskraft wirkt durch dessen Souveränität bis in die Fähigkeit, die Kybernetik des Führens zu beherrschen. Durch das Vorausschauen, aber vor allem durch die Haltung, mit der die Leitenden Position beziehen, leisten sie einen Beitrag dazu, dass alles sich zu einem homogenen Ganzen zusammenfügt. Damit wird klar, dass Führung mehr ist, als irgendeine diffuse Verantwortung zu übernehmen. Außer dem Erfüllen von Zielvorgaben ist dem Führen von Menschen in gleichem Maße Bedeutung beizumessen:

»Wenn Kennzahlen steuern, dann müssen Führungskräfte führen.«[25]

Manchmal erscheint es angenehm, Lösungen und mögliches Handeln nur zu bewerten, statt aktiv zu werden. Doch Führung entsteht erst durch Führen und dazu gehört es, Entscheidungen zu treffen und zu handeln. Es ist wie mit dem Sprachenlernen, erst in der Praxis, erst mit dem Anwenden bildet sich Kompetenz aus. All das Theoretische und all die praktischen Tipps können nicht mehr als eine Hilfestellung sein – Führung lernt sich über die Anwendung. Erfolgreich Sprachen lernen ist daher mehr Sprachen erwerben, was dem Anwenden nochmals das Wort redet. Führung kann man demnach nur bedingt im Sinne eines gesteuerten Erwerbs lernen. Führen muss man erleben und erfahren, damit sich Führungskompetenz entwickeln kann. Überwachen schafft dagegen eine Atmosphäre des Stillstands und entzieht den Mitarbeitern die Anreize, die sie für ihre Motivation brauchen.

8.15 Organisationsentwicklung und Zukunftsgestaltung

Aus dem Einzelnen, woraus Führung besteht, entsteht in der Gesamtheit Zukunft. Die Bewegung in der Führung befeuert Organisationsentwicklung und gestaltet damit Zukunft. Führungskräfte liefern die Energie und die Impulse dort hinein, womit ein Unternehmen seine Zukunft gestaltet. Die auf die Zukunft gerichteten Handlungsrichtungen fassen das Bisherige zusammen, was die Führung betrifft (siehe Abb. 61).

25 Werner Bünnagel (2021): Mitarbeiter als Change Agents. Dynamik im Unternehmen neu denken, Strategie und Führung neu ausrichten, Berlin/Heidelberg: Springer Gabler, S. 193.

Abb. 61: Aus Einzelnem ein Ganzes gestalten

Der Begriff *Führungskraft* deutet bereits auf Richtung und Inhalt hin. Ganz im Sinne einer physikalischen Kraft sorgt sie mit Dynamik für Bewegung beim Führen und gibt Energie weiter. Führung selbst zeigt sich in gleicher Weise dynamisch wie die Unternehmensorganisation. Führungskräfte übernehmen damit eine komplexe Verantwortung, die nicht zwingend und nicht ständig präsent sein muss. Viele Handlungen vollziehen sich scheinbar automatisiert oder intuitiv, wollen nichtsdestoweniger ausgeübt sein. Das Einzelne aus der Gesamtheit von Organisationsentwicklung und Zukunftsgestaltung muss zum einen als Teil einer offenen, unendlichen Gesamtheit, zum anderen als Ergebnis der Dynamik im Unternehmen begriffen werden. Diese Erweiterung des Wirkungshorizonts von Führungskräften zeigt auf, dass Führen in die Unternehmensentwicklung hineinwirkt. Veränderungen im Kleinen werden so zur treibenden Kraft für die Gestaltung der Zukunft. Der Ursprung von *Change* geht dabei auf die Einzelnen im Unternehmen zurück. Deren Zusammenwirken macht den Treibstoff für den Motor der Entwicklung aus.

Und damit alle im Unternehmen ihre Energie entfalten, ihre Ideen einbringen und ihrer Motivation freien Lauf lassen können, muss Führung neu gedacht werden, da die hergebrachten und teils veralteten Führungskonzepte für moderne Arbeitsplätze ungeeignet sind. Eine Arbeitswelt, in der Dynamik zum bestimmenden Moment wird, setzt auf Mitarbeiter, die mit Einsatz und Energie nicht nur Aufgaben erledigen, sondern die Teil der Dynamik werden, indem sie am Mitgestalten der Unternehmenszukunft einen Anteil haben.

Führung beginnt beim Miteinander und führt zu Dynamik.

9 Arbeitsmaterialien

Die hier aufgeführten Zusatzmaterialien umfassen Matrizes und Tabellen zum idealisierten Baukasten und zum beispielhaften Setzkasten. Der Anhang beginnt mit einer umfangreichen Kompetenzmatrix, wobei – wie mehrfach erwähnt – eine Kompetenzmatrix nie vollständig sein kann. Es folgt daraufhin die tabellarische Schau von Fähigkeiten und Fertigkeiten, die die einzelnen Abschnitte und Inhalte dieses Buches in Stichworten wiedergibt. Weiter ist eine Beispielliste angefügt, wie sich Kompetenzinhalte verbalisieren lassen, damit sie daraufhin mit einem konkreten, bewertbaren Tun umgesetzt werden können. Ein exemplarischer Setzkasten darf am Ende nicht fehlen, schließlich ist dieser persönliche Setzkasten das Ergebnis der individuellen Planung der Kompetenzentwicklung. Aufgrund der Individualität kann dieser Setzkasten im konkreten Gebrauch unterschiedliche Erscheinungsformen haben und wird in jedem Falle jeweils verschiedene Inhalte zusammenfassen.

Achtsamkeit achtsam sein	Aktionspläne Aktionspläne erstellen	Analysieren analysieren	Anerkennung Leistungen anerkennen	Anreize Anreize schaffen
Arbeitsmethodik Arbeitsmethodik entwickeln	Arbeitsorganisation Arbeit organisieren	Aufmerksamkeit Aufmerksamkeit zeigen	Auftritt und Erscheinung ggf. Erwartungen erfüllen	Aufwand Aufwand konkret bestimmen
Aufwand und Nutzen Aufwand-Nutzen abschätzen	Authentizität authentisch sein	Autorität natürliche Autorität erzeugen, ohne Angst zu verbreiten	Befindlichkeiten Befindlichkeiten aushalten	Begeisterungsfähigkeit durch Begesiterungsfähigkeit mitreißen
Berechenbarkeit durch Ehrlichkeit berechenbar	Besprechung Besprechungen organisieren	Begeisterungsfähigkeit durch Begeisterungsfähigkeit mitreißen	Berechenbarkeit durch Ehrlichkeit berechenbar sein	Berichtswesen Informationen zusammenfassen
Besprechung Besprechungen organisieren	Bewegung Bewegung initiieren	Beweglichkeit in Bewegung halten	Bewerberauswahl Bewerber auswählen	Botschaften Botschaften weitergeben
Change Change mitgestalten	Change Agents Mitarbeiter als Change Agents einsetzen	Change Management Change Management betreiben	Coach-Rolle als Führungskraft sich als Coach verstehen	Coaching Coaching als Führungsinstrument wahrnehmen
Commitment Commitment finden	Compliance Compliance beachten	Controlling Finanzen überwachen	Delegieren delegieren	Demokratisierung demokratisieren
Dialog Dialog aufnehmen	Digitalisierung Digitalisierung begleiten und vorantreiben	Druck Druck aushalten	Durchsetzungsstärke Durchsetzungsstärke demonstrieren	Dynamik Dynamik erzeugen
Ehrgeiz Ehrgeiz zeigen und auf sich begrenzen	Ehrlichkeit Zuverlässigkeit über Ehrlichkeit erreichen	Einfühlungsvermögen über das Mitfühlen besser verstehen	Einstellungsgespräch Einstellungsgespräche führen	Emotion Emotion zeigen
Emotionen Emotionen aller im Zaum halten	Empathie empathisch sein	Entscheidungen Entscheidungen treffen	Entscheidungsfindung Entscheidungen vorbereiten	Entscheidungsfindung Entscheidungen vorbereiten
Entscheidungsfreude Entscheidungen nicht übereilt,	Entwicklungsbereitschaft Weiterbildungsbereitschaft entfalten	Ergebnisorientierung an Ergbnissen orientieren	Fähigkeiten erkennen Fähigkeiten erkennen	Fairneß fair und gerecht sein
Fakten nach Faktenlage entscheiden	Fehlerkultur Fehler kultivieren	flache Hierarchien Hierarchien überwinden	Flexibilisieren Mitarbeiter flexibilsieren	Fördern und Fordern Personalentwicklung fördern und fordern
Führung Führen gestalten	Führungsbild ein Führungsbild zeichnen	Führungskompetenz Führungskompetenz fühlbar machen	Führungskultur Führungskultur zeigen	Führungsmethode Führung eine Methode geben
Gelassenheit mit Gelassenheit Ruhe geben und ausstrahlen	Gerechtigkeit gerecht sein	Gespräche führen Gespräche führen	Handeln handeln, machen, tun	Ideen Ideenmanagement lebendig werden lassen
Identifikation Idendifikation ermöglichen	Image Image stärken und steigern	Impulsgeber Impulsgeber sein	Individualität Individualität bewahren	Integrationskompetenz Mitarbeiter integrieren
Kennzahlen mit Kennzsahlen steuern	Kollektiv ein Kollektiv formen	Kommunikation die volle Breite der Kommunikation einsetzen	Kommunikationspsychologie Kommunikationspsychologie beherrschen	Kompetenz Kompetenz entwickeln
Kompetenzenanwendung Kompetenzen anwenden	Komplexität zerlegen Komplexität zerlegen	Konflikte Konflikte steuern und schlichten	Kontrolle kontrollieren statt misstrauisch überwachen	Kooperation kooperieren
Körperhaltung mit Körperhaltung sprechen	Kraft der Sprache Kraft der Sprache nutzen	Kreativität Kreativität vor allem für Lösungen nutzen	Krisen Verantwortung übernehmen und Krisen meistern	Kriterienraster Kriterienraster für Leistungsmotivation erfassen
Kritikfähigkeit kritikfähig sein	kritische Distanz kritische Distanz einnehmen können	Kultur Kultur schaffen	Kybernetik Kybernetik lesen	Leistung Leistung steigern
Leistungsbereitschaft Leistungsbereitschaft herstellen	Leistungsmotivation Leistungsmotivation fördern	Leitsätze Leitsaätze ausgeben	Lernen lebenslang lernen	Loyalität Loyalität über das Loyalsein erreichen
Mail Mails mit Bedacht zur Führung nutzen	Management Managementmeschanismen kennen	Maßnahmen Maßnahmen umsetzen	Mediation mediieren	Mediekompetenz mit den modernen digitalen Medien umgehen können
Mehrwert Mehrwert bestimmen	Mehrwertprinzip am Mehrwert orientieren	Menschenführung Menschen verantwortungsvoll führen	Menschlichkeit Menschlichkeit einbinden	Mitarbeiterauswähl Mitarbeiter auswählen
Mitarbeiterbewertung Mitarbeiter bewerten	Mitarbeiterbindung Mitarbeiter binden	Mitarbeitergespräche Mitarbeitergespräche führen	Moderationsfähigkeit Gruppen wie Themen professionell moderieren	Moral moralisch vertretbar handeln

Motivation Motivationsanreize bieten	Multidimensionalität multidimensional denken	Nachhalten nachhalten	Nachhaltigkeit Nachhaltigkeit praktizieren	Netzwerkfähigkeit Netzwerke aufbauen
Nutzen Nutzen erkennen	Offenheit Offenheit praktizieren	Operationalisierung operationalisieren	operative Führung Geplantes umsetzen	Orientierung Orientierung geben
Persönlichkeit mit Persönlichkeit führen	Perspektivwechsel Perspektive wechseln	Perspektivwechsel als Methode Perspektivwechsel als Methode nutzen	Plattformen Plattformen nutzen	Porzesscontrolling Prozesse controllenn
Problemlösung Probleme unmittelbar lösen	Professionalisierung Professionalisierung fortwährend anstreben	Prüfen Zielerreichung überprüfen	Führungspsychologie Psychologiekenntnisse aneignen	Qualität Qualität sichern und fortlaufend verbessern
Qualitätsbewusstsein Qualitätsbewusstsein weitergeben	Quantifizierung Methoden der Quantifizierung beherrschen	Rechte Rechte kennen	Rechtewahrung Rechte wahren	Reden reden können
Reorganisation reorganisieren	Resilienz Resilienz fördern	Respekt Leistung und Mitarbeiter respektieren	Richtung Richtung geben	Rollen Rolle kennen
Rollenverteilung Rollen verteilen	Rollenwechsel Rollen wechseln	Rückkehrgespräch Rückkehrgespräche führen	Ruhe Ruhe bewahren	Sach- und Gefühlsebene Sachebene von Gefühlebene trennen
Sachlichkeit Sachlichkeit priorisieren	Schrittweise schrittweise vorgehen	Schutzfunktion Mitarbeiter schützen	Selbstmanagement die eigenen Prozesse im Griff haben	Selbstbestimmung Selbstbestimmung ermöglichen
Selbstbewusstsein Selbstbewusstsein aufbauen	Selbstbewusstsein Selbstbewusstsein zeigen	Selbsteinschätzung sich selbst einschätzen können	Selbstmarketing sich selbst vermarkten	Selbstsicherheit Selbstsicherheit als Ziel erkennen
Setzkasten eigene Entwicklung in die eigenen Hände nehmen	Sicherheit Sicherheit gewinnen und weitergeben	Standpunkt Standpunkt klar machen	Stimme mit Stimme Festigkeit zeigen	Strategie Strategie mitgestalten
Strategieumsetzung Strategie umsetzen	Strukturfindung Strukturen finden	Strukturabgrenzungen Strukturen abgrenzen	Synergien Synergien schaffen	Talente Talente binden durch Förderung
Tatsachenwert auf Tatsachen zurückgehen	Tatsachen Tatsachen von Behauptungen trennen	Team Team führen	Teambildung Team bilden	Teamführung ein Team führen
Teamgeist Team entwickeln	Teamsitzung Sitzungen gestalten	Teilhabe Teilhabe ermöglichen	Transparenz Transparenz erzeugen	Trennung Trennungen sachgemäß vollziehen
Trennungsgespräch Trennungsgespräche führen	Tun das Tun an erste Stelle setzen	Übersicht Übersicht behalten	Überzeugen überzeugen können	Umgang mit Menschen mit Menschen angemessen umgehen
Umgang mit Sprache Sprache als Führungswerkzeug nutzen	Umgangsformen mit Verhalten überzeugen	Umgestalten umgestalten	Unsicherheit Unsicherheit beseitigen	unternehmerisches Denken unternehmerisches Denken
Urteilsvermögen Urteilsfähigkeit besitzen	Veränderung verändern	Veränderungsbewusstsein Bewusstsein für kontinuierlichen Change	Verantwortlichkeit Verantwortung übernehmen	Verantwortlichkeit Verantwortlichkeit einfordern
Verhandeln professionell verhandeln	Verlässlichkeit Verlässlichkeit praktizieren	Vernetzung vernetzen	Verstehen erkennen, verstehen, anwenden	Vertrauen Vertrauen schenken
Vertrauen Vertrauen gewinnen	Visionen Visionen entwerfen	Vorausdenken Entwicklungen vorausdenken	Vorausschauen in die Zukunft vorausschauen	Vorbild Vorbild sein
Wandel Wandel mitgestalten	Wandlungskultur Wandlungskultur etablieren	Werkzeuge Führungswerkzeuge nutzen	Werte Werte erkennen	Werte vermitteln Werte transportieren
Wertschätzung Mitarbeiter wertschätzen	Wissen Wissen erkennen	Wissenssicherung Wissen sichern	Wissen-teilen Wissen teilen	Wissenstransfer Wissenstransfer organisieren
Wirtschaftlichkeit betriebswirtschaftlich handeln	Wissensvernetzung Wissen vernetzen	Ziele gemeinsam erreichen Ziele gemeinsam erreichen	Zielerreichung Zielerreichung nachverfolgen und sichern	Zufriedenheit Zufriedenheit ermöglichen
Zukunftsorientierung Zukunftorientierung zeigen	Zusammenhalt zusammenhalten			

Abb. 62: Kompetenz-Matrix (vollständig)

BAUKASTEN MODERNER FÜHRUNG

Fähigkeiten und Fertigkeiten in tabellarischer Schau

Ausschnitt aus einer Gesamtheit möglicher Kompetenzfelder der Führungskompetenz	aus der Sicht operativer Führung	aus der Sicht psychologischer Führung	verstreute Kompetenzinhalte und Schlagwörter	Leitsatzsammlung
Achtsamkeit	Aktionspläne	Bewerberauswahl	Analysieren	seiner Selbst sicher sein
Aufmerksamkeit	Anreize	Coaching	Autorität	selbstbewusst sein
Authentizität	Arbeitsmethodik	Druck	Bindung von Fachkräften	authentisch auftreten
betriebswirtschaftliches Handeln	Arbeitsorganisation	Ehrgeiz	Bindung von Leistungsträgern	achtsam handeln
Controlling	Aufwand und Nutzen	Emotionen	Dynamisieren	Strategie entwickeln
Delegieren	Befindlichkeiten	Erfahrung	Ehrgeiz	Perspektive wechseln
Durchsetzungsstärke	Bewegung	Fremdbewertung	Emotion	vertrauen und zutrauen
Dynamik	Change	Gefühlsebene	Empathie	unabhängig bleiben
Entscheidungen	Coach-Rolle	Grauzone	EVA-Prinzip	souverän auftreten
Entscheidungsfreude	Digitalisierung	Identifikation	Fachkräfte	nachhaltig agieren
Erkennen	Entscheidungsfindung	Identifizieren	Flexibilisierung	verbindlich bleiben
Fakten	Entscheidungsfreude	Kommunikationspsychologie	Fremdbewertung	Entscheidungen treffen
Handeln	Fähigkeiten erkennen	Kompetenz	Handeln	selbstbestimmen lassen
Ideen	Flexibilisierung	Konflikte	Identifikation	weiterentwickeln
Individualität	Hierarchien	Konfliktlösung	Kommunikationspsychologie	machen
Kollektiv	Kennzahlen	Körperhaltung	Kompensierung Druck	Probleme lösen
Konflikte	Kollektivgedanke	Leistungsmotivation	Kompetenz und Performanz	delegieren
Kontrolle	Kraft der Sprache	Lernen	Körperhaltung	wertschätzen
Krisen	Kultivierung Fehler	Low-Performance	Leistungsmotivation	achtsam sein
Kultur	Macht der Fakten	Menschenführung	Leistungsträger	zuhören
Kybernetik	Mehrwert	Mitarbeiterauswahl	Lernen	Konsequenz zeigen
Leistung	Mitarbeiterbindung	Mitarbeiterbewertung	Mitarbeiterauswahl	mit Freude entscheiden
Lernen	Moralisches	Motivation	Mitarbeiterbewertung	an Zielen orientieren
Loyalität	Plattformen	Performanz	Motivation	Richtung geben
Management	Prozessgestattung	psychologische Herausforderur	Multifunktionalität	wollen
Mehrwert	Prozesssicht	Resilienz	Prüfen	sich selbst treu bleiben
Nachhaltigkeit	Reorganisation	Rollenwechsel	Organisationsentwicklung	klar sein
Orientierung	Rollenbewusstsein	Sachebene	Qualitätsbewusstsein	sachlich entscheiden
Persönlichkeit	Rollenverteilung	Schutzfunktion	Resilienz	kritische Distanz wahren
Probleme	Ruhebewahren	Selbsteinschätzung	Rollenwechsel	objektivieren
Problemlösung	Schritt-für-Schritt	Selbstmarketing	Selbsteinschätzung	Prägnanz praktizieren
Qualität	Sicherheitsgewinn	Stimme	Selbstmarketing	am Mehrwert orientieren
Rechte	Strategieumsetzung	Team	Stimme	vernetzt denken
Reden	Strukturabgrenzungen	Teamgeist	Strukturfindung	gerecht entscheiden
Respekt	Talente	Umgang mit Menschen	Team	einfühlend einwirken
Richtung	Tatsachen	Umgang mit Sprache	Teamgeist	begeistern
Rollen	Transparenz	Unsicherheit	Umgang mit Sprache	sich seiner Arbeit freuen
Selbstbestimmung	Tun	Verhandeln	Verhandeln	Fehler tolerieren
Sicherheit	Wandel		Vernetzen	als Vorbild fungieren
Standpunkt	Wandlungskultur		Zukunftsgestaltung	Zuversicht ausstrahlen
Strategie	Werkzeuge			Konflikte aushalten
Synergien	Wertevermittlung			ausgeglichen bleiben
Teambildung	Wissen-teilen			Motivation erzeugen
Teamführung	Zerlegung Komplexität			Anreize geben
Übersicht	Zielerreichung			teilhaben lassen
Überzeugen	Zielfindung			Dynamik erzeugen
Umgestalten	Zukunftsorientierung			Zukunft gestalten
unternehmerisches Denken				Richtung geben
Verändern				unternehmerisch denken
Verantwortlichkeit				betriebswirtschaftlich handeln
Verhalten				
Verhandeln				
Vertrauen				
Vorausdenken				
Vorausschauen				
Vorbild				
Werte				
Wertschätzung				
Wissen				
Zufriedenheit				
Zusammenhalt				

Abb. 63: Fähigkeiten und Fertigkeiten in tabellarischer Schau

BAUKASTEN MODERNER FÜHRUNG

Über die Verbalisierung zur Operationalisierung	
Achtsamkeit	achtsam sein als die menschliche Seite des Führens
Anreize	Motivraster erstellen und gezielt Leistungsanreize schaffen
Anwenden	Erkanntes und Verstandenes zur Anwendung bringen, der Königsweg zur Veränderung
Arbeitsorganisation	immer das Tun fest im Blick behalten
Aufwand und Nutzen	Aufwand und Nutzen in Beziehung setzen, das heißt unternehmerisch denken und betriebswirtschaftlich handeln
Authentizität	Verstellen schafft Misstrauen, daher authentisch sein in Verhalten und Handeln
Bewegung	Bewegung im Team durch Selbstorganisation erzeugen
Change	die kontinuierliche Veränderung als eine zentrale Führungsaufgabe verstehen
Coaching	Coaching als Führungsaufgabe verstehen
Coach-Rolle	als Führungskraft sich gleichfalls als Coach verstehen
Controlling	Controlling als Instrument der Nachhaltigkeit verstehen und nicht als misstrauische Kontrolle
Druck	Druck aushalten und Druck nehmen, statt Mitarbeiter unter Druck zu setzen
Dynamik	durch Bewegung im Team und durch Synergien Dynamik erzeugen
Durchsetzungsstärke	sich an seiner Durchsetzungsstärke messen lassen
Ehrgeiz	mit dem eigenen Ehrgeiz nicht andere überrollen
Entscheidungen	durch Entscheidungen Bewegung erzeugen
Erkennen	nach dem Erkennen das Verstehen folgen lassen, um zur Anwendung zu finden
Fachkräfte binden	mit Mitarbeiterbindung für Zukunft sorgen
Fakten	nach Faktenlage entscheiden, statt auf Behauptungen zu vertrauen
Flexibilisierung	Potenziale sehen, erkennen und fördern, denn Lernen ist auch Bewegung
Handeln	das Machen als atomarer Kern von Führung
Hierarchien	Hierarchien als strukturelle wie rechtliche Notwendigkeiten verstehen und partizipativ führen
Ideen	von den Ideen der Mitabeiter profitieren
Identifikation	mit Werten den Mitarbeitern die Sinnhaftigkeit des Tuns vermitteln
Kennzahlen	zur Objektivierung quantifizieren, das heißt, mit konkreten Zahlen klare Ziele vorgeben
Kollektivgedanke (Kollektivität)	gemeinsam Ziele erreichen
Konflikte	Konflikte unmittelbar lösen, denn jede Verzögerung macht die Situation schwieriger
Körperhaltung	Sicherheit mit der Körperhaltung zum Ausdruck bringen
Kraft der Sprache	die Kraft der Sprache zur Verständigung und zum Führen nutzen
Krise	in der Krise Sicherheit geben, denn Miarbeiter brauchen Orientierung
Kultivierung Fehler	Fehler kultivieren, indem sie entwertet und als Chance zum Lernen genutzt werden
Kybernetik	Führung als Teil der Unternehmenskybernetik erkennen und Wirkung wie Seiteneffekte des eigenen Handelns wahrnehmen
Leistung	Leistung mit Motivation verknüpfen und Motivation durch Anreize ermöglichen
Lernen	das Lernen, formalisiert oder informell, als Veränderung verstehen und als etwas Existenzielles begreifen
Loyalität	Loyalität über das Loyalsein erreichen
(Macht der) Fakten	ob Planung, Entscheidung oder Diskussion, immer auf das Tatsächliche sowie Überprüfbare zurückgehen
Mehrwert	mehrwertorientiert handeln, damit Energie, Ressourcen und Mittel nicht unüberlegt wie nutzlos verschwendet werden
Mitarbeiterbindung	mit Wertschätzung Achtsamkeit praktizieren und mit Zuverlässigkeit Vertrauen schaffen
Nachhaltigkeit	auch nach dem Ende einer Aufgabe oder eines Projektes auf die Nachwirkungen und letztgültige Sinnhaftigkeit schauen
Orientierung	Mitarbeiter brauchen Orientierung, daher Transparenz schaffen und klare Ziele vorgeben
Persönlichkeit	Selbstsicherheit zeigen und geradlinig agieren
Probleme	Probleme nicht zu Problemen werden lassen, sondern unmittelbar lösen
Qualität	Qualität als operatives wie strategisches Ziel nicht aus den Augen verlieren
Rechte	Rechte ernst nehmen und wahren
Reden	Reden nicht versilbern, sondern vergolden
Reorganisation	in der Reorganisation Transparenz schaffen und Mitarbeiter mitnehmen
Resilienz	mit Zuspruch, Vetrauen und Solidarität Widerstandsfähigkeit stärken
Respekt	durch Respekt anerkennen
Richtung	zur Orientierung eine klare Richtung vorgeben
Rollen	Rollen nicht nur verteilen, sondern die eigenen Rollen auch mit Leben füllen
Schritt-für-Schritt	Komplexität auflösen und dann in kleinen Schritten zum Ziel gelangen
Selbstbestimmung	Selbstbestimmung als Chance zur Bewegung erkennen
Sicherheit	Bewusstsein für die zentrale Bedutung von Sicherheit entwickeln
Standpunkt	mit dem Standpunkt und der Standfestigkeit Selbstbewusstsein demonstrieren
Stimme	mit der Stimme Sicherheit transportieren
Synergien	über das Zusammenwirken verschiedener Fähigkeiten der Mitarbeiter Energie und Dynamik erzeugen
Talente	Talente erkennen und fördern ohne Angst vor Verlust
Tatsachen	auf Tatsachen zurückgreifen, wenn's brenzlig wird
Team	ein Team als Ganzes begreifen und die Gesamtheit als Leistungsquelle sehen
Teamführung	auf alle zusammen schauen
Teamgeist	Teammitglieder als Aktionspotenziale verstehen und nicht als Befehlsempfänger behandeln
Transparenz	Unklarheiten beseitigen und Klarheit schaffen
Überzeugen	überzeugen statt befehlen, denn erst mit Überzeugung lässt sich Engagement entwickeln
Unsicherheit	Unsicherheit vermeiden, da dies Desorientierung und meist damit einhergehened Stillstand schafft
Verändern	die fortlaufende Veränderung als zentrale Führungsaufgabe begreifen und wahrnehmen
Verantwortlichkeit	Verantwortung übernehmen, das ist wie Sicherheit zu geben
Verstehen	sich nicht mit dem Verstehen zufrieden geben, denn Verstehen will auch zur Anwendung kommen
Vertrauen	Vertrauen haben und herstellen
Vorausdenken	die Zukunft stets im Blick behalten
Vorausschauen	nicht nur nach vorn blicken, sondern auch Zukunft gestalten
Vorbild	durch Authentizität und Machen Vorbild sein
Wandel	Wandel als eine der zentralen Führungsaufgaben verstehen
Werte	Werte (er-)kennen, Werte verstehen Werte weitergeben
Wertschätzung	Wertschätzung als Anreiz nutzen
Wissen	die Dynamik im Wissen nutzen
Wissen-teilen	Wissen erkennen, Wissentransfer ermöglichen und so Wissenswandel lebendig machen
Ziele	klare Zielepunkte setzen, da ohne Ziele keine Orientierung gegeben ist
Zufriedenheit	Zufriedenheit schaffen, da dadurch der Kern der Motivation erreicht wird
Zukunft	Unternehmenszukunft als Zukunftsicherung und damit Arbeitsplatzsicherheit verstehen
Zusammenhalt	Kooperation und Kollaboration sind keine politische Parolen, daher das Zusammenwirken als zielführend verstehen

Abb. 64: Über die Verbalisierung zur Operationalisierung

SETZKASTEN DER MODERNEN FÜHRUNG		
PERSÖNLICHKEIT	**VERHALTEN**	**KOMMUNIKATION**
HALTUNG	**AGILITÄT**	**KULTUR**
Selbstbestimmtheit Ist-Zustand: Ziel: Maßnahmen: Unterstützung: bis	**Selbstbewusstsein** Ist-Zustand: Ziel: Maßnahmen: Unterstützung: bis	**Engagement** Ist-Zustand: Ziel: Maßnahmen: Unterstützung: bis
Selbstvertrauen Ist-Zustand: Ziel: Maßnahmen: Unterstützung: bis	**Vertrauen** Ist-Zustand: Ziel: Maßnahmen: Unterstützung: bis	**Leistungsbereitschaft** Ist-Zustand: Ziel: Maßnahmen: Unterstützung: bis
Selbstwert Ist-Zustand: Ziel: Maßnahmen: Unterstützung: bis	**Aufmerksamkeit** Ist-Zustand: Ziel: Maßnahmen: Unterstützung: bis	**Einsatzfreude** Ist-Zustand: Ziel: Maßnahmen: Unterstützung: bis
Vertrauen Ist-Zustand: Ziel: Maßnahmen: Unterstützung: bis	**Entscheidungsfreude** Ist-Zustand: Ziel: Maßnahmen: Unterstützung: bis	**Kollektivität** Ist-Zustand: Ziel: Maßnahmen: Unterstützung: bis
Souveränität Ist-Zustand: Ziel: Maßnahmen: Unterstützung: bis	**Aktivität** Ist-Zustand: Ziel: Maßnahmen: Unterstützung: bis	**Solidarität** Ist-Zustand: Ziel: Maßnahmen: Unterstützung: bis
OPERATIVE FÜHRUNG		
prozessorientiertes Führen Ist-Zustand: Ziel: Maßnahmen: Unterstützung: bis	**Strategien und Ziele** Ist-Zustand: Ziel: Maßnahmen: Unterstützung: bis	**Gestaltung Führung** Ist-Zustand: Ziel: Maßnahmen: Unterstützung: bis
Aufwand und Nutzen Mehrwertbestimmung Ist-Zustand: Ziel: Maßnahmen: Unterstützung: bis	**Digitalisierung** Ist-Zustand: Ziel: Maßnahmen: Unterstützung: bis	**Transparenz** Ist-Zustand: Ziel: Maßnahmen: Unterstützung: bis
Werte und Anreize Ist-Zustand: Ziel: Maßnahmen: Unterstützung: bis	**Sprache und Gespräche** Ist-Zustand: Ziel: Maßnahmen: Unterstützung: bis	**Wandel Wandlungskultur** Ist-Zustand: Ziel: Maßnahmen: Unterstützung: bis
Transparenz Ist-Zustand: Ziel: Maßnahmen: Unterstützung: bis	**Aufwand und Nutzen Mehrwertbestimmung** Ist-Zustand: Ziel: Maßnahmen: Unterstützung: bis	**...** Ist-Zustand: Ziel: Maßnahmen: Unterstützung: bis

Abb. 65: Nicht-systematisiertes Beispiel eines Setzkastens

Stichwortverzeichnis